Im Lichte der Quanten

Frido Mann
Christine Mann (Hrsg.)

Im Lichte der Quanten

Konsequenzen eines neuen Weltbilds

wbg THEISS

Die Deutsche Nationalbibliothek verzeichnet diese Publikation in der Deutschen Nationalbibliografie; detaillierte bibliografische Daten sind im Internet über www.dnb.de abrufbar.

wbg Theiss ist ein Imprint der wbg.

Die Herausgabe des Werkes wurde durch die Vereinsmitglieder der wbg ermöglicht.
Lektorat: Alessandra Kreibaum, Bad Elster
Satz: Arnold & Domnick GbR, Leipzig
Umschlaggestaltung: Andreas, Heilmann, Hamburg
Gedruckt auf säurefreiem und alterungsbeständigem Papier
Printed in Europe

Besuchen Sie uns im Internet: **www.wbg-wissenverbindet.de**

ISBN 978-3-8062-4184-6

Elektronisch sind folgende Ausgaben erhältlich:
eBook (PDF): ISBN 978-3-8062-4205-8
eBook (Epub): ISBN 978-3-8062-4206-5

Inhalt

Vorwort

Die modernen Naturwissenschaften scheinen im Zuge der zunehmenden Säkularisierung unseres Lebens die vorherrschende Meinung zu bestätigen, dass alles auf unserer Welt grundsätzlich wissenschaftlich berechenbar und messbar sei und dass die Materie die Grundlage unseres Seins ist. Während der Vorstellung unseres ersten gemeinsamen Buchs „Es werde Licht. Die Einheit von Geist und Materie in der Quantenphysik" wurde deutlich, wie groß nach wie vor der Bedarf nach einer allgemeinen geistigen Orientierung in unserer Gesellschaft ist, unabhängig von religiösen Instanzen. Dies hat uns in unserem langjährigen, interdisziplinären Gesprächskreis zu weiterem Nachdenken darüber angeregt, in welcher Weise die Erkenntnisse der Quantentheorie eine grundlegende Orientierung für unser Denken und Handeln bieten können. Das Ergebnis dieses Gedankenaustauschs sind die Beiträge des vorliegenden Buches seitens mehrerer Autoren unterschiedlicher wissenschaftlicher Disziplinen, die die naturphilosophisch zu hinterfragenden Erkenntnisse ihres jeweiligen Fachgebiets theoretisch wie praktisch unter quantenphysikalischem Aspekt reflektieren.

Bei öffentlichen Lesungen aus unserem ersten Buch wurde deutlich, dass der Begriff Geist oder das Geistige leicht Widerstände erzeugt. Entweder es wird eine Physikalisierung des Geistigen befürchtet oder das Geistige wird als ein Epiphänomen unserer rein biologischen Existenz hingestellt. Deshalb beginnt diese Schrift in ihrem ersten Teil der Grundlagen mit der Darstellung, was wir unter „das Geistige" verstehen. Und letztlich zeigt das ganze Buch, dass dem Geistigen bei der Bewältigung unseres Lebens eine zentrale Rolle zukommt.

Thomas Görnitz stellt in seinem Beitrag die revolutionäre Veränderung unseres Weltbildes im vergangenen Jahrhundert dar und begründet, warum wir nicht weiterkommen, wenn wir nach immer kleineren Teilchen suchen. Bei diesem Vorgehen sind wir immer noch zu sehr der dinghaften Vorstellung von Materieteilchen verhaftet. Erst wenn wir nicht nach kleinsten Teilchen, sondern nach den einfachsten Strukturen suchen, öffnet sich ein Weg, der in der Berechnung der physikalischen Phänomene weiterführt und gleichzeitig die einheitliche Grundlage von Geistigem, Energie und Materie aufzeigt.

Brigitte Görnitz, die als Medizinerin und Psychotherapeutin mit ihrem Mann zusammen an dieser Theorie arbeitet, zeigt dann auf, wie sich aus dieser Grundlage der Welt allmählich in der Evolution das entwickelt hat, was wir heute unter Geistigem verstehen.

Diese ganzheitliche Sichtweise überzeugt besonders Mediziner und Psychotherapeuten spontan, weil diese täglich den engen Zusammenhang zwischen dem Geistigen und dem Körper eines Menschen erleben. In dem Abschnitt **Anwendungen** zeigt deshalb Ralf Krüger, Facharzt für Psychiatrie und Psychosomatik, auf, wie unabdingbar notwendig das Verständnis dieses Zusammenhangs ist, um die eigene Arbeit zu verstehen. Und Brigitte Görnitz zeigt an konkreten Fallbeispielen, wie in der individuellen Entwicklung des Menschen das Körperliche und das Geistige sich gegenseitig beeinflussen.

Die neuen Erkenntnisse der Quantenphysik haben ungeheure technische Entwicklungen ermöglicht. Die umfassendste ist die Digitalisierung, die unsere Welt auch in den nächsten 20 Jahren noch sehr stark verändern wird. Durch die Corona-Krise wurde die Bedeutung der Digitalisierung in vielen öffentlichen Bereichen ja sehr sichtbar. Deshalb beginnen wir den Abschnitt über die **Konsequenzen** mit einem Beitrag von Claudia Nemat, die im Vorstand der Telekom für die Digitalisierung zuständig ist und die positiven und negativen Konsequenzen der Digitalisierung aufzeigt. Auf der Grundlage der mit der Quantentheorie kompatiblen Annahme einer menschlichen Willensfreiheit und eines wachsamen Bewusstseins stellt Frido Mann in seinem nächsten Beitrag die Demokratie als Aufgabe und Verantwortung für jeden einzelnen dar. Und Till Keil zeigt auf, was die Meditation zu dieser Art von Wachsamkeit und Freiheit beitragen kann, und wie man sie lernen kann.

Auch die Klimaveränderung unserer Welt ist eine durch die technische Entwicklung in den letzten Jahren ausgelöste Bedrohung, die sich durch die umwälzenden technologischen Fortschritte der letzten 100 Jahre noch einmal deutlich verschärft hat. Ernst Ulrich von Weizsäcker stellt diese Bedrohungen dar und macht deutlich, dass eine kleine Reparatur an dieser oder jener Stelle nicht ausreicht, um dem Klimawandel Einhalt zu gebieten. Wir brauchen eine neue Aufklärung für unsere volle Welt. Schließlich wird im letzten Beitrag dargestellt, wie die Schulen bei den jungen Menschen zu dieser neuen Aufklärung beitragen können.

Die Veröffentlichung dieses Buches wurde durch den Ausbruch der Corona-Pandemie verzögert. Durch diese Krise wurde sehr deutlich, dass die hier angesprochenen Themen, zum Beispiel zur Demokratie, zum Klimawandel und zu schulischen Veränderungen, von besonderer Dringlichkeit sind.

Oktober 2020
Frido und Christine Mann

Die wissenschaftlichen Grundlagen

Das Geistige als Grundlage unserer Welt?

Christine Mann

Geistiges als Grundlage unserer Welt? Was soll das denn! Geist! Ein alter Hut! Schon in der Antike versuchten die Griechen zu definieren, was das Geistige ist, und bis heute steht eine Einigung dazu aus. Manche Gelehrte glauben sogar, dass wir uns nur einbilden, unser Handeln vom Denken her zu steuern. Alles sei biochemisch gesteuert und unser Denken nur ein Epiphänomen, das keine Bedeutung für unser Handeln habe. Und was soll Geistiges dann sein? Etwas, was keinerlei Bedeutung hat, soll die Grundlage unserer Welt sein?

Merkwürdig, sobald man von jemandem sagt, er gäbe sich geistigen Tätigkeiten hin, ist alles in Ordnung. Man stellt sich jemanden vor, der an einem Tisch sitzt, vielleicht schreibt oder liest, und zwischendurch immer wieder mal den Kopf aufstützt und in die Gegend zu schauen scheint. Je nach eigener Wertskala zählt man diesen Menschen zu den Faulen oder zu den Hochstehenden, denen man Ehrfurcht entgegenbringt.

Wer sich ein bisschen in der Biologie auskennt, der weiß, dass der Schwerpunkt dieser Tätigkeit im Gehirn liegt, das 20 Prozent der täglich zu sich genommenen Kalorien dafür verbraucht. Das allerdings gilt für jeden Menschen, nicht nur für die Geistesarbeiter.

Was also tun die Menschen, die am Schreibtisch sitzen und arbeiten? Vielleicht schreiben sie schöne, interessante Romane, denken sich Geschichten aus, die dem Leser später für manches aus seiner eigenen Welt die Augen öffnen. Oder sie berechnen irgendwelche Zusammenhänge in unserer Welt, sei es in der Wirtschaft, der Physik oder ähnliches, und helfen so anderen, sich in der Welt besser zurechtzufinden. Andere erfinden Maschinen, Geräte oder sonstige Hilfsmittel, die unser Leben erleichtern. Und selbst wenn jemand in lyrischen Gedichten ganz sensibel eindrückliche Situationen und die dabei entstehenden Gefühle und Erfahrungen wachruft, würden wir das als geistige Arbeit bezeichnen, auch wenn es niemandem direkt im praktischen Leben hilft, sondern nur eine besondere Silbersaite in uns erklingen lässt.

Eigentlich kann niemand leugnen: Es gibt geistige Tätigkeit und die hat etwas mit dem Geistigen zu tun.

Aber was ist dieses Geistige, das die Grundlage unserer Welt bilden soll? Vielleicht kann man dieser Frage nachgehen, indem man – ausgehend von den geistigen Tätigkeiten – überlegt, was alles dazugehört und woher das kommt. So könnte deutlich werden, was wir damit meinen.

Die Religion hat schon längst eine Erklärung dafür bereit: Gott hat dem ersten Menschen seinen Geist eingehaucht, nachdem er ihn aus Lehm geformt hat. Das Problem ist nur, dass wir inzwischen wissen, dass der Mensch nicht aus Lehm geformt wurde. Vielmehr hat er sich, wie alle heute existierenden Lebewesen, ganz allmählich, Stufe für Stufe, aus der ersten lebenden Zelle entwickelt. Das mit dem eingehauchten Geist ist also eine Metapher. Aber eine Metapher wofür? Zunächst zeigt sie wohl, dass das Geistige als etwas Wertvolles empfunden wurde, als etwas Göttliches, ein Geschenk Gottes. Aber mit diesem Bild wird die Vorstellung von einem Gott, der mit seinen Händen in der Erde wühlt, Lehm ausgräbt und daraus den Menschen formt, mitgeliefert. Ein Gott, der atmet und daher dem Lehm-Menschen etwas einhauchen kann. Nein, das ist zwar ein starkes Bild, aber es passt nicht mehr zu all dem, was wir über die Entwicklung der Welt wissen. Deshalb mögen die meisten Menschen sich Gott nicht als diesen die Welt schaffenden Übermenschen vorstellen. Viele Menschen schließen daraus, dass es keinen Gott gibt. Andere versuchen, eine abstraktere Vorstellung von einem Gott zu entwickeln, und verwenden Bilder wie Ur-Du, zentrale Ordnung oder ähnliches, wissend, dass auch diese Bezeichnungen Metaphern sind, mit denen wir uns mit unserem begrenzten Verstand zufriedengeben müssen, weil wir das Wesen Gottes nicht wirklich erfassen können. Wieder andere verstehen unter Gott Geist, die Essenz des Geistigen, von der die Menschen, vielleicht auch alle Lebewesen, einen kleineren oder größeren Funken in sich haben.

Deshalb ist auch die in der Metapher aus der Schöpfungsgeschichte suggerierte Vorstellung, dass in dem Evolutionsprozess irgendwann dem Menschen der Geist eingehaucht wurde, zu hinterfragen. Gab es einen Sprung, bei dem plötzlich die Vorstufe des Menschen, von Gottes Geist beseelt, zum Menschen wurde? Oder wo im Evolutionsprozess gelangte dieser göttliche Funke in die Lebewesen, und wie?

Um bei diesem Rückwärtsgang nicht in theoretische Dispute darüber zu geraten, was denn das Geistige sei, werde ich versuchen, von dem Konsens über geistige Tätigkeiten ausgehend immer wieder neu zu reflektieren, was unter den gegebenen Umständen unter „geistig", „geistiger Tätigkeit" oder dem „Geist" zu verstehen sein könnte.

Bei den genannten geistigen Tätigkeiten sieht man von außen tatsächlich nur, dass jemand dasitzt, einen Stift in der Hand oder den Computer vor sich, und damit gelegentlich schwarze Striche oder Zeichen auf eine helle Fläche bringt. Aber jeder weiß, dass das nicht die geistige Tätigkeit ist, sondern eher ihr Ergebnis. Die eigentliche Arbeit findet weitgehend im Kopf des dort Sitzenden statt. Da werden Ideen entwickelt, dargestellt, analysiert und verbessert. Es werden Sachverhalte analysiert, strukturiert, dargestellt, formuliert und dann endgültig zu Papier gebracht (oder in den Computer). Und obwohl die dabei vollzogenen Handbewegungen minimal sind, ist diese Tätigkeit sehr anstrengend.

Wenn nun behauptet wird, das Geistige sei die Grundlage der Welt, was hat das mit diesen geistigen Tätigkeiten zu tun, die doch sicher nicht die Grundlage unserer Welt sind, sondern eher nette Beschäftigungen für einen Teil der Menschen? Im Folgenden soll aufgezeigt werden, inwiefern die moderne Quantenphysik die Vorstellung, dass die Materie die Grundlage der Welt sei, verändert und das Geistige in neuer Weise in die Physik einbezieht und welche Konsequenzen daraus entstehen.

Das Geistige im Rückwärtsgang

Wenn wir uns der Frage zuwenden wollen, ob Geistiges die Grundlage unserer Welt ist, müssen wir uns erst einmal eine genauere Vorstellung davon bilden, was denn das Geistige ist. Es gibt Bereiche, wo man das Geistige sofort erkennt. Die Geisteswissenschaften beschäftigen sich sogar wissenschaftlich mit Geistigem. Dazu zählen zum Beispiel Philosophie, Geschichte und alle Sprachwissenschaften. Diese Gebiete gelten als Geistiges. Aber auch der Naturwissenschaft, der Mathematik oder den Sozialwissenschaften lässt sich durchaus der Charakter geistiger Betätigung zuerkennen, denn das Nachdenken über Fragen aus diesen Gebieten findet weitgehend im Kopf statt. Denken, etwas was im Kopf stattfindet, gehört eindeutig zum Geistigen. Schwieriger wird es, wenn die Gedanken dazu aufgeschrieben werden. Dazu braucht es einen Stift und Papier oder den Computer, also Materie. Und es braucht Energie, um die Finger zu bewegen, die Tasten zu drücken oder den Stift über das Papier zu führen. Aber das wäre völlig sinnlos, wenn nicht die Gedanken die Finger so steuern würden, dass die richtigen Zeichen entstehen, die es anderen Menschen ermöglichen, die Gedanken aus dem Kopf des Schreibers zu verstehen und nachzuvollziehen. Dass die Finger sich bewegen, wird durch biochemische Umsetzung von gespeicherter Energie in Bewegung bewirkt. Aber um eine lesbare Botschaft zu erzeugen, braucht es zusätzlich eine Steuerung, die die Bewegung in feinste Detailbewegungen mit immer wieder unterschiedlicher Richtung und Stärke aufgliedert. Und diese Steuerung geschieht durch die Gedanken. Der Weg von den Gedanken bis zu den Fingern wurde zwar in der Schulzeit mühsam eingeübt, aber welches Zeichen nun realisiert werden soll, welcher dieser eingeübten Wege also durchlaufen werden soll, das wird allein durch die Gedanken bestimmt. Das heißt, die Gedanken können etwas bewirken. Geistiges kann also etwas bewirken.

Es gibt allerdings auch, das soll nicht verschwiegen werden, hochdotierte Hirnforscher, die den Aussagen des letzten Abschnittes nicht zustimmen würden. Sie haben Experimente durchgeführt, die es so aussehen lassen, als ob erst in den Muskeln der Impuls für die Bewegung gegeben würde und dann erst das Denken als ein Epiphänomen hinterherkäme. Biochemische Signale und Impulse würden also meine Hände dazu bringen, all diese Sätze aufzuschreiben, und erst anschließend würde mein Kopf diese Sätze auch noch denken. Diese Idee widerspricht so sehr all dem, was wir erleben, und ist so absurd, dass wir sie hier nicht weiterverfolgen (mehr dazu im dritten Beitrag in diesem Buch.)

Auch das Denken, diese Kopftätigkeit, braucht biochemische Aktivität in den Gehirnzellen, um zu entstehen. Diese biochemischen Aktivitäten werden mit modernen bildgebenden Verfahren sichtbar, aber nicht die Gedanken, die daraus entstehen. Wir können sie nur von dem, der sie gerade denkt, erfahren. Diese Gedanken bestehen nicht aus beobachtbarer Materie oder messbarer Energie. Sie sind etwas anderes. Sie brauchen zwar das aus Materie bestehende Gehirn und die biochemisch messbaren Energien als Grundlage, um entstehen zu können, aber sie sind nicht diese Materie oder diese Energie, sondern etwas, das darüber hinausgeht. Und trotzdem können sie bewirken, dass die biochemisch aktivierte Hand nicht nur Krickelkrakel erzeugt, sondern eine lesbare Zeichenfolge. Wir können also festhalten:

> Die Gedanken sind keine Materie, keine physikalisch messbare Energie, sondern etwas Geistiges, aber sie brauchen Materie und Energie als Grundlage und sie können etwas bewirken.

Vielleicht sollten wir diese Aussage noch etwas überprüfen. Sind alle Gedanken etwas Geistiges? Wenn ich mich ärgere und denke „Du Esel!“, ist das etwas Geistiges? Es ist zumindest weder Materie noch physikalisch messbare Energie, sondern etwas darüber hinaus Gehendes, das in meinem Kopf stattfindet. In dieser Hinsicht gleicht es den tiefgründigeren Gedanken, auch wenn die Metapher des von Gott eingehauchten Geistes da nicht mehr so ganz zu passen scheint. Aber wo ist die Grenze zu der als ein Gottesgeschenk empfundenen geistigen Tätigkeit? Und sind erst die Mitglieder unserer Spezies, die solche tiefgründigen Gedanken denken können, wirkliche Menschen und die anderen nicht? Das kann nicht sein. Wir müssen wohl auch diese Art von sehr einfach strukturierten, gefühlsbetonten Gedanken als etwas Geistiges anerkennen.

Das passt auch besser zu der Erkenntnis, dass der Mensch ebenso in der Evolution entstanden ist wie die Tiere und Pflanzen. In der Evolution haben die Vorformen des Menschen sich sicher ebenso Signale gegeben wie heute die Tiere, um auf Gefahr aufmerksam zu machen oder Reviere zu verteidigen. Diese Signale wurden allmählich immer differenzierter, wie zum Beispiel bei den Makaken. Diese, eine in Afrika und Asien lebende Affenart, haben drei unterschiedliche Signale für Gefahr aus der Luft, Gefahr auf dem Boden oder Gefahr von vorne oder hinten, also auf Augenhöhe. Und wenn ein junger Affe eines dieser Signale ausstößt, werden die Alten zwar aufmerksam, aber erst, wenn ein alter Affe dieses Signal wiederholt, reagiert die ganze Herde mit entsprechenden Schutzmaßnahmen. Denn die Jungen müssen die richtige „Sprache“ erst erlernen, so wie auch die Menschenkinder zunächst durch die Antworten der Erwachsenen ihre Sprache präzisieren und in der richtigen Weise ausdifferenzieren.

Das heißt, dass auch die Makakenkinder ihre „Sprache“, die hier aus drei unterschiedlichen Warnsignalen besteht, lernen. Die Sprache gehört aber, wie wir an dem Ausdruck „Geisteswissenschaften“ gesehen haben, zum Geistigen. Folglich gibt es auch bei den Tieren Geistiges, wenn auch in primitiverer Form als bei den Menschen. Obwohl, wie primitiv, das wissen wir gar nicht so genau, wie folgendes Experiment zeigt: Delphine haben einen eigenen Gesang, der unter Wasser sehr weit getragen wird und mit dem sie sich über große Entfernung hinweg mit Artgenossen zu unterhalten scheinen und diese gelegentlich auch anlocken. Dieser Gesang besteht nicht, wie bei vielen Vögeln, in einfachen, immer wiederholten Signalen, sondern ist sehr komplex. Nun hat man den Gesang eines Delphins aufgenommen und anderen Delphinen vorgespielt. Zunächst wurden die anderen Delphine aufmerksam und antworteten. Aber schon nach der zweiten oder dritten Antwort, die wieder vom Tonband abgespielt wurde, verloren die Delphine jedes Interesse. Es wirkte so, als ob die Tonbandantworten nicht zu dem passen würden, was die echten Delphine auf den ersten Tonbandabschnitt geantwortet hatten. Das hieße aber, dass die Sprache der Delphine doch ziemlich differenziert ist. Man hat ja auch sonst mehrere Belege für die hohe Intelligenz dieser Tiere. Sie scheinen also durchaus geistige Fähigkeiten zu haben. Und auch da ist wieder die Frage: Wo ist die Grenze zum Geistigen? Die Sprache der Delphine scheint eine noch höhere Form des Geistigen zu sein als die drei Warnsignale der Makaken.

Wenn schon die drei Warnsignale als Vorform oder primitive Form des Geistigen gesehen werden müssen, ist dann das Warnsignal des Eichelhähers, der bei Gefahr immer den gleichen Krächzlaut ausstößt, aber dadurch alle Tiere im Wald warnt, auch schon Geistiges? Er nimmt einen Menschen wahr, der den Waldfrieden durch sein Kommen stört, und krächzt. Vermutlich kann er nicht unterscheiden zwischen dem Jäger mit Flinte und dem Liebespaar, das einfach nur die Waldeinsamkeit sucht. Aber offensichtlich kann er unterscheiden zwischen einem Menschen und einem Reh, denn sonst müsste er sehr viel häufiger und sinnlos krächzen, und die Tiere würden aufhören, auf seine Signale zu reagieren.

Auch die Amsel hat einen Warnruf. Wenn sie den ausstößt, hören die Jungen im Nest auf, nach Futter zu fiepen und werden ganz still. Dieser Warnruf gilt der Katze, die im Garten umherschleicht, aber nicht dem

Menschen, der unter dem Nest auf der Terrasse sitzt, weil von diesem Menschen keine Gefahr ausgeht. Die Amsel gibt damit ihre Erfahrung an ihre Jungen weiter. Und wenn die Jungen auf den Warnruf hin verstummen, ist das eindeutig ein Überlebensvorteil. Die Jungen mussten ihre Reaktion auf den Warnruf nicht lernen, sondern die ist ihnen angeboren. Trotzdem findet in diesem Moment zwischen den Eltern und den Küken eine Art Kommunikation statt, bei der Erfahrung weitergegeben und damit zum Überleben der Brut genutzt wird.

Sprache ist Kommunikation. Aber offensichtlich gibt es auch Kommunikation ohne Sprache. Die Amsel sendet ein angeborenes Signal aus, die Küken reagieren darauf mit einer angeborenen Reaktion. Ist das schon etwas Geistiges? Spontan spottet das natürlich jeder Vorstellung vom Geistigen. Aber wo ist die Grenze? Die Delphine, die das Interesse verlieren, wenn die Tonbandantwort nicht zu ihren Gesängen passt? Die Makaken, die drei verschiedene Warnrufe entwickelt haben, und diese Sprache erst als Jungtiere richtig lernen müssen. Oder die Amsel, die mit ihrem angeborenen Warnruf ihre gelernte Erfahrung von der gefährlichen Katze, aber dem ungefährlichen Hausbewohner an die Jungen weitergibt? Es wird wohl deutlich, dass das Geistige in Abstufungen existiert. Denn obwohl das Signal und die Reaktion darauf angeboren sind, wird damit eine Information an die Jungen übermittelt, die eine Bedeutung für ihr Überleben hat. Diese Information enthält Lebenserfahrung der Eltern, die damit an die Jungen weitergegeben wird. Und diese Information ist weder Materie noch Energie. Sie ist etwas darüber Hinausgehendes, eine Vorform dessen, was die Menschen sich dann mit der Entwicklung ihrer Sprache zu einer unglaublich reichhaltigen und komplexen Tätigkeit weiterentwickelt haben.

Sprache heißt in diesem Fall, dass mit den Stimm- und Artikulationswerkzeugen Töne produziert werden. Die dadurch in Schwingung gebrachte Luft transportiert die Töne zu den Wahrnehmungskanälen anderer Lebewesen, die die Schwingungen in der Luft hören und an das Gehirn weiterleiten. Aber nicht alle Lebewesen, die den Ton hören, können ihn als ein Signal für eine Botschaft, eine Information nutzen. Am ehesten können das die Artgenossen, in manchen Fällen, wie zum Beispiel beim Eichelhäher, auch andere Tiere. Und ein Vogelkundler wird dem morgendlichen Vogelgesang sehr viel mehr an Information entnehmen können als der davon gerade geweckte Stadtbewohner. Das heißt, nicht die Töne allein sind die Sprache, sondern sie übermitteln eine Information an diejenigen, die sie deuten können. Und diese Information wechselt den Träger. Im Kopf des Senders, also beispielsweise des Vogels, findet eine Wahrnehmung oder ein Impuls, vielleicht sogar etwas wie ein Gedanke statt. Dieser Gedanke führt dazu, dass die Nervenbahnen vom Gehirn zu den Artikulationsorganen aktiviert werden und der Vogel seinen Ruf ausstößt. Dieser Impuls des Vogels und die darauf gegebene Information wechselt also den Träger vom Gehirn in die Nervenbahnen zu den Artikulationsorganen und schließlich zu den Schallwellen der Luft. Bei allen Lebewesen, die diese Schallwellen hören, werden die Schallwellen im Hörorgan in Impulse für die Nervenzellen umgewandelt, die dann wieder die mit den Tönen gegebenen Informationen in das Gehirn des Empfängers weiterleiten. Aber welches Handeln damit ausgelöst wird, hängt von der Bedeutung ab, die der Empfänger dieser Töne ihnen beilegt. Wenn es sich um den morgendlichen Amselgesang handelt, so wird eine andere Amsel, die ihr Nest in der Nähe hat, vielleicht deuten: „Da will mir jemand mein Revier streitig machen, ich muss schnell antworten und damit zeigen, dass das mir gehört." Der Arbeiter, der dadurch geweckt wird, wird vielleicht denken: „Ach, die Amseln fangen an zu singen, ich muss gleich aufstehen." Und der Vogelkundler wird vielleicht denken: „Oh, da konkurrieren zwei Amseln um das Revier, ich will mal schauen, wo die beiden Nester sind."

Die Natur hat viele verschiedene Formen solcher Informationsübertragung entwickelt. Die Bienen etwa informieren ihre Kollegen aus dem Bienenstock über einen bestimmten Tanz darüber, wo eine Futterquelle ist. Forscher haben auch entdeckt, dass sogar Pflanzen durch chemische Signale, Duftstoffe oder durch in den Wurzeln weitergeleitete Substanzen ihre Artgenossen in der Umgebung über Fressfeinde informieren. Informieren klingt sehr anthropomorph, so, als ob die Pflanze durch den Duft erfahren würde: „Da ist ein Fressfeind, also muss ich jetzt schnell Abwehrstoffe produzieren." So ist das höchstwahrscheinlich nicht, sondern die Duftstoffe lagern sich wohl auf den Blättern der Nachbarpflanze ab und bewirken dort eine kleine biochemische Veränderung, die das Wachstum beeinflusst. Bei der Amsel kann man sich noch vorstellen, dass der Warnruf der Eltern etwas wie Schrecken bei den Küken auslöst, der sie dann zum Schweigen bringt, aber bei den Pflanzen scheint uns das ausgeschlossen. Aber wissen wir es? Trotzdem sprechen Forscher von Kommunikation und Information und das sind Funktionen der Sprache, die wir bei den Menschen als die Grundlage des Geistigen empfinden.

Wir halten also fest: Es gibt das Geistige und das ist weder Materie noch physikalisch messbare Energie, aber es braucht die Materie als Grundlage und kann etwas bewirken. Spontan stellen sich die meisten Menschen unter dem Geistigen Bereiche vor wie Mathematik, Literatur oder Philosophie. Aber es gibt Geistiges auch in einfacherer Form in Abstufungen bei Tieren und Pflanzen und die Grenzen zu dem, was wir als hochgeistig empfinden, sind nicht klar erkennbar.

Was ist Materie?

Es wurde gezeigt, dass das Geistige immer eine materielle Grundlage braucht. Und die Materie scheint das Primäre auf der Welt zu sein. Wir selbst, alle unsere Glieder, unsere Organe, bestehen aus Materie. Der Untergrund, auf dem wir uns bewegen, ist handfeste Materie. Unsere Nahrung, die uns am Leben erhält, die Luft, die wir atmen, alles das ist Materie. Die Materie ist die Grundlage unseres Seins. Das Leben und das Geistige entwickelten sich erst später, scheinbar als Zutat zu der Materie. Allerdings hat die Quantenphysik gezeigt, dass die Materie, wenn man sie genau untersucht, etwas anderes ist, als man sich gemeinhin darunter vorstellt.

Die rund 90 verschiedenen chemischen Elemente, die wir als die nicht weiter zerlegbaren Grundstoffe unserer Welt kennen, bestehen zwar aus Atomen als kleinstmöglichen Teilchen dieses Elements, aber diese Atome sind nicht unteilbar. Vielmehr werden sie ihrerseits aus kleineren Strukturen gebildet: dem aus Protonen und Neutronen bestehenden Atomkern und den Elektronen, die mit ihren möglichen Orten quasi eine Hülle um diesen Atomkern bilden. Alle chemischen Elemente bestehen aus den gleichen Elementarteilchen. Die großen Unterschiede in den Materialien kommen nur durch die unterschiedliche Anzahl und Anordnung der Elementarteilchen im Atom zustande. Diese bei aller Materie gleichen Elementarteilchen bilden chemische Elemente, die so unterschiedlich sind wie zum Beispiel Gold, Schwefel und Sauerstoff. Und diese Atome der chemischen Elemente können sich zu Molekülen verbinden, zu neuen Stoffen also, die völlig andere Eigenschaften haben als die Ausgangsmaterialien. Diese Stoffe mit zum Teil sehr komplexen Molekülen bilden die Vielfalt unserer Umwelt. Zucker, ein noch recht einfaches Molekül, das aber ein wichtiger Energielieferant für alle Tiere und uns Menschen ist, ist nur aus mehreren Kohlenstoff-, Wasserstoff- und Sauerstoffatomen zusammengesetzt. Dabei gibt es unterschiedliche Arten von Zucker, je nach der Zusammensetzung dieser drei Grundelemente. Im Eiweiß hingegen haben sich Tausende von Atomen zu sehr komplexen Gebilden verbunden. Biochemiker kennen über 100 000 verschiedene Sorten von Eiweiß. Jede Sorte hat eine bestimmte Funktion.

Diese zunächst sogenannten Elementarteilchen, die die Atome bilden, sind ihrerseits auch nicht alle unteilbar. In Protonen und Neutronen hat man noch kleinere Strukturen gefunden. Daher bezeichnet man nicht mehr die Protonen und Neutronen, sondern die kleineren Strukturen heute als Elementarteilchen. Diese Strukturen ähneln in keiner Weise unserer Materie. Sie sind nicht ganz winzige Materiekrümelchen, sondern letztlich Energiekonzentrationen mit bestimmten Eigenschaften und auch als Welle zu betrachten. Teilchen und Welle scheinen also in diesem subatomaren Bereich letztlich dasselbe zu sein. Obwohl, eigentlich muss man sagen: Die Eigenschaften der Elementarteilchen lassen sich sowohl über das Teilchenbild als auch über das Wellenbild berechnen. Auch in Experimenten verhalten sie sich je nach Aufbau des Experiments mal als Welle, mal als Teilchen.

Inzwischen gibt es sehr viele neue technische Geräte, die nach quantenphysikalischen Berechnungen entwickelt wurden und gut funktionieren, beispielsweise die Mobiltelefone, Fernsehsender und Fernsehgeräte, Mikrowellen und viele medizinisch-diagnostische Geräte. Es gibt auch wunderbare bildliche Darstellungen von der Feinstruktur von Oberflächen, die mit Nanotechnologie aufgenommen wurden. Und inzwischen sind dank der Quantentheorie die Computertechnologie und das Internet so weit fortgeschritten, dass die Digitalisierung und das Internet eine immer größere Rolle spielen. Dass alles das funktioniert, zeigt, dass die Quantentheorie den von ihr dargestellten Bereich der Wirklichkeit zutreffend wiedergibt, auch wenn er in manchen Aspekten nicht unseren normalen Alltagserfahrungen mit der Materie entspricht.

Das ermutigte die Physiker in der Annahme, dass sie, wenn alle Elementarteilchen entdeckt wären, eine einfache Formel finden könnten, mit der sie den ganzen Kosmos mit all seinen Erscheinungen berechnen und erklären könnten. Diese Hoffnung erfüllte sich nicht. Denn je kleiner die Elementarteilchen wurden, desto komplexer wurden die Berechnungen, desto mehr Energie brauchte man, sie zu erzeugen, und desto schneller zerfielen sie wieder in andere, stabilere Elementarteilchen. Und das, was der Physiker Werner Heisenberg, mein Vater, noch als allem zugrundeliegende Formel mit schöner Klarheit und Einfachheit zu finden gehofft hatte, geriet zu immer undurchschaubareren, komplizierteren Berechnungen, die als Grundlage allen Seins nicht überzeugten.

Nun hatte schon Mitte des letzten Jahrhunderts Carl Friedrich von Weizsäcker vorgeschlagen, nicht die kleinsten Teilchen, sondern die einfachsten Strukturen zu suchen, um zum Grund der Wirklichkeit vorzustoßen. Diese sah er in Ur-Information, binären Alternativen, die als Antwort nur ja oder nein enthalten. Diese erste Idee baute sein Mitarbeiter, Thomas Görnitz, zu einer handfesten physikalischen Theorie aus, die er im folgenden Beitrag dieses Buches kurz und allgemeinverständlich darstellt.

Die einfachste Struktur der Welt ist quasi eine Vor-Information, die noch nicht mit Bedeutung versehen ist, aber die die Möglichkeit hat, sich zu physikalisch messbarer Energie zu kondensieren und auch Materie zu bilden. Und mit dieser Verdichtung zu physikalisch messbarer Energie sowie zu Materie ist immer auch eine In-form-ation, ein Sich-in-eine-für-uns-erkennbare-Form-Begeben verbunden.

Nach Berechnungen von Görnitz besteht beispielsweise ein Lichtquant, also ein Photon, aus etwa 10^{30} von solchen Strukturen. Eine einzelne solche Struktur nennt er ein Bit der Absoluten und abstrakten Quanten-Information (AQI). 10^{30} ist eine Eins mit dreißig Nullen daran, eine Zahl, für die wir nicht einmal einen Namen haben. So viele AQIs etwa sollen nötig sein, um ein einziges Photon zu bilden. Um ein Proton zu bilden, das dann mit anderen Protonen und Neutronen einen Atomkern bilden kann, sind nach Görnitz etwa 10^{41} AQIs nötig.

Dabei ist wichtig, dass diese AQIs nicht das sind, was wir heute unter Information verstehen, sondern quasi eine Vor-Form, die die Möglichkeit hat, sich zu bedeutungsvoller Information, aber eben auch zu Materie und

Energie zu kondensieren. Diesen Charakter der Vor-Form, des Vor-**Typs** allen Seins, drückt Görnitz in der Bezeichnung aus, die er der Menge aller AQIs gegeben hat, Pro-**typ**-osis.

> Protyposis ist also die Grundlage der Welt, die sich sowohl zu Energie und Materie, aber auch zu Gedanken, zu geistigen Konzepten und schließlich zu Bewusstsein entwickeln kann.

Über die Glaubwürdigkeit wissenschaftlicher Ergebnisse

In dem Buch „Es werde Licht", das Frido Mann und ich gemeinsam geschrieben haben, bauen wir alle unsere weiterführenden Überlegungen auf dieser eben sehr verkürzt dargestellten Theorie von Thomas und Brigitte Görnitz auf. Aber diese Weiterführung der Quantenphysik entspricht nicht dem Mainstream. Die überwiegende Mehrheit der Physiker beschäftigt sich mit der Anwendung der Quantentheorie und der Suche nach einer allgemeinen Feldtheorie auf der Basis der Quantenmechanik. Deshalb ist es vielleicht sinnvoll zu begründen, warum wir diese Weiterführung durch das Ehepaar Görnitz so ernst nehmen und darauf unsere naturphilosophischen Überlegungen aufbauen.

Zunächst muss man sich klarmachen, dass wir alle, jeder Bürger, der sich über irgendetwas Gedanken macht und sein Handeln danach ausrichten will, darauf angewiesen ist, anderen zu glauben. Ob Sie überlegen, sich vegetarisch oder vegan zu ernähren, ob Sie sich beim Hausbau für Ölheizung, Gasheizung oder Fernwärme entscheiden, immer sind Sie auf Aussagen von kompetenten Menschen angewiesen. Wenn Sie sich intensiver kundig machen wollen, werden Sie vielleicht noch zwei weitere Fachleute hinzuziehen und schauen: Wer bezahlt diesen Fachmann, steht eine Lobby dahinter, die ihn weniger glaubwürdig sein lässt? Mehr ist dem normalen Bürger nicht möglich. Selbst die Wissenschaftler verlassen sich bei ihren Forschungen weitgehend auf Aussagen anderer, die sie nicht nachgeprüft haben und oft auch gar nicht nachprüfen könnten, weil sie aus einem anderen Spezialgebiet stammen, in das einzuarbeiten sie keine Zeit haben. Wenn diese Aussagen dem Mainstream entsprechen, ist das meist kein Problem. Aber alles wirklich Neue entspricht zunächst nicht dem Mainstream. Da muss es also andere Gründe geben, warum jemand sich von solchen Aussagen überzeugen lässt.

Eine wesentliche Rolle spielen häufig biografische Gründe. Ob jemand sich als einer der Ersten der vegetarischen Ernährung zuwendet und sie ausprobiert, hängt vielleicht mit seiner großen Tierliebe zusammen oder mit dem Erlebnis, dass jemand Bekanntes dem zu hohen Konsum tierischer Fette schließlich erlegen ist, oder ähnlichen Ursachen.

Auch für unsere Zuwendung zu den Theorien von Thomas und Brigitte Görnitz gab es biografische Gründe. Auf einem Spaziergang 1975 hatte mein Vater, Werner Heisenberg, uns erklärt, dass man die Entstehung der Welt, des Lebens, des Psychischen und der menschlichen Intelligenz durchaus als einen Evolutionsprozess darstellen kann, in dem die Materie die Grundlage ist. Nur dass Materie nicht das ist, was man sich gemeinhin darunter vorstellt, sondern letztlich Energiekonzentrationen in einer größeren Struktur von großer Schönheit. Deshalb sei im Gegensatz zu dem, was die Materialisten behaupten, das Geistige eher die Grundlage unserer Welt als die Materie. Diese Aussage hatte mich 2001 bei der Feier zum 100. Geburtstag meines Vaters wieder überfallen. Seitdem beschäftigte ich mich mit Quantenphysik und versuchte, den Zusammenhang zwischen Geist und Materie zu verstehen und für andere überzeugend aufzuzeigen. Mein Bruder, Professor für Biologie, mit dem ich öfters über diese Fragen diskutierte, schenkte mir schließlich das 2009 erschienene Buch von Thomas und Brigitte Görnitz: „Die Evolution des Geistigen". Dort fand ich den Zusammenhang zwischen Geistigem und Materie sehr viel überzeugender und wissenschaftlicher dargestellt, als ich das gekonnt hatte. Dieser Ansatz überzeugte meinen Mann und mich spontan so, dass wir den Kontakt suchten, uns befreundeten und mehrere Jahre lang in einem sich alle sechs bis acht Wochen treffenden Arbeitskreis gemeinsam in diese Denkweise einarbeiteten und darüber nachdachten.

Solche biografischen Gründe reichen für einen ersten Schritt. Aber die eigentlichen Fragen kommen erst später: Bewährt sich diese neue Idee? Hält sie, was sie verspricht? Und erst dann ist es sinnvoll, das Umfeld zu bearbeiten und die Idee allgemeiner publik zu machen. Der Vegetarier wird also zunächst beobachten, wie gut das Essen für seine Gesundheit zu sein scheint. Erst wenn ihn das sehr überzeugt, wird er schmackhafte

Rezepte dafür erfinden, daran arbeiten, dass es weniger überteuert ist, und immer mehr Menschen davon zu überzeugen versuchen.

In unserem gemeinsamen Arbeitskreis konnten wir uns überzeugen, dass diese Theorie in sich konsistent und tatsächlich eine Möglichkeit ist, den Zusammenhang zwischen Geist und Materie auf einer naturwissenschaftlichen Basis darzustellen. In diesem Buch soll versucht werden, auch dem Leser diesen Zusammenhang überzeugend nahezubringen und dann zu überlegen, welche Konsequenzen daraus folgen.

Die Rolle der Information in der Evolution

Protyposis wird beschrieben als eine Vorform von Information, die einfachste mögliche Struktur, die die Alternativen ja oder nein, 1 oder 0 enthält. Sie bietet die Möglichkeit für Information, ist aber noch nicht mit Inhalt gefüllt. Wie kann daraus unsere Welt entstehen?

Nach Görnitz kondensiert Protyposis zu Elementarteilchen. 10^{41} AQIs, also 100 000 000 000 000 000 000 000 000 000 000 000 000 000 AQIs, kondensieren zu einem einzigen Proton, das dann mit anderen Protonen, Neutronen und Elektronen ein Atom und damit Materie bilden kann. Wenn ein Atom, das man mit bloßem Auge nicht einmal erkennen kann, aus so vielen AQIs kondensiert ist, stellt man sich die einzelnen AQIs spontan unvorstellbar winzig vor. Aber diese Vorstellung ist ein Irrtum. Er entspricht der Denkweise der klassischen Physik, in der Kleines zu Größerem aufsummiert wird. Die Quantentheorie ist eine Theorie über das Ganze, also sogar über den ganzen Kosmos. Wie Görnitz zeigt, könnte man sich ein AQI eher wie eine über den ganzen Kosmos ausgedehnte Schwingung vorstellen. Wenn sich viele Milliarden weiterer solcher Schwingungen quantisch überlagern, wird die Ausdehnung immer kleiner. So kann das Ganze schließlich zu einem Proton kondensieren. Die Protyposis kondensiert in eine Form und diese Form ist gleichzeitig In-**form**-ation, Information, die durch ihre bestimmte Struktur anderen, passenden Formen ermöglicht, anzudocken und sich zu einem Atom zu verbinden.

Die Kräfte, die zwischen dem Atomkern und den Elektronen der Atomhülle wirken, sind elektrostatische Wechselwirkungen. Die Kräfte, die zwei Atome zu einem Molekül zusammenbinden, sind ebenfalls elektromagnetische Wechselwirkungen. Elektromagnetische Wellen sind die Wellen, zu denen auch das für uns sichtbare Licht gehört. Das Licht ist nur ein winziger Ausschnitt aus dem riesigen Spektrum der elektromagnetischen Wellen. Wir wissen von den Infrarot-Wellen und den Ultraviolett-Wellen, dass sie die Grenzen des für uns sichtbaren Lichts bilden. Die Radiowellen sind ebenfalls elektromagnetische Wellen, ebenso die Mikrowelle aus der Küche und auch die Röntgenstrahlen. Die Wellenlängen reichen theoretisch von der Länge über den ganzen Kosmos bis hin zu der kleinstmöglichen Länge, der Planck-Länge. All diese Wellen lassen sich auch als Photonen darstellen. Bei den elektrostatischen Wechselwirkungen zwischen dem Atomkern und der Atomhülle kann man die Photonen nicht direkt messen. Aber wenn man die dort wirkenden Kräfte als elektromagnetische Wellen berechnet, kommt man zu richtigen Ergebnissen. Deshalb nimmt man an, dass die Photonen so schnell zwischen Atomhülle und Atomkern hin und her gehen, dass sie nicht messbar sind, und nennt sie virtuelle Photonen.

Dieser Exkurs zu den elektromagnetischen Wellen und den Photonen war nötig, weil wir vom Licht her wissen, dass die Photonen, das Licht, Information übertragen. Solange wir nicht sehbehindert sind, liefern uns unsere Augen über das Licht die wichtigsten Informationen über unsere Umwelt. Aber auch ohne den Menschen liefern die elektromagnetischen Kräfte Informationen zum Beispiel darüber, wo in der Atomhülle noch freie Plätze für die Elektronen anderer Atome vorhanden sind, sodass sich Moleküle bilden können. Das heißt, die in und zwischen den Atomen wirkenden Kräfte sind nicht nur Kräfte, sondern – fast möchte man sagen, in Personalunion – Informationen über Strukturen, die zusammenpassen und sich verbinden können oder auch sich abstoßen und eine Verbindung verhindern. Auf diese Weise können sich komplexere, aber nicht völlig chaotische, sondern doch geordnete Strukturen bilden.

Wenn wir den Informationsaspekt der Kräfte in und zwischen den Atomen betrachten, dürfen wir uns die Information nicht anthropomorph vorstellen. Das Atom sagt, denkt oder signalisiert nicht: „Hallo, hier sind Valenzen frei für andere Atome zum Andocken." Vielmehr sind die Kräfte einfach da, wirken und sind damit gleichzeitig Information über die passende oder unpassende Struktur. Die Protyposis, die Vor-Form der

Materie, ist einfach nur zu Form und damit zu Information kondensiert. Die Möglichkeit zur Information ist jetzt mit Inhalt gefüllt.

Die in und zwischen den Atomen wirkenden Photonen können wir nicht sehen. Sie wirken natürlich überall in unserem Körper. Aber zur Orientierung reichte uns Menschen der kleine Ausschnitt aus den elektromagnetischen Wellen, den wir sehen können. Diese Photonen beziehungsweise Lichtwellen gehen zum Beispiel von der Sonne aus. Jeder Gegenstand um uns herum absorbiert einen Teil dieses Sonnenlichts und reflektiert einen anderen Teil, von dem dann etwas als farbiges Licht in unser Auge gelangt und uns informiert, dass dort zum Beispiel etwas Braunes ist. Wir leiten diese Information über die Nervenbahnen ins Gehirn, verbinden sie mit unseren gespeicherten Erfahrungen und erkennen, dass dort eine Kommode steht. Aber auch wenn jemand blind ist und die Orientierung in seiner Umwelt über das Gehör und den Tastsinn bewältigen muss, so nutzt er die Information der Materie, die Größe, die Form, die Temperatur und die Struktur der Oberflächen, die er tastend erfasst, um sich zu orientieren.

Das heißt, all die Kräfte, die die Materie bilden, sind gleichzeitig Information.

Die Protyposis, die Vor-Form, ist also durch die Kondensation zu Energie und Materie geworden und damit zu Information. Aber ohne die Lebewesen bleiben das reine Kräfte, die aufeinander wirken. Sie sind zwar schon gleichzeitig Information, aber solange kein Lebewesen sie für sich zur Orientierung nutzt, haben sie noch weiter keine Bedeutung. Erst als die ersten Lebewesen entstanden, winzige Einzeller, die sich verdoppeln, dadurch vermehren und so fortpflanzen konnten, kam ein neuer Aspekt in die mit der Energie und Materie gegebene Information. Um sich zu verdoppeln, brauchen diese Lebewesen die passenden Moleküle aus ihrer Umgebung. Sie brauchen eine Zellwand, die diese Moleküle durchlässt, aber unpassende oder schädliche Moleküle ausschließt. Das war zu Beginn der Entwicklung des Lebens genauso wie heute. Natürlich haben sich auch viele Einzeller in den 4,5 Milliarden Jahren seit der Entstehung des Lebens verändert und haben sehr viel komplexere und besser ausgeklügelte Strukturen entwickelt. Aber schon mit dem Beginn des Lebens musste jedes Lebewesen die Stoffe aus seiner Umwelt verarbeiten, die es zum Weiterleben und Sich-Vermehren gerade brauchte. Es entstand also für jedes Lebewesen eine Wertung der Stoffe: notwendig zum Weiterleben/unbrauchbar, gut/schlecht. Die „Messlatte“ war immer der Erhalt des Lebens. Damit erhielt die mit der Umwelt gegebene Information für jeden einzelnen Einzeller eine Bedeutung. Schon winzigste Unterschiede im Bau der Moleküle erhielten eine Bedeutung. Und nur die Einzeller, die ihre Umwelt richtig deuteten, überlebten auf Dauer. Man kann sogar sagen, die Einzeller, die ihre Umwelt am sichersten deuten konnten, die feinsten Unterschiede erspüren konnten, konnten am besten überleben, sich vermehren und weiterentwickeln. Und es ist nicht ausgeschlossen, dass es mehr Unterschiede gibt, als wir auch mit unseren feinsten Messapparaten heute erkennen können. Wenn ein Proton aus etwa 10^{41} AQIs gebildet wird, könnten unsere Apparate Unterschiede von 100 oder 1 000 AQIs nicht bemerken.

Gleichzeitig braucht der Einzeller aber auch ein gewisses Gespür für sich selbst. Er braucht genügend Energie, um die Stoffe, die er aufnimmt, zu zerlegen, die für sich verwertbaren Moleküle an den dafür vorgesehenen Stellen anzulagern und das Unbrauchbare schließlich wieder durch eine Öffnung in der Zellwand hinauszubefördern. Wenn er nicht auf ein gutes inneres Gleichgewicht achtet, kann es geschehen, dass ihm die nötige Energie zum Weiterleben fehlt oder dass er die notwendigen Stoffe nicht mehr aufnehmen kann, weil die Entsorgung nicht erledigt und kein Platz mehr in der Zelle ist. Das heißt, verglichen mit den reinen Kräften, die zwischen den Molekülen in der unbelebten Materie wirken, wurde mit der Entstehung des Lebens der Informationsaspekt dieser Kräfte wichtiger. Der Einzeller muss die verschiedenen Informationen von außen und von innen miteinander in Beziehung setzen und daraus die richtigen Aktivitäten ableiten, um das Gleichgewicht zu wahren oder wiederherzustellen.

Es entstand also eine Funktion, die nur für diesen einen Einzeller zuständig ist und die äußeren und inneren Zustände in ein Gleichgewicht bringen muss. Diese übergeordnete Funktion kann man als „Selbst“ bezeichnen, weil sie nur für dieses eine Lebewesen zuständig ist und weil für jedes Lebewesen die Bedingungen minimal anders sind als bei den anderen. Um den Einzeller in eine gute Balance zur Umwelt zu bringen, muss das Selbst auch Aktivitäten auslösen können, durch die der Einzeller sich zum Beispiel der angesammelten Ballaststoffe entledigt, neue Energiequellen aufsucht oder die von außen aufgenommenen Stoffe zerlegt und an die richtigen Orte transportiert. Und da für jeden Einzeller die Umwelt nicht immer gleich bleibt, können die Aktivitäten nicht völlig automatisiert immer gleich ablaufen, sondern bestimmte Kräfte aus der Umwelt müssen als Signale für bestimmte Aktivitäten dienen. Wenn beispielsweise die Umwelt zu warm wird, weil eine heiße Quelle gerade wieder aktiv wird, dann ist es gut, wenn der Einzeller sich in die richtige Distanz dazu bringen kann, um die Energie zu nutzen und nicht daran zugrunde zu gehen. Dafür ist natürlich die Fähigkeit, sich aktiv in der Umwelt zu bewegen, eine wichtige Voraussetzung und die Einzeller entwickelten ganz unterschiedliche Möglichkeiten dafür. Die Amöbe etwa kann Scheinfüßchen ausfahren, mit denen sie einen Untergrund erreicht, sich daran festsaugen und dann den Rest der Zelle an den Untergrund heranziehen kann. Die Wimpertierchen können mit ihren koordinierten Wimpernschlägen wie mit Rudern ziemlich schnelle Ortsveränderungen ausführen.

Durch Ortsveränderung sich das Überleben zu ermöglichen, setzt voraus, dass auch der Einzeller spürt, welche Umweltbedingung seine Lebensabläufe in Ruhe, gleichmäßig ablaufen lassen und welche ihn in Bedrängnis bringen, sodass er sich weiter durch Ortsveränderung zu retten versuchen muss. Eine gewisse Selbstwahrnehmung in Relation zur Umwelt ist also schon beim Einzeller eine Voraussetzung für das Überleben. Und alle Einzeller, die diese Möglichkeiten nicht für ihr Überleben nutzen, sterben schnell aus. Daher kann man bei allen heute lebenden Einzeller-Arten einen gewissen eingebauten Überlebensdrang vermuten.

Überlebensdrang – Bewegungskoordination – Selbstwahrnehmung, das alles ist nicht reine Materie. Es ist auch nicht eigentlich Energie. Sowohl Materie als auch Energie sind daran beteiligt. Aber diese Begriffe enthalten etwas über die Energie und die Materie Hinausgehendes, eigentlich *weiterführende* Konzepte, die die in Materie und Energie enthaltene Information zu etwas Neuem, Übergeordneten nutzen – und das in winzigster Größenordnung schon im Einzeller.

Mit der Quantenphysik hat man entdeckt, dass die Atome aus Elementarteilchen bestehen. Wenn diese Elementarteilchen sich mit anderen Elementarteilchen zu Atomen verbinden oder wenn die Atome sich zu Molekülen verbinden, dann entsteht etwas völlig Neues. Dabei bildet die Verbindung viele neue gemeinsame Eigenschaften aus, die dann den neuen Stoff ausmachen. Die Quantenphysik ist also eine Physik der engen Beziehungen, aus denen etwas völlig Neues entsteht. Diese Beziehungsstruktur der Quantentheorie lässt ja schon die Elementarteilchen als etwas vollkommen Neues aus den AQIs entstehen.

Ebenso entsteht etwas völlig Neues, wenn der Einzeller die von außen und aus seinem Inneren in sein Selbst einlaufende Information nutzt, um sie in eine Beziehung zueinander zu verknüpfen. Es entsteht die Möglichkeit, das Überleben durch Selbststeuerung und selbst verursachte Aktivitäten zu sichern.[1] Wie man sich das von der Physik her vorstellen kann, beschreibt Brigitte Görnitz in ihrem ersten Beitrag in diesem Buch genauer. Wir bezeichnen das als Überlebensdrang – ein großes Wort, das aus unserem menschlichen Erfahrungsschatz stammt und deshalb viel zu anthropomorph klingt. Für einen Einzeller scheint dieses Wort nicht zu passen. Aber Faktum ist, dass nur diejenigen Einzeller überleben, die die einlaufenden Informationen so miteinander verknüpfen, dass die passenden Aktivitäten eingeleitet werden, die das Leben aufrechterhalten. Bei uns Menschen sind mit diesem Überlebenswillen das Bewusstsein und viel Gefühl verbunden. Beim Einzeller vermutlich nicht. Aber wissen wir es?

Dass reine Information etwas bewirken kann, wissen wir alle. Wir schleppen uns müde von einer pflichtgemäßen Tätigkeit zur anderen. Da kommt die Nachricht, dass ein guter Freund auf dem Weg zu uns ist. Auf einmal ist alle Müdigkeit verflogen und die Pflichten sind im Nu erledigt. Die Information war keine von außen kommende Energiezufuhr, sondern allein der Inhalt der Nachricht hat diese Energie in uns freigesetzt. Bei uns Menschen können wir gut erkennen, dass allein die sprachlich übermittelte Information diesen Energieschub bewirkte. Und die Sprache ist, wie wir weiter oben gesehen haben, etwas Geistiges. Beim Einzeller war natürlich keine Sprache mit im Spiel. Aber wir kennen auch von uns selbst, dass nicht sprachliche Information eine Verhaltensänderung bewirken kann: Die Bakterien in unserem Magen-Darm-Trakt zerlegen die Nahrung, die wir von außen aufgenommen haben, in ihre Bestandteile, sorgen dafür, dass die verwertbaren Teile in die Blutbahn und über diese zur Muskulatur geschickt werden, um dort ihre Arbeit zu tun, und der Rest ausgeschieden wird. Das alles geschieht fast immer, ohne dass es uns bewusst wird. Wenn aber zu wenig Nahrung im Magen und Darm vorhanden ist, dann senden die Muskeln Signale der Schlappheit und der Magen Hungergefühle, bis wir aufstehen und uns etwas zu essen holen. Dabei werden die Signale zwar durch unseren Körper bis ins Gehirn geschickt, aber die mit den Signalen verbundene Energie würde nicht für ein Aufstehen und Essen-Suchen reichen. Sie transportiert nur die Information weiter, die dann bewirkt, dass körpereigene Energie aktiviert wird, mit deren Hilfe wir aufstehen können.

So ähnlich müssen wir uns das wohl beim Einzeller vorstellen. So viel Geistiges wie die Sprache ist dabei nicht im Spiel. Aber die Information vom Ganzen zum Selbst und vom Selbst zur Steuerung des Ganzen ist etwas anderes als die Materie und die Energie, die den lebenden Einzeller bilden. Es ist die Information, der Informationsaspekt der Protyposis, der das Leben ermöglicht.

Wenn die Information schon bei den allerersten Lebewesen eine so wichtige Rolle spielt, kann man sich vorstellen, dass sie auch an der Weiterentwicklung des Lebens einen richtungsweisenden Anteil hat. Bei den Menschen wissen wir, dass zwischen den Nerven des Gehirns in den ersten zwei Lebensjahren sehr viele Verknüpfungen, sogenannte Synapsen, wachsen, und zwar umso mehr, je mehr Anregungen von außen und je mehr Möglichkeiten zur Aktivitätsentfaltung der Säugling bekommt. Das Gehirn hat die Möglichkeit, Verbindungen zwischen den Nerven wachsen zu lassen. In dem Maß, in dem die Nerven von außen oder innen aktiviert werden, wachsen diese Synapsen und helfen, Wege zwischen den verschiedenen Informationen und Aktivitäten zu verkürzen und schnelle Reaktionen zu ermöglichen, aber auch Orientierungsmöglichkeiten in der Welt aufzubauen. Wie und wo diese Synapsen initialisiert werden und wachsen, weiß man wohl noch nicht so ganz. Aber deutlich ist, dass bei einem Säugling, der sehr viel mit Musik konfrontiert wird, andere Synapsen wachsen als bei einem zu vielen verschiedenen Bewegungsmöglichkeiten angeregten Säugling. Und diese frühkindlich gewachsenen Synapsen ermöglichen später oft besondere Begabungen. Beim Einzeller ist das natürlich ganz anders, denn es gibt ja nur eine einzige Zelle. Aber die Quantenphysik als eine Physik der Möglichkeiten und der Beziehungen ermöglicht vielleicht auch, dass von außen und innen kommende Informationen sich so miteinander verbinden, dass neue Möglichkeiten entstehen, die dann neue Informationen auslösen und eine Weiterentwicklung ermöglichen. So könnte das Wimperntierchen beispielsweise zunächst nur ein oder zwei Wimpern entwickelt haben, die es aber gelernt hätte zu bewegen. Bei einer koordinierten Bewegung würde es die Information über die Veränderung der Umgebung durch die Bewegung erhalten, aufnehmen, die entsprechende Bewegung wiederholen, auf diese Weise mögliche Verknüpfungen festigen und das Wachsen weiterer Wimpern begünstigen. Und da dauerhaft günstige Möglichkeiten, mit sich und der Umwelt umzugehen, sich schließlich auch in den Genen speichern, würde auf diese Weise allmählich eine neue Spezies entstehen. So wird die Darwin'sche Evolutionslehre einerseits durch den mit der Quantenphysik naturgegebenen Zufall ergänzt, andererseits durch die Erkenntnis, dass die Materie und Energie aus Protyposis bestehen und daher immer auch Information sind, die etwas bewirken kann. Auf diese Weise wären die in der Evolutionstheorie geforderten Mutationen nicht mehr ganz so zufällig, sondern durch Information mit beeinflusst und damit überzeugender.

Die Information als Keimzelle des Geistigen

Wenn man mit Görnitz und Görnitz annimmt, dass die Protyposis die Grundlage der Welt ist, dann wird deutlich, dass jede Energie und jede Materie auch schon Information ist. Aber erst durch die Entstehung des Lebens bekommt diese Information für jedes Lebewesen eine spezifische Bedeutung. Das Aufnehmen von Molekülen aus der Umwelt, das Zerlegen in die einzelnen Bestandteile, das Auswählen der benötigten Bestandteile und das Ausscheiden der wertlosen Reststoffe sind biochemische Vorgänge. Darüber hinaus aber gibt es eine übergeordnete Funktion, die wir als das Selbst des Einzellers bezeichnet haben, die alle diese Vorgänge im Inneren der Zelle miteinander und mit den von außerhalb der Zelle ankommenden Kräften in Beziehung setzt. Da die Zelle für die Verdoppelung und Teilung immer Stoffe von außerhalb der Zelle aufnehmen muss, wird das Gleichgewicht im Inneren ständig verändert und muss wieder neu hergestellt werden. Gleichzeitig verändert sich aber auch die Umwelt ständig. Diese übergeordnete Funktion muss daher auch die Bedingungen zwischen dem Außen und Innen immer wieder neu abstimmen. Und wenn sich die Außenbedingungen so verändern, dass es der

Zelle nicht guttut, muss sie Aktivitäten einleiten, die die Bedingungen außen oder innen so beeinflussen, dass es wieder stimmt. Für die Feinabstimmung all dieser unterschiedlichen Kräfte wird der Informationscharakter dieser Kräfte wichtig. Winzigste Signale geben Rückmeldung über den Zustand und lösen Aktivitäten aus, die das Gleichgewicht erhalten oder wiederherstellen.

Das Selbst ist bei Einzellern nicht erkennbar. Es gibt kein Gehirn oder eine bestimmte Organelle in der Zelle, die dafür zuständig wäre. Denn es betrifft die gesamte Zelle mit all ihren einzelnen Bestandteilen, ihren systemischen Verknüpfungen, Rückmeldungen und Steuerungsmöglichkeiten. Bei uns Menschen würden wir spontan dieses Selbst ins Gehirn verlegen. Aber das ist ein Trugschluss. Auch in unserem Gehirn finden wir keine Stelle, an der das Selbst als Struktur erkennbar wäre. Denn auch bei uns umfasst dieses Kern-Selbst den gesamten Körper und vielleicht auch noch die unserem Körper eng benachbarten Regionen unserer Umwelt. Wenn wir Zahnschmerzen oder eine schlechte Verdauung haben und sogar wenn wir falsch gekleidet sind und daher frieren, wirkt sich das auf unsere ganze Person aus und unser Selbst signalisiert uns, dass wir Aktivitäten unternehmen müssen, um etwas zu ändern. Bei den Menschen, die aus bis zu 100 Billionen Zellen bestehen, sorgt einerseits jede Zelle für sich, dass sie ihre Aufgabe erfüllt und die Vorgänge geordnet ablaufen. Gleichzeitig ist aber jede Zelle in ein Organ eingebaut, das eine bestimmte Funktion hat und daher die Aufgabe jeder zugehörigen Zelle bestimmt. Und die verschiedenen Organe wirken in einem Gesamtorganismus zusammen, um den Menschen in einem ganzkörperlichen Gleichgewicht und so am Leben zu halten.

Bei so vielen Zellen, die Information verarbeiten und miteinander verknüpfen, die ihre Information mit denen der benachbarten Zellen und den im gesamten Organ zusammengehörenden Zellen verknüpfen und diese Informationen im gesamten Lebewesen mit den Informationen aus den anderen Organen verknüpfen, da spielt die Information offensichtlich eine fast unendlich viel größere Rolle als beim Einzeller. Wobei natürlich, wie wir alle wissen, die organischen Abläufe in unserem Körper sich fast alle völlig ohne unser Bewusstsein abspielen. Erst, wenn eine Störung auftritt, die so gravierend ist, dass das Organ nicht mehr richtig arbeiten kann, bemerken wir etwas davon.

Selbst bei der Bewegungskoordination, bei der ja eine ständige Rückmeldung über die Stellung unserer Glieder an das Gehirn erfolgt, um uns richtig steuern und im Gleichgewicht halten zu können, erfolgt diese Ausbalancierung fast immer unbewusst. Das muss allerdings erst gelernt werden. Durch die Anreize aus der Umgebung erfährt das Baby, dass es etwas mit den Händen erreichen, greifen und zu sich holen kann. Der Säugling wird mit angeborenen Bewegungsimpulsen geboren, die noch weitgehend unkoordiniert sind und in ihrem Ablauf am ehesten dem Bewegungsablauf beim Vierfüßlergang der Säugetiere entsprechen. Aber das gezielte Greifen, das Sich-Drehen, das Aufrichten, den aufrechten Gang, all das müssen die Babys erst mühsam lernen, um es dann allerdings so zu automatisieren, dass es später wie unbewusst abläuft.

Vom ersten Tag an beginnt der Säugling, ein Konzept seiner Umwelt zu entwickeln, indem er die vielen Informationen von außen, die über die verschiedenen Sinnesorgane auf ihn einstürmen, miteinander verknüpft, speichert und so allmählich eine Gesamtvorstellung von seiner Umgebung aufbaut. Dass das so ist, kann man experimentell nachweisen. Man setzt einem Menschen eine Brille auf, die bewirkt, dass er alles falsch herum sieht. Der Fußboden ist oben, die Zimmerdecke unten. Wenn man diese Versuchsperson daran hindert, sich zu bewegen, bleibt das Bild verkehrt herum. Wenn sie sich frei im Raum bewegen kann, dreht sich das Bild nach kurzer Zeit wieder richtig herum. Das heißt, der Kopf verbindet die visuelle Wahrnehmung mit den Signalen aus dem Gleichgewichtsorgan und dem Tastsinn und stellt so das gewohnte Konzept der Umwelt wieder her, um einen kompetenten Umgang mit ihr zu ermöglichen. Auch wenn das nicht über das bewusste Denken läuft, so ist das doch kein rein biochemischer Vorgang. Die Energieströme im Gehirn laufen nicht plötzlich anders herum. Es ändert sich keine Chemie. Wir können keinen Knotenpunkt im Gehirn ausmachen, an dem sich plötzlich etwas umdreht. Vielmehr werden nur die eingehenden Informationen anders miteinander verknüpft. Diese Verknüpfung der verschiedenen Informationen durch das Selbst, die schon für den Einzeller nötig ist, um zu überleben, können wir in diesem Experiment am Menschen beobachten. Als geistige Tätigkeit kann man diese Art von Verknüpfung noch nicht bezeichnen. Aber diese Verknüpfung ist weder Materie noch eine physikalisch messbare Energie, sondern eindeutig eine Vorform des Geistigen, so wie wir etwa auch den Warnruf des Eichelhähers als Vorform geistiger Tätigkeit ansehen müssen.

Aus diesen Vorformen entwickelte sich allmählich das Geistige. Aus den schon bei manchen Makakenstämmen zu beobachtenden differenzierten Warnrufen wurden immer differenziertere Lautäußerungen, die sich bei uns Menschen zur Sprache weiterentwickelten. Und erst als die Sprache so weit entwickelt war, dass mit ihr auch abstraktere Inhalte besprochen werden konnten, konnten sich die Menschen darüber verständigen, woher sie kommen, wohin sie gehen und was wohl der Sinn ihres Lebens ist. Erst dadurch konnten sie sich über Vorstellungen von übermenschlichen Mächten verständigen und zusammen Götterkulte entwickeln, denen man das Wichtigste und Schönste darbringen musste, um diese Götter den Menschen gnädig zu stimmen. So wurde der Götterkult zu einem Motor für die Kultur, in der alles besonders Schöne eine hohe, fast religiöse Wertigkeit erhält.

Aber noch wurden alle Inhalte mündlich überliefert und formten so eine Kultur innerhalb eines Stammes. Erst als die Schrift entwickelt wurde, konnten größere Einheiten gebildet werden, indem Gesetze schriftlich fixiert und in größeren Regionen verkündet wurden. Durch die schriftliche Fixierung wurden die Gesetze verbindlicher und veränderten sich nicht mehr so leicht wie bei der nur mündlichen Überlieferung. So konnten sich einzelne Menschen zu Herrschern machen, die ihre Untertanen mithilfe von Regierungsbeamten auch in entlegeneren Gebieten regieren konnten. Damit entstand eine geistige Elite und das Phänomen der Herrschaft von wenigen über viele wurde deutlich verstärkt. Diese geistige Elite konnte dann durch gemeinsame geistige Arbeit ein Staatswesen aufbauen, in dem die Beziehungen der immer zahlreicher werdenden Menschen untereinander gesetzlich geregelt und überwacht wurden. Die Mathematik zur Ländervermessung, zur Berechnung der kosmischen Bezüge und zur Regelung des Warenaustauschs durch Geld wurde entwickelt. Den Menschen wurde ihr Denken bewusst. Es entstand eine Weisheitslehre oder Philosophie. Und aus den primitiven Götterkulten wurde eine abstraktere Theologie, in der aber auch das Nachdenken über Gut und Böse intensiviert und schriftlich fixiert wurde. Über diese Entwicklung kann man viel im Alten Testament nachlesen, das die Grundlage für die drei monotheistischen Religionen bildet.

Der nächste große Entwicklungsschub kam durch die Erfindung der Buchdruckerkunst. Damit wurde das Wissen aus Büchern für einen viel größeren Anteil der Bevölkerung zugänglich. Die Sprache und das Denken wurden in viel höherem Maße als früher trainiert. Viel mehr Menschen konnten sich Teile aus den schon entwickelten Wissenschaften aneignen und weiterentwickeln, sodass die Wissenschaft sich in verschiedene Bereiche auffächern musste. Es entstanden unterschiedliche Zweige der Naturwissenschaften und die ganzheitliche Sicht auf unsere Wirklichkeit musste an vielen Stellen der vertieften Einsicht in Einzelbereiche weichen. In all diesen Bereichen konnte sich die intellektuelle Kreativität vieler Menschen entfalten und Neues schaffen, sodass wir in viel höherem Maße als früher unsere Umwelt gestalten und für unser Leben und Wohlergehen sorgen können.

Viele andere übergeordnete Konzepte, die für unsere heutige Lebensgestaltung wichtig sind, kann man, wenn man diesen Blickwinkel einmal einnimmt, schon bei der Entstehung des Lebens beobachten. Kooperation beispielsweise begründete die Möglichkeit des Lebens. Eiweißmoleküle und RNA-Moleküle förderten gegenseitig ihre Entwicklung, indem sie aus der Umgebung Biomoleküle zerlegten und jeder nur Teile für sich verwendete, die der andere nicht gebrauchen konnte. Sicher, das waren noch rein biochemische Vorgänge, die sogar im Reagenzglas nachgemacht werden können. Aber daraus entstand das systemische Zusammenwirken der verschiedenen Molekülsorten und Organellen innerhalb einer Zelle, das wir in den letzten 50 Jahren dank der immer genaueren Beobachtungsinstrumente kennenlernen und bestaunen konnten. Es gibt Einzellerstämme, die miteinander kooperieren, ohne sich schon zu größeren Lebewesen zusammenzutun. Und bei den Bienen und Ameisen beobachten wir ganze Völker, die in einer Weise kooperieren, dass es mich manchmal schaudert. Denn so streng eingebunden in eine Gemeinschaft möchte ich nicht leben müssen.

Man kann zwar schon bei den allerersten Lebewesen ein Selbst mit winzigsten Vorformen des Geistigen erkennen, aber kann man deswegen behaupten, das Geistige sei die Grundlage unserer Welt? Es entwickelt sich ja erst mit der Evolution der Lebewesen. Die Idee Hegels, dass die ganze Welt nur Geistiges sei, unser ganzes Sein nur Geistsein, ist eine Verabsolutierung des Geistigen, die nicht zu der Welt passt, wie sie sich uns darstellt. Schon vor der Entstehung des Lebens gab es Materie und Energie, und die gibt es immer noch, auch wenn sie gleichzeitig Information ist. Die Protyposis als Grundlage des Seins wird mathematisch beschrieben als einfachste, zweidimensionale Struktur. Sie kann zu physikalisch messbarer Energie kondensieren, aber auch zu Elementarteilchen, aus denen die Materie gebildet wird. Und mit Materie und Energie ist immer auch Information gegeben, die von den Lebewesen zu etwas verknüpft werden kann, was weder physikalisch messbare Energie noch Materie ist, sondern etwas Eigenes, was aber auf Materie und Energie einwirken kann, da es aus derselben Grundlage, der Protyposis, besteht.

> Ohne Materie und Energie könnte kein Leben und damit auch nicht das Geistige entstehen, wie wir es kennen. Unsere Welt ist also sehr viel ganzheitlicher, als sie im Idealismus dargestellt wird. Gleichzeitig gehören die Naturgesetze selbst, nach denen Materie und Energie miteinander wirken, weder zur Materie noch zur Energie, sondern am ehesten zum Bereich des Geistigen. Sie bilden zweifellos eine Grundlage unserer Welt.

Unsere zunehmende Kenntnis der Naturgesetze, die daraus resultierende Fähigkeit, die Natur zu berechnen und zu beherrschen, hat uns einige Jahrhunderte lang ungeheure Erfolge und Fortschritte beschert. Dadurch entstand eine starke Ausrichtung auf den materiellen Aspekt unseres Lebens und eine Hybris, die uns glauben machte, wir könnten die Materie so durchschauen, dass wir alles bis ins Letzte beherrschen können. Dieser Materialismus bediente sich zwar aller geistigen Möglichkeiten, die wir haben, aber das Bewusstsein um die Wichtigkeit des Geistigen, der geistigen Weiterentwicklung der Menschheit als Grundlage für das Überleben, trat dabei in den Hintergrund. Im Gegenteil, durch Darwins Lehre der Mutation und Selektion als Grundlage der Evolution des Lebendigen, wurde der individuelle Kampf ums Überleben und die Gier zum Anhäufen möglichst vieler materieller Ressourcen für jedermann salonfähig. Kampf der Arbeiterklasse gegen die Kapitalbesitzer, Kampf der selbst ernannten Herrenrasse gegen die als Untermenschen deklarierten anderen Völker und Abschottung der Reichen gegen die mit am Reichtum teilhabenwollenden Armen sind die schrecklichsten Auswüchse dieser Entwicklung.

Mit der Quantenphysik wurden neue Aspekte unserer Welt sichtbar. Der Zufall spielt auf der quantischen Ebene eine wichtige Rolle. Und da alle Lebewesen Ganzheiten sind, spielen bei ihnen die quantische Ebene, die diese Ganzheiten bildet, und damit auch der Zufall eine wichtige Rolle. Das heißt, die Lebewesen lassen sich nicht völlig vorherberechnen und beherrschen.

Jedes Elementarteilchen, das unsere Welt mit bildet, kann sowohl als Teilchen als auch als Welle betrachtet werden. Es gibt Elementarteilchen mit Ruhemasse, die die Materie bilden, aber auch die können in einigen Versuchen als Welle auftreten. Es gibt Teilchen, die sich immer mit Lichtgeschwindigkeit fortbewegen (zumindest im Vakuum), die Photonen, bei denen der Wellencharakter zu dominieren scheint, aber auch sie können als Teilchen betrachtet und berechnet werden. Man könnte dem Teilchen mehr den Charakter des Zentrierten zuordnen, was die Masse und damit die Materie bildet, der Welle mehr den Charakter der Energie, die in die Ferne wirkt und Verbindungen herstellt. Die Wellen tragen die Information in die Ferne und wir haben dafür die Augen entwickelt. Der Teilchenaspekt wirkt dort, wo er sich zu Materie zusammenfügt, auf unsere Tastsinne und vermittelt uns so die Informationen, die wir brauchen, aus der Nähe.

In der anorganischen Chemie sind es die Verbindungen, die etwas Neues entstehen lassen, zum Beispiel Wasser aus den Elementen Wasserstoff und Sauerstoff. Das Neue ist so eng miteinander verbunden, dass man die Ausgangsmaterialien nicht mehr erkennen kann. Mit dem Leben kommt eine neue Form des Zusammenwirkens der Materie ins Spiel: Stoffe, die sich gegenseitig fördern, ohne ineinander aufzugehen. An dieser Stelle wird die Information wichtig, die stärker in die Ferne wirkt. Sie ermöglicht, das Zusammenwirken im Gleichgewicht zu halten. Während vorher Materie und Energie gleichzeitig Information waren, bekommt die Information jetzt eine eigenständige, lebenserhaltende Funktion. Wenn man bei dem biblischen Bild bleiben wollte, dass Gott dem Menschen seinen Geist einhauchte, dann kann man diesen Hauch allenfalls bei der Entstehung des Lebens sehen. Die Beziehung von eigenständigen Stoffen (RNA- und Eiweißmoleküle) ermöglicht und erfordert die Entwicklung der Information zu etwas Eigenständigem, aus dem sich allmählich das Geistige entwickelt. Damit sind der Beziehungsaspekt und die Kooperation für das Leben und seine Entwicklung noch viel wichtiger als der Kampf gegeneinander. Und eine Weiterentwicklung im Geistigen ermöglicht das Entstehen von immer komplexeren und vielfältigeren Lebensformen. Martin Buber, der jüdische Philosoph, bezeichnete das Göttliche als das Ur-Du und drückt damit aus, wie wichtig die Beziehung für unser Menschsein, aber auch für die gesamte Natur und die Weiterentwicklung des Lebens und des Geistigen ist.

Konsequenzen aus dieser Sichtweise

Aus diesen naturwissenschaftlichen Erkenntnissen wird deutlich, dass die lebendige Natur eine Ganzheit aus Materie und Geistigem ist. Im Vergleich zu den Planeten Venus oder Mars, die wir ja dank der modernen Technik inzwischen auch aus größerer Nähe als beeindruckende, aber letztlich doch eintönig ungemütliche Stein- und Lavakolosse kennen, hat sich auf der Erde durch die Entstehung des Lebens eine unglaubliche Vielfalt entwickelt. Der Physiker Stephen Hawking sagte voraus, dass wir in 1000 Jahren alle auf den Mars auswandern müssten, weil wir die Erde abgewirtschaftet hätten. Gegen die Vorstellung, auf dem Mars leben zu müssen, ist das Leben auf der Erde traumhaft schön, trotz all der vielen Kriege und Schrecklichkeiten, die wir derzeit erleben. Es würde sich lohnen, hier an einer Veränderung des Zustandes zu arbeiten, die uns ein längeres Überleben auf der Erde ermöglicht. Das geht nur, wenn wir unsere geistigen Fähigkeiten kultivieren und einsetzen, um das Gleichgewicht zwischen uns und unserer Umwelt wiederherzustellen.

Manche Menschen fürchten, dass durch die in diesem Buch dargestellte Erweiterung der Quantenphysik das Geistige physikalisiert würde. Wir hingegen sind überzeugt, dass dadurch das Geistige als der Motor aller Entwicklung wieder stärker ins Zentrum unserer Aufmerksamkeit rückt und mehr Gewicht bekommt.

Anmerkungen

1 Vgl. Glasgow, R.D.V. (2017): The Minimal Self. Würzburg University Press.

Ich danke meinem Bruder Martin Heisenberg, Professor für Biologie, für die vielen Gespräche, in denen wir gemeinsam über die Entstehung des Geistigen nachdenken konnten.

Ein Weg zur Erleuchtung – Erkenntnisse der Naturwissenschaft

Thomas Görnitz

In den Sprüchen und Redeweisen der Völker ist eine erstaunliche Menge an Einsichten zu finden – oftmals viel mehr, als ihren Schöpfern eigentlich bewusst sein konnte. So werden neue Erkenntnisse oft mit Begriffen umschrieben, die mit dem Licht zu tun haben. Wir sprechen von „Erleuchtungen", jemandem geht „ein Licht auf", er ist ein „heller Kopf" und kann das sogar „ausstrahlen".

Auch die Physik wurde „in ein völlig neues Licht gerückt", als es Max Planck und Albert Einstein gelungen war, das naturwissenschaftliche Wesen des Lichtes zu erhellen. Der Weg, das Licht zu begreifen, führte schließlich zur Quantentheorie. Mitte des 19. Jahrhunderts hatte Maxwell vermutet, dass Licht eine elektromagnetische Welle ist. 40 Jahre später zeigte Planck, dass die Energie des Lichts immer in kleinen Portionen, sogenannten Quanten auftritt, und Einstein zeigte, dass manche Experimente nur mit diesen Lichtquanten erklärt werden können. Diese Energiepakete wurden später als Photonen, als Energieteilchen, bezeichnet. Beide Konzepte, das der Welle und das des Teilchens, wurden schließlich von der Quantentheorie vereinigt. Und diese Theorie hat die Naturwissenschaft und unseren Blick auf Welt und Wirklichkeit grundlegend verändert.

Quantentheorie – das Tor zu neuer Erkenntnis!

Heute geht fast jeder mit elektronischen Geräten um, mit Geräten wie Computer, Handy, TV-Empfänger mit flachem Bildschirm und vielem anderen mehr. Trotzdem trifft man oft auf eine Abwehrhaltung vor dem bloßen Wort Physik – auch bei denen, die die erwähnten Geräte intensiv nutzen. Wenige bedenken, dass alle diese technischen Fortschritte – auch in der Medizin mit Ultraschalldiagnostik und Magnetresonanztomographie – ohne die Quantenphysik nicht denkbar gewesen wären.

In den üblichen Darstellungen der Quantentheorie werden die Quanten als winzigste Teilchen vorgestellt. Manche Quanten werden als Elementarteilchen bezeichnet, so die masselosen Photonen, die Lichtquanten, aber auch die mit Masse ausgestatteten Elektronen und Neutrinos. Diese drei Sorten von Quanten können frei durch den Raum fliegen.

Die Atomkerne können in Protonen und Neutronen zerlegt werden. Deshalb wurden diese noch in meiner Studentenzeit zu den Elementarteilchen gerechnet. Später galt diese Bezeichnung nicht mehr, denn man fand sogar Strukturen innerhalb von Protonen und Neutronen. Diese, die Quarks und Gluonen, werden heute als Elementarteilchen bezeichnet, obwohl man weiß, dass sie niemals als Teilchen frei durch den Raum fliegen können. Der Begriff Elementarteilchen wird also auf sehr unterschiedliche Strukturen angewendet.

Die genannten Teilchen und alle die anderen, die in Reaktionen mit diesen erzeugt werden können, werden als Quanten bezeichnet. Die Bezeichnung der Quanten als Teilchen verführt sehr dazu, sich darunter nur räumlich kleinste Objekte vorzustellen. Aber diese Vorstellung passt nicht in allen Fällen zur Wirklichkeit, denn es gibt Quanten, die nicht als kleine Teilchen vorgestellt werden dürfen. Es gibt eben auch extrem ausgedehnte teilelose Quantenstrukturen. So experimentiert man heute bereits mit teilelosen Quanten des Lichts mit Ausdehnungen über 1 200 km. Weiter unten werden die Zusammenhänge, die sich mit den Quanten ergeben, näher erläutert. Es erscheint mir jedoch sinnvoll, zuerst die Grundprinzipien der überaus erfolgreichen Quantentheorie kurz darzustellen.

Die alltagsnahen Prinzipien der Quantentheorie

Manche Prinzipien der Quantentheorie entsprechen unseren menschlichen Erfahrungen besser als die früheren Strukturen der Naturwissenschaften, aber natürlich muss man zugeben, dass wiederum andere Aspekte auf den ersten Blick sehr merkwürdig erscheinen.

Die Quantentheorie erfasst die Wirklichkeit sehr gut. Wenn man die zugrundeliegende Mathematik kennt und gründlich durchdenkt, dann zeigt sich, dass auf dieser Grundlage auch anschauliche und damit etwas leichter verstehbare Darstellungen der Prinzipien dieser Theorie möglich werden.

Da die Quantentheorie noch immer und sehr oft als „unverstehbar“, manchmal sogar als verrückt bezeichnet wird, ist mir klar, dass eine solche Behauptung vielleicht als zu kühn missverstanden werden könnte. Aber ein halbes Jahrhundert der wissenschaftlichen Beschäftigung mit den Grundlagen dieser Theorie hat dazu geführt, dass ich mich von der Meinung der „Unverstehbarkeit“, in der auch ich als Physiker ausgebildet worden war, emanzipieren konnte.

Welche Aspekte der Wirklichkeit werden von der Quantentheorie besser erfasst als von der alten Physik?

Physik der Möglichkeiten

Wir Menschen wissen von uns, dass wir in unserem aktuellen Handeln von den Fakten der Vergangenheit und der Gegenwart beeinflusst werden. Hinzu kommt jedoch auch, dass wir uns überlegen können, welche Konsequenzen und welche Möglichkeiten aus unserem Handeln oder aus unserem Nichtstun folgen könnten.

In unseren Gedanken können wir mit den Möglichkeiten spielen. Wir können uns zugleich vorstellen, ins Kino und zum Fußballspiel zu gehen. Natürlich wissen wir alle, dass wir dies mit unserem Körper zur selben Zeit nicht tun können. In unseren Gedanken können wir gleichzeitig durch zwei nebeneinander befindliche Türen treten, mit unserem Körper niemals.

Wenn wir das gleichzeitige Vorliegen von Möglichkeiten in der Quantentheorie betrachten, dann kommen wir damit bereits an einen zentralen Punkt dieser Theorie. In der Fachsprache wird das als das Superpositionsprinzip bezeichnet.

An einem isolierten Quantensystem werden sich keine Fakten ereignen, solange die Isolierung anhält. Die Isolierung meint in diesem Zusammenhang die Unterbindung eines jeglichen Austausches mit der Umgebung. Ohne Fakten kann es keinen Zeitablauf geben, denn dieser wird erst durch die Fakten in ein Vorher und ein Nachher unterteilbar.

Davon zu unterscheiden ist die von uns Menschen empfundene Gleichzeitigkeit von Ereignissen im Internet. Für das Internet war bisher die Rolle der Quantentheorie darauf beschränkt, dass alle die dafür notwendigen technischen Gerätschaften erst durch Erkenntnisse konstruiert werden konnten, die auf der Quantentheorie aufbauen. Dabei geschieht die faktische Signalausbreitung mit Lichtgeschwindigkeit. Diese erscheint uns Menschen so gut wie gleichzeitig, weil die Zeitunterschiede zwischen Aussenden und Empfangen zu kurz für unsere Wahrnehmungen sind.

Zur Überraschung der Physiker zeigte sich, dass das Verhalten von Quanten, z. B. von Teilchen des Lichtes, sich verändert, je nachdem, ob man ihnen Möglichkeiten eröffnet oder diese einschränkt. Eine berühmt gewordene Sorte von Experimenten betrifft Quanten, die mit zwei Möglichkeiten konfrontiert sind. Das kann die Möglichkeit betreffen, zur gleichen Zeit zwei Wege durchlaufen zu können oder nur den einen oder den anderen Weg. Solche „Zwei-Wege-Experimente" werden seit längerem durchgeführt und man kann sie als Erweiterung des Doppelspalt-Versuches verstehen. Nach den Ergebnissen zu urteilen, scheinen die Quanten beide Alternativen gleichzeitig zu nutzen, solange wir nicht durch Messungen eingreifen. So als ob wir Menschen durch zwei Türen gleichzeitig gehen würden, solange uns niemand beobachtet. Aber bei diesen Quanten handelt es sich um Möglichkeiten für diese Teilchen und nicht um ein faktisches Durchlaufen der zwei Wege. Das unterscheidet diese Situation von allem, was mit unserem Körper faktisch geschehen kann.

Die Quanten haben eine so geringe Masse oder Energie, dass sie, solange sie nicht mit ihrer Umwelt wechselwirken, im Reich der Möglichkeiten verbleiben. Erst das Auftreffen des Teilchens am Ende der Wege auf dem Nachweisschirm erzeugt ein Faktum.

Wenn wir allerdings an den beiden Wegen einen Detektor, quasi einen Detektiv aufstellen, der feststellen soll, welchen der beiden Wege das Elementarteilchen tatsächlich durchlaufen hat, dann verändert sich das Bild auf dem Nachweisschirm. Da es in der Quantentheorie keine Beobachtung gibt, die ohne Einfluss auf das Beobachtete bliebe, muss dieser „Detektiv" mit dem Teilchen wechselwirken, damit er die Information über die Tatsache eines Durchganges erhalten kann. Dieser Informationsentzug verändert die Situation des Teilchens ins Faktische. Unter dieser Bedingung kann jedes Teilchen nur einen der beiden Wege tatsächlich nutzen.

Das bedeutet: Die Quantenphysik ist eine Physik der Möglichkeiten. Und erst wenn, z. B. durch Messungen, Tatsachen geschaffen werden, wird eine Möglichkeit zu einem Faktum und die anderen Möglichkeiten gehen verloren. Wir können erwägen, ins Kino oder zum Fußball zu gehen. Wenn wir dann zum Fußball gegangen sind, ist für diese Zeit das Kino nicht mehr möglich.

So ähnlich, wie wir mit unseren Gedanken viele, auch nicht realisierbare Möglichkeiten spielerisch durchdenken können, die dann beispielsweise bei einer Handlung auf den Boden der Tatsachen gebracht werden, so hat die Quantentheorie zum Prinzip, dass die Fülle der Möglichkeiten in einer unbeeinflussten Entwicklung nur so lange verbleiben kann, wie das betreffende System vom „Rest der Welt" isoliert verbleibt. Eine Ankopplung an die Umwelt schafft Fakten.

Als erste Grundtatsache der Quantentheorie kann man also feststellen: Die Quantentheorie ist eine Theorie der Möglichkeiten.

Deutlich wird dies auch bei einem Quanteneffekt, der den Energiesatz in seiner Absolutheit relativiert. Der Satz von der Erhaltung der Energie ist fast so etwas wie eine heilige Kuh der klassischen Physik. Beim Tunneleffekt zeigt sich, dass die Realität flexibler ist, als es die starren Schranken der klassischen Physik nahelegen.

Quantenteilchen können durch Kräfte in einem Bereich „eingesperrt" werden. Die Energie des eingesperrten Teilchens reicht also nicht aus, um die Barriere zu überwinden. Die Größe eines solchen Bereiches wird nach den Gesetzen der klassischen Physik festgelegt. Nun kann man berechnen, dass nach der Quantentheorie sich mögliche Orte auch außerhalb dieses Bereiches befinden. Dann gibt es eine Wahrscheinlichkeit, die größer als null ist, dafür, dass ein solcher Ort außerhalb des erlaubten Bereiches auch einmal real eingenommen wird. Dann ist das Quantenteilchen „draußen" und kann sich frei weiterbewegen. Solche Vorgänge, die den starren Regeln der klassischen Physik widersprechen, geschehen in der Natur immer wieder. Die Quantentheorie verweist uns darauf, dass diese Vorgänge so schnell geschehen, dass wegen der Unbestimmtheit von Energie und Zeit die kurzzeitige Verletzung des Energiesatzes quantentheoretisch erlaubt ist.

Die Quantentheorie zeigt also auf, dass es in der Natur mehr Möglichkeiten gibt, als es eine Beschreibung mit der klassischen Physik erahnen lässt, und dass sich dann solche Möglichkeiten immer wieder einmal für uns und unsere Beschreibung zu einem nicht zu ignorierendem Faktum wandeln.

Nach der Beschreibung mit der Quantentheorie verbleiben miteinander wechselwirkende Quantenteilchen als eine Ganzheit von Möglichkeiten. Ein Messeingriff zerlegt diese Ganzheit in faktische Teile. Früher hat man dieses mathematische Resultat mit der seltsamen Vorstellung verbunden, dass ein solcher Übergang von den Möglichkeiten zu einem Faktum eng mit dem Bewusstsein des messenden Beobachters verbunden sein würde. Dass es keine (extrem genaue) Beobachtung ohne Einfluss auf das Beobachtete gibt, wird oftmals fälschlich auch in umgekehrter Richtung interpretiert. Das hätte die sehr merkwürdige Konsequenz, dass es ohne einen Beobachter auch keine Fakten geben würde.

Natürlich ist die Beschreibung von Fakten an einen Beobachter gekoppelt, der die Beschreibung vornimmt. Aber man möchte doch nicht glauben, dass die Existenz von Fakten daran gebunden ist, dass diese auch von jemandem beschrieben werden.

Für die Überlegungen, die wir hier anstellen wollen, genügt der Hinweis, dass mit größerer Masse der Übergang von den Möglichkeiten zu einem Faktum (die sogenannte Dekohärenz) immer schneller und deutlicher erkennbar wird. Selbst für das Elektron, das unter den am atomaren Geschehen beteiligten Teilchen die kleinste Masse hat, ist der Vorgang noch extrem schnell. Allerdings fällt das Argument der Masse bei den masselosen Photonen weg. So können zwei gemeinsam erzeugte Photonen bis zu einer Absorption des einen in einem sogenannten verschränkten (synonym dazu: kohärenten) Zustand verbleiben. Eine bessere Beschreibung wäre, dass sie bis zu einer Absorption *ein* teileloses Ganzes bilden – ein Diphoton und nicht zwei Photonen.

Sehr massereiche Systeme können nicht mehr als etwas „Teileloses" beschrieben werden. Dann aber kann es Untersysteme geben, die wie ein solches teileloses Quantensystem wirken. Ein Beispiel aus der Technik dafür sind die supraleitenden Magnete. Die Spulen bestehen aus speziellen Materialien und müssen bisher mit flüssigem Helium fast am absoluten Nullpunkt betrieben werden. In den Spulen fließt ein ungeheuer starker

Strom, mit dem die stärksten Magnetfelder erzeugt werden, die man herstellen kann. Wenn dieser Strom einmal fließt, dann bleibt er am Laufen, so lange die niedrige Temperatur erhalten bleibt. Dieser Strom wird gebildet aus Milliarden von Elektronen, die sich verhalten, als ob sie ein kohärentes System wären, ein Ganzes ohne Teile. Der Draht in der Spule, in der der Strom fließt, wirkt jedoch nicht wie eine Ganzheit.

Solche Quantenganzheiten in einer klassischen Umgebung werden uns wieder begegnen, wenn wir das Bewusstsein im Gehirn begreifen wollen.

Das Bewusstsein soll später definiert werden als Quanteninformation, die sich selbst erleben und kennen kann.

Das Bewusstsein ist selbstverständlich nicht das Gehirn, sondern es ist ein verschränktes Quantensystem, das keine Masse hat. Das Bewusstsein wird zwar von Photonen getragen, ist aber selbst keine Energie, sondern es ist bedeutungsvolle Information. Das ist ähnlich wie beim supraleitenden Strom, der zwar vom Draht getragen wird, aber kein Draht ist. Die Aufhebung der Kohärenz, also die Dekohärenz, erfolgt umso schneller, je größer die Masse des beteiligten Systems ist. Die nichtvorhandene Masse der Photonen, die die Träger des Bewusstseins sind, spricht daher gegen die Argumente einer schnellen Dekohärenz des Quantensystems „Bewusstsein". Diese These wird gestützt, dass das „Jetzt" etwa drei Sekunden andauern kann.

Für die Fakten gilt das Gesetz vom ausgeschlossenen Dritten: Eine Aussage ist entweder wahr oder falsch, ein Drittes ist ausgeschlossen. Bei den Möglichkeiten ist es anders. So ist es jetzt möglich, dass es morgen um 12 Uhr mittags in dieser Gegend, in der ich jetzt gerade bin, regnet. Das Gegenteil, dass es morgen um 12 Uhr hier keinen Tropfen regnet, ist ebenfalls möglich. Bei manchen Menschen hat sich daraus die Vorstellung entwickelt, in der Quantentheorie sei alles möglich. Das stimmt jedoch nicht. Bleiben wir bei dem Wetterbeispiel: Je nach Wetterlage ist der Regen morgen mehr oder weniger wahrscheinlich. Aber wenn Hochsommer ist, ist es ausgeschlossen, dass es morgen um 12 Uhr in München einen Schneesturm gibt.

Genauso ist es in der Quantenphysik. Sie ist zwar eine Physik der Möglichkeiten, weil es zum Beispiel von jedem Ausgangspunkt verschiedene

Möglichkeiten gibt, wie sich das Teilchen weiter verhalten wird. Trotzdem sind die Möglichkeiten klar begrenzt und unterschiedlich wahrscheinlich, sodass für diese Möglichkeiten klare statistische Gesetzmäßigkeiten gelten. Die Struktur der Quantentheorie zeigt, dass die Veränderungen der Möglichkeiten determiniert sind, also festliegen. Ein (wahrscheinlich zu enges) Beispiel wäre das Bild einer Weggabelung. Dann könnte man rechts oder links gehen – und solange man sich nicht entscheidet, bleiben diese beiden Möglichkeiten bestehen. Ein reales Quantensystem hat in seiner mathematischen Beschreibung zumeist unendlich viele Möglichkeiten und ebenso viele „Unmöglichkeiten".

Die Theorie legt auch fest, was absolut unmöglich ist. Aber es ist völlig unbestimmt, welches Ereignis aus der Menge der naturgesetzlich genau festgelegten, also determinierten Möglichkeiten als zukünftiges Faktum realisiert wird. Daher geht es bei der Quantentheorie um Unbestimmtheit. In den Anfängen der Quantentheorie sprach man über dieses Phänomen als Unschärfe und formulierte eine Unschärferelation. Aber das ist eine ungünstige Ausdrucksweise, weil sie die Vorstellung fördert, man könne durch noch genaueres Hinschauen noch mehr erkennen. Aber de facto stehen einfach mehrere Möglichkeiten offen und es ist unbestimmt, welche der Möglichkeiten dann als Faktum realisiert wird.

Ein in der Physik dazu gern erwähntes Beispiel betrifft Ort und Impuls eines Quantenteilchens. Derartige Vorstellungen sind Idealisierungen aus der klassischen Physik. Bereits der antike Philosoph Zenon hatte gezeigt, dass es einen Widerspruch bedeutet, wenn man für ein Objekt zugleich eine Bewegung und einen Ort denken will.

In der Quantenmechanik zeigt sich, dass es für ein von ihr beschriebenes System keine Zustände gibt, in denen diese beiden Größen zugleich einen exakten Wert besitzen würden. Carl Friedrich von Weizsäcker sagte dazu stets, dass man nicht etwas messen könne, was nicht existiert. Wird an einem Teilchen der Ort gemessen, so erzwingt die Messanordnung, dass ein Ort als Messergebnis faktisch auftaucht. Diese Messwechselwirkung hat zugleich zur Folge, dass nach diesem Eingriff die Menge der möglichen Impulswerte des Teilchens sehr viel größer wird. Die Messanordnung setzt den Rahmen dafür, was sich als Ergebnis einstellen kann. Wie klein das Mindestmaß an Unbestimmtheit ist, welches das Wirkungsquantum vorgibt, wird an beeindruckenden Bildern von einzelnen Atomen auf Oberflächen mit Rastertunnelmikroskopen erkennbar. Da die Oberfläche des Festkörpers wegen dessen großer Masse viel Impulsunbestimmtheit aufnehmen kann, kann die Unbestimmtheit des Atomortes sehr klein werden und man kann sehr kleine Objekte sehr gut lokalisieren.

Ein Beispiel aus dem Alltag wäre die Frage nach der Form von einem Liter Milch. Die Verpackung erzwingt eine bestimmte Form. In der Supermarktpackung ist die Form ein Quader, schütte ich die Milch in einen Krug, wird die Form zu einem Zylinder. Beides ist möglich, aber als Faktum nie zur gleichen Zeit.

Physik der Beziehungen

Die Physik, die es ermöglichte, Dampfmaschinen und später Elektromotoren und einfache Radios zu bauen, die klassische Physik, beschreibt die Welt als eine Ansammlung von Objekten. Zwischen denen werden Kräfte wirksam. Trotzdem bleiben z. B. bei der Beschreibung des Planetensystems die einzelnen Planeten vollkommen getrennte Objekte. Für jeden Planeten ist klar, wie er sich bewegt, auch wenn dadurch die Bewegungen der anderen etwas beeinflusst werden. Diese Vorstellung ist weithin erfolgreich. Wir kennen aber aus dem Alltag auch vieles, bei dem aus einzelnen Bestandteilen etwas ganz Neues entsteht. Ein Brot etwa kann, wenn es einmal gebacken ist, nicht wieder in seine Bestandteile, das Mehl, das Salz und die Hefe etwa, zerlegt werden. Man erkennt ganz deutlich, dass das Ganze oft sehr viel mehr ist als die Summe seiner Teile. Das gilt in besonderem Maße auch für die Quantenphysik. Die Quantenphysik ist eine Physik der Beziehungen.

Die einzelnen Teilsysteme, z. B. die Atome eines Moleküls, treten in der Quantenphysik in eine Beziehung miteinander. Zumindest die Elektronen müssen als eine Ganzheit behandelt werden. Durch diese Ganzheit erhält das Molekül im Vergleich mit seinen Atomen auch vollkommen neue Eigenschaften (verschränkte oder kohärente Zustände).

Wegen dieser Beziehungsstruktur werden in der Quantentheorie die Teilsysteme nicht additiv wie in der klassischen Physik zu einem Gesamtsystem kombiniert, sondern ausschließlich multiplikativ. Ein Produkt ist größer als die Summe seiner Faktoren. 3×3 ist größer als $3 + 3$. Deshalb ist in einem zusammengesetzten Quantensystem die Anzahl der Zustände des Gesamtsystems um ein Vielfaches größer als die Anzahl der Zustände bei den Teilen.

Als Zustände bezeichnet man, vereinfacht gesagt, die Menge der veränderlichen Eigenschaften, die für das System charakteristisch sind. Zu solchen Eigenschaften bei einem Teilchen können beispielsweise Ort, Geschwindigkeit, Energie oder Drehimpuls gehören. Die Masse hingegen wird in diesem Zusammenhang nicht zum Zustand gerechnet, eine andere Masse ist ein anderes Teilchen.

Je weiter das Verstehen der Atome vorangeschritten war, desto deutlicher wurde, wie aus den einfachen Atomen die wunderbare Vielfalt unserer Welt entstanden war. So zeigte sich schon an einfachen Molekülen, wie vielfältig deren neuen Eigenschaften werden, wenn man sie mit denen der Ausgangsatome vergleicht. Dazu ein Beispiel: Unsere Atemluft besteht vor allem aus Stickstoff und Sauerstoff. Sauerstoff ist überlebensnotwendig. Mit dem Stickstoff reagieren wir nicht. Bereits durch eine Kerzenflamme kann sich neben dem Feinstaub auch Stickoxid als Molekül aus Stickstoff und Sauerstoff bilden. Stickoxid kann – in hohen Konzentrationen – die Atemwege reizen. Aber auch solche Beziehungen zwischen Elementen, die dabei keine Moleküle formen, führen zu etwas vollkommen anderem. Chlor ist ein giftiges Gas, Natrium ist ein Metall, das mit Wasser explosionsartig reagiert – und NaCl, das Kochsalz, bildet Kristalle (genauer Ionenkristalle, die im Wasser in ihre Ionen zerfallen), mit denen wir Speisen würzen und haltbar machen.

Damit haben wir die zweite wesentliche Grundtatsache der Quantentheorie erfasst: Die Quantenphysik ist eine Physik der Beziehungen, die neue Ganzheiten ermöglicht, die sehr viel mehr und anderes sind als die Summe ihrer Teile.

Werden zwei Systeme zusammengebracht, dann entscheidet das Vorhandensein oder das Fehlen einer Wechselwirkung, ob eine Beziehung entsteht. Photonen, wenn sie nicht allzu energiereich sind, wechselwirken nicht miteinander. Daher können sie einander durchdringen, als ob das jeweils andere nicht vorhanden wäre. Auch beim Durchgang durch Glas wird zwar innerhalb des Glases die Geschwindigkeit der Lichtquanten etwas vermindert, aber nach dem Durchgang ist der vorherige Zustand bis auf eine mögliche Richtungsänderung wiederhergestellt.

„Dynamische Schichtenstruktur"

Im Gegensatz zu Medizin und Psychologie beschreibt die Physik nur die einfachsten Strukturen der Natur – Strukturen, die so einfach sind, dass sie mit der Mathematik der Gegenwart zutreffend erfasst werden können. Zu diesen Strukturen, die bei genauer Betrachtung erkennbar werden, gehören der Beziehungscharakter der Wirklichkeit und das Wirken auch von Möglichkeiten, die beide in der klassischen Physik noch nicht gesehen wurden. So zeigt sich, dass man sehr genau werden muss, um die Grundprinzipien der Quantentheorie wahrnehmen zu können.

> Die Quantentheorie wird immer erst dann benötigt, wenn die Beschreibung der Welt sehr genau werden muss.

Die dargelegten Grundprinzipien der Quantentheorie entsprechen durchaus manchen unserer Alltagserfahrungen. Für eine Beschreibung allerdings, die für uns Menschen nützlich und anwendungsmöglich ist, wäre die Quantentheorie – auch wenn sie die grundlegende Theorie der Wirklichkeit ist – allein genommen unzureichend. Schließlich gibt es in der Quantentheorie nur Möglichkeiten.

Aber wir erleben unablässig die Folgen des faktischen Handelns. Für uns Menschen gibt es neben den Möglichkeiten harte Fakten, und die sind oft wichtiger als die Möglichkeiten. Die Möglichkeiten zu ignorieren, würde keine gute Naturwissenschaft bedeuten – und das gilt gleichermaßen auch für die Fakten. Das Wirken der Fakten wird durch die klassische Physik beschrieben.

Die gegenseitige Bezogenheit dieser beiden mathematisch unterschiedlichen physikalischen Strukturen wird durch die dynamische Schichtenstruktur berücksichtigt. Sie erfasst die Beziehungen zwischen der klassischen Physik und der Quantenphysik.[1]

Die klassische Physik und die Quantenphysik beschreiben jede für sich ein gesetzmäßiges Verhalten von Prozessen in der Natur. Die klassische Physik postuliert eine determinierte Entwicklung von Fakten. Die Beschreibung der Natur durch die Quantentheorie zeigt, dass diese Gesetzmäßigkeit nur eine Näherung ist. Bei einer sehr genauen Untersuchung wird deutlich, dass sich nur Möglichkeiten gesetzmäßig, also determiniert, verändern. Das Durchbrechen der determinierten Entwicklung der Möglichkeiten führt zum Eintreten eines Faktums. Wir hatten gesagt, dass, so lange man vor einer Weggabelung noch stehen bleibt, alle Möglichkeiten offen sind. Wählt man dann einen Weg faktisch aus, sind die anderen Möglichkeiten erst einmal nicht mehr gegeben. Aber beim Weiterwandern wird man dann vor neue Gabelungen geführt.

Die Physik als Naturwissenschaft soll die Vorgänge in der Natur erklären. Die dynamische Schichtenstruktur ermöglicht beispielsweise zu verstehen, dass sich in der Evolution aus eingetretenen Fakten immer wieder neue Möglichkeiten entfalteten. So konnten die Pflanzen, Pilze und Tiere stets neu entstehende ökologische Nischen besetzen.

Der Übergang von den Möglichkeiten zu einem Faktum wird in der Physik als Messprozess bezeichnet. Dabei darf der Begriff Messprozess keineswegs so verstanden werden, dass ein Mensch und/oder ein Gerät anwesend sein müssten. Der von der Natur oder auch von gesellschaftlichen Umständen gegebene spezielle Kontext legt den Rahmen für die Möglichkeiten fest. Welche von den vorhandenen Möglichkeiten innerhalb dieses Kontextes dann zu einem Faktum wird, das unterliegt dem Zufall.

Solche Vorgänge sind die Stellen, an denen der Zufall in der Natur offensichtlich wird. Die verschiedenen „Antworten" der Objekte oder der Lebewesen unterliegen dem Zufall. Diese Offenheit in der Natur in Bezug auf verschiedene Gegebenheiten und Kontexte ist die Voraussetzung für die Diversität, die vielfältigen Erscheinungen in der Evolution. Dabei bildet an allen Evolutionsstufen das jeweils Faktische die Voraussetzung für das danach Mögliche.

Die zweckmäßige Beschreibung, die für uns Menschen die Natur am besten erfasst, beinhaltet einen Wechsel zwischen den beiden theoretischen physikalischen Strukturen. Wir bezeichnen sie als die dynamische Schichtenstruktur.

Die mathematische Struktur von beiden Theoriebereichen der Physik jeweils allein – der klassischen Physik oder der Quantenphysik – würde es streng genommen nicht erlauben, eine Beschreibung zu einem gewählten Zeitpunkt zu beginnen, wenn eine von diesen beiden Theoriestrukturen nur allein als gültig betrachtet werden würde. Die Mathematik, wenn man sie ernst nimmt, ist da vollkommen eindeutig. Sie lässt unter solchen unzweckmäßigen Voraussetzungen – nur die klassische oder nur die quantische Physik – ein postuliertes „Beginnen" oder ein „Beenden" und damit ein Durchbrechen des Determinismus nicht zu. Der mathematische Determinismus der klassischen Physik würde nur determinierte Fakten erlauben. Diese würden seit dem Urknall und auch für alle Zukunft festliegen. Der mathematische Determinismus der Quantentheorie erlaubt nur Möglichkeiten, es gäbe nichts Faktisches. Eine solche Sicht ist wenig realistisch.

Mit der dynamischen Schichtenstruktur wird erklärt, dass sich in der Natur die Fakten nicht immer durchgehend determiniert verhalten. Ein Faktum folgt nicht durchgängig in einer kausalen Reihe aus einem anderen Faktum. In vielen Fällen werden zwar die Wahrscheinlichkeiten sehr nahe bei eins oder bei null liegen, trotzdem werden die Fakten im Rahmen ihrer Möglichkeiten mehr oder weniger zufällig aufeinander folgen. Dies hat auch wichtige Auswirkungen auf eine philosophische Weltsicht. Die dynamische Schichtenstruktur zeigt, dass es überflüssig ist, für den Kosmos eine „kausale Geschlossenheit" zu behaupten.

Zugleich erkennen wir beim Studium der Natur immer wieder auch, dass ein Eintreten eines Faktums nicht nur die Entwicklung der sich bisher entwickelnden Möglichkeiten beendet, sondern dass damit zugleich auch eine Fülle von neuen Möglichkeiten eröffnet wird. So hat es beispielsweise die faktische Isolierung der Finken auf den Galapagosinseln diesen berühmt gewordenen „Darwin-Finken" ermöglicht, sehr verschiedene ökologische Nischen zu besetzen und damit ein sehr unterschiedliches Aussehen zu entwickeln. Wie das Team um den Konstanzer Biologen Axel Meyer[2] entdeckt hat, zeigen Buntbarsche in weit entfernten Kraterseen in Nicaragua, dass ähnliche Umweltbedingungen trotz genetisch verschiedener Wege zu gleichen äußeren Erscheinungen führen können. Beide Arten wurden schmaler und dynamischer.

Eine gut an unsere täglichen Erfahrungen angepasste Theorie über die Welt muss also darin bestehen, immer wieder ein Durchbrechen der einen deterministischen Beschreibung und ihre Ablösung durch die jeweils andere Beschreibung zuzulassen, also einen Wechsel zwischen Zufall und kausalen Fakten.

Wir werden die faktische Beschreibung mit der klassischen Physik so lange durchhalten können, bis wir an eine Stelle gelangen, wo wir so genau werden müssen, dass wir die Rolle von Möglichkeiten beachten müssen. Beispiele dafür bilden die Atommodelle der klassischen Physik. Bei denen hat man zwar einen Kern und die Elektronen. Wenn sich jedoch die Elektronen „bewegen würden", was sie gemäß der klassischen Physik wegen der Coulomb-Kraft tun müssten, so müssten sie dabei Energie abstrahlen und alles würde ineinander stürzen. Die Quantentheorie zeigt, dass die Elektronen im Atom sich nicht „bewegen", sondern dass sie lediglich „mögliche Orte" haben.

Wenn wir gemäß der Quantentheorie ausschließlich die deterministische Beschreibung der Veränderungen von Möglichkeiten in Betracht ziehen würden, dann gäbe es nichts Faktisches. Bereits die Ablösung von Tag und Nacht oder Geburt und Tod würde dies als eine sehr unpraktische Beschreibung erscheinen lassen.

Die dynamische Schichtenstruktur erfasst den Zufall im Geschehen der Natur. Wie der Dichter Herman Hesse sagte: „Jedem Anfang wohnt ein Zauber inne". Die Fülle der immer wieder neuen Erscheinungen in der Evolution auf der Erde kann uns immer wieder wie ein solcher neuer Zauber vorkommen.

Fassen wir noch einmal zusammen: Die Quantentheorie ist eine Theorie von Beziehungen und von Möglichkeiten. Sie erklärt die Rolle des Zufalls in der Natur und wie Neues entsteht. Die dynamische Schichtenstruktur erfasst neben den Quantenstrukturen auch die für uns Menschen unvermeidbare Beschreibung der Welt mit Objekten und Fakten.

Was hält die Welt im Innersten zusammen?

Nicht nur Faust wünscht sich, „… dass ich nicht mehr mit saurem Schweiß zu sagen brauche, was ich nicht weiß; dass ich erkenne, was die Welt im Innersten zusammenhält, …".

Auf die rhetorische Frage, was denn die Welt im Innersten zusammenhält, wird von Naturwissenschaftlern zumeist mit einem Hinweis auf die kleinsten elementaren Teilchen geantwortet.

Im Großen muss man manchmal genau werden, im Kleinen muss man immer genau arbeiten. Deshalb wurde die Quantentheorie entdeckt, als man sich der Beschreibung der Wechselwirkung des Lichtes mit den Atomen zugewendet hat – und Atome sind klein. Daraus folgte ursprünglich und vielfach noch bis heute, die Quantentheorie als „Mikrophysik" zu verstehen – und zwar mit dem fundamentalen Missverständnis, sie sei *nur* Mikrophysik.

Jedoch als „Physik des Genauen" kann die Quantentheorie auch „im Großen" wichtig werden.

Seit über zwei Jahrtausenden gibt es die Idee der Atome, die Idee von kleinsten unteilbaren Bausteinen der Materie. Diese Vorstellung war und ist ungeheuer erfolgreich in der Chemie. Milliarden von verschiedenen Molekülen können auf der Basis von weniger als 100 Elementen erklärt werden.

Die Physiker jedoch wendeten sich in der Mitte des 19. Jahrhunderts von der Idee der Atome ab. In dieser Zeit wurden in der Physik die Methoden der Feldtheorie entwickelt. Damals, mit den von James Clerk Maxwell entwickelten Gleichungen, konnte man plötzlich erkennen, dass der Magnetismus, die Elektrizität und die Optik durch eine einzige Theorie erfasst werden konnten. Mit den Experimenten von Heinrich Hertz wurde die Vermutung von Maxwell bestätigt, dass das Licht eine spezielle Form der elektromagnetischen Wellen ist.

Die elektromagnetischen Erscheinungen zeigten sich nicht als Teilchen, sondern ausgedehnt, daher die Bezeichnung Feld. Mit diesem Modell (und ohne Teilchen) begannen die Elektrodynamik und auch die Hydrodynamik sehr erfolgreich, vielfältige Naturerscheinungen sehr gut zu beschreiben.

Es schien so, als ob damit auch ein alter Streit aus dem 17. Jahrhundert über das Wesen des Lichtes endgültig entschieden sei. Isaak Newton war ein überzeugter Anhänger der Atomvorstellungen. Er hatte die These aufgestellt, dass auch das Licht eine Teilchennatur besitzen würde. Damit konnte er die Gesetze der Reflexion von Licht aus der von ihm begründeten Mechanik herleiten.

Newtons Zeitgenosse Christiaan Huygens hatte hingegen eine Wellentheorie des Lichtes entworfen. Diese konnte sich allerdings erst über ein Jahrhundert später durchsetzen, als Thomas Young Interferenzversuche am Doppelspalt durchführen konnte. Wenn man zugleich zwei Steine in einen ruhigen Teich wirft, dann kann man an den Wasserwellen solche Interferenzmuster sehen. Die Interferenzen, die auch beim Licht auftreten, lassen sich mit Newtons Ansatz nicht erklären, wohl aber mit den Maxwellschen Gleichungen. Sie hatten damit über die Teilchenvorstellungen gesiegt.

Die Theorie der elektromagnetischen Wellen, also aller sichtbaren und nicht sichtbaren Formen von Licht, erschien den Physikern als eine überaus erfolgreiche und sehr schöne Theorie. Selbst Max Planck, der doch die Quanten entdeckt hatte, stellte Einsteins Lichtquanten, also die Teilchenvorstellung des Lichtes, wie eine über das Ziel hinausschießende Jugendsünde dar – und das in dem Schreiben, mit dem er eine Anstellung Einsteins an der Berliner Akademie in den höchsten Tönen empfohlen hatte. Auch von Niels Bohr wird berichtet, dass er gesagt haben soll: „Wenn Einstein mir jetzt ein Funktelegramm schickt, dass seine Lichtquantenhypothese bestätigt sei, dann würde die Ankunft des Telegramms beweisen, dass er irrt." Sogar Bohr, der so viel für die Entwicklung der Quantentheorie geleistet hatte, konnte sich damals nicht vorstellen, dass elektromagnetische Wellen mit Wellenlängen im Kilometerbereich und noch größer sich bei genauer Betrachtung als eine riesige Anzahl von extrem energiearmen Photonen erweisen.

Man sieht an diesem Beispiel, wie sehr bestimmte Vorstellungen auch in den „exakten Wissenschaften" die Anerkennung von grundlegend neuen Ideen behindern.

Später wurde deutlich, dass in der Quantentheorie beide Aspekte des Lichtes vereinigt werden, der wellenartige und der teilchenartige. Erinnern wir uns an die Unterscheidung zwischen Ort und Impuls bei

Quantenteilchen. Je nach dem Kontext kann auch beim Licht einmal der Teilchencharakter deutlich werden, der den Ort betont, und ein andermal der Wellencharakter, der den Impuls charakterisiert.

Warum gab es den Widerstand gegen Einsteins Lichtquantenbild?

Die beiden klassischen Feldtheorien beruhen auf der Vorstellung, dass man die beschriebene Substanz, also ein elektromagnetisches Feld oder eine Flüssigkeit, immer weiter in immer noch kleinere Teilbereiche zerlegen kann, bis ins mathematisch Infinitesimale, ins unendlich Kleine. Ohne diese mathematische Annahme ist eine Feldtheorie unmöglich.

Allen Feldtheorien ist gemeinsam, dass ihre mathematischen Strukturen eine kontinuierliche Aufteilung des Raumes bis ins unendlich Kleine postulieren.

Atome erschienen daher zum Ende des 19. Jahrhunderts als eine mehr als 2 000 Jahre alte philosophische Überlegung, die mit der damals modernen Wissenschaft nichts zu tun haben konnte. Denn Atome, welcher Art auch immer, müssen einer jeden Zerlegung ein Ende setzen. Sie bilden einen Schlusspunkt für jedes Kleinerwerden. Deshalb durfte es sie nicht geben, denn schließlich kann nicht sein, was nicht sein darf.

Nachdem jedoch am Beginn des 20. Jahrhunderts die massiven Widerstände in der Physik gegen die Idee der Atome ausgeräumt worden waren, wurde nun in einer abermaligen Umkehrung der Bilder die Vorstellung „kleinster elementarer Bausteine“, nun sehr viel kleiner als ein Atom, zu der jetzt wieder neuen Leitidee in der Physik. Auch an diesem Dogma darf wiederum nicht gerüttelt werden – trotzdem muss man es tun!

Die elementaren Teilchen haben einen riesigen Anfangserfolg in der Chemie gehabt und dann weiter in dem Verstehen des Aufbaues der Gase, der Flüssigkeiten und der festen Körper aus den Atomen.

Plancks Formel zeigt, dass die Ausdehnung sich umgekehrt proportional zur Energie verhält. Dass daher die kleinen Partikel mit ihren riesigen Energien nicht das tatsächlich Grundlegende sein können, muss offenbar immer wieder betont werden – und genauso, dass diese Vorstellung trotzdem für die praktische und theoretische Physik weiterhin in vielen Fällen extrem nützlich bleibt.

Die Naturwissenschaft soll die Vorgänge in der Natur erklären. Unter Erklären kann man verstehen, das Unbekannte auf etwas bereits Bekanntes zurückzuführen, das Komplexe und Komplizierte aus dem Einfachen zu rekonstruieren.

Es geht also bei jedem wirklichen Erklären um die Suche nach dem Einfachsten!

Ich selbst habe eine lange Zeit des Nachdenkens benötigt, um erkennen zu können, dass die Vorstellung, „das Kleinste ist das Einfachste", einen fundamentalen Gegensatz zur Quantentheorie bedeutet. Es war mir schwergefallen, mich von der Idee der „Punktteilchen" als letztem Erklärungsgrund zu verabschieden.

Vor über 100 Jahren eröffneten Max Plancks Erkenntnisse den Weg zu den Strukturen der Quantentheorie. Mit ihr können wir heute Bilder entwickeln, an denen deutlich wird: Je energieärmer etwas ist, desto ausgedehnter muss es sein. Das Energieärmste und damit das Ausgedehnteste ist ein Quantenbit. Umgekehrt kann man sagen, je mehr Energie auf ein Teilchen konzentriert wird, desto kleiner muss es werden. Für die größte Ausdehnung ist der Kosmos die Grenze. Im Kleinen wird die „Planck-Masse" bzw. die „Planck-Länge" zur Grenze. Nichts kann in der Natur noch kleiner werden, nichts in der Natur wird zu einem tatsächlichen Punkt. Dieses Ergebnis spricht nicht gegen die komplexen theoretischen Methoden, es sollte jedoch zum Anlass genommen werden, die damit verbundenen Vorstellungen und philosophischen Ideen neu zu reflektieren. Die Stringtheorie bearbeitet sehr komplexe mathematische Strukturen. Ob jedoch diese „allerwinzigsten Objekte" tatsächlich diejenigen physikalischen Bedeutungen haben, die ihnen in populären Schriften zugeschrieben worden waren, wird immer mehr bezweifelt. Dagegen finden die mathematischen Strukturen, die aus den Forschungen zur Stringtheorie stammen, zunehmend Anwendungen in der Festkörpertheorie.

Mein wissenschaftlicher Weg hatte in der theoretischen Elementarteilchenphysik begonnen. Die Suche nach immer kleineren Strukturen erschien mir damals als absolut plausibel. Ich hatte mich auch nicht daran gestört, dass dieses Gebiet der Physik zutreffend als Hochenergiephysik bezeichnet wurde – weil Kleinheit zugleich riesige Energien bedeutet. So wie meine Kollegen in Ost und West stellte ich mir damals nicht die Frage, was denn die tatsächlich einfachen Strukturen sein könnten – Kleinheit genügte mir, auch wenn sie immer gewaltigere Energien erforderlich macht.

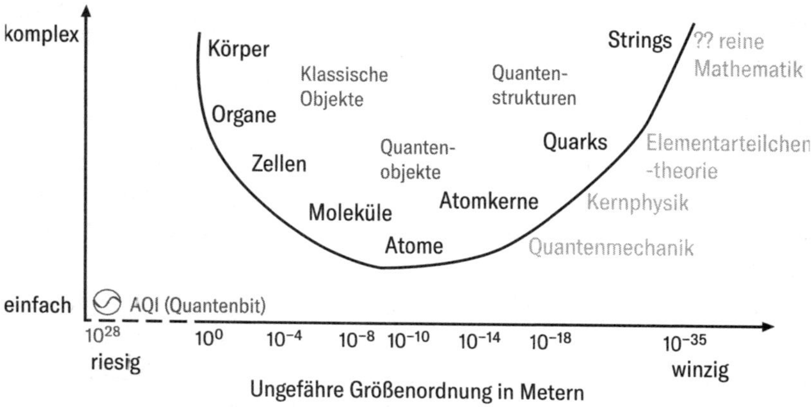

Abb. 1: Die historische Erfahrung hat uns gezeigt, dass die „Idee von Atomen" sehr fruchtbar war und die Wissenschaft weit vorangebracht hat. In einer unerwarteten Weise hat sich jedoch an den realen Atomen und mit der Theorie, die entwickelt wurde, um die Atome tatsächlich zu verstehen, nämlich mit der Quantentheorie, gezeigt, dass die Atome nicht „einfach" sind. Darüber hinaus zeigt die Quantentheorie, dass der weitere Weg ins „immer Kleinere" sich zunehmend als eine Sackgasse erweist, wenn man die fundamentalen Strukturen suchen will.

Manchmal kann sogar ein erzwungener Abstand zur üblichen Forschung des Mainstreams auch etwas Positives bewirken. Wegen meines Ausreiseantrages aus der damaligen DDR habe ich dort auch zwei Jahre lang als Totengräber gearbeitet. Dieser Abstand ließ es zu, die Gedanken aus manchen eingefahrenen Gleisen zu befreien. Sicherlich gab es auch Anstöße aus Carl Friedrich von Weizsäckers Publikationen. Von denen durften zwei in der DDR gedruckt werden, weil er Mitglied der Leopoldina in Halle war. In dieser Zeit wurde mir deutlich, dass die kleinsten Teilchen eine Sackgasse auf dem Wege zum Grund der Wirklichkeit sein könnten. Allerdings konnte ich damals noch nicht ahnen, dass derartig philosophisch und physikalisch neuartige Vorstellungen einmal in jahrzehntelangen Diskussionen mit Carl Friedrich von Weizsäcker weiter reifen und sich entfalten würden.

Je kleiner die Objekte sind, die man sucht und untersucht, desto höhere Energien muss man aufwenden, um diese riesige Energie dann zu diesen winzigen Objekten zu konzentrieren. Diese Tatsache wurde bereits in der Formel erkennbar, mit der Max Planck die Geburtsstunde der Quantentheorie einläutete: Die Energie eines Quantensystems ist umgekehrt proportional zu seiner charakteristischen Ausdehnung. Diese Ausdehnung ist bei masselosen Quanten wie dem Licht die Wellenlänge und bei Quanten mit einer Ruhmasse die Comptonwellenlänge. Diese Relation wird ebenfalls für jedermann augenscheinlich an den immer größeren Beschleuniger-Maschinen, mit denen die Physiker immer kleinere Teilchen erzeugen und erforschen.

Die Entwicklung der Elementarteilchenphysik hat deutlich gemacht, dass immer kleinere Teilchen in immer kürzeren, unvorstellbar kleinen Zeiträumen explodieren. Zugleich zeigt sich auch, dass die Theorien immer komplizierter werden, je kleiner die postulierten Objekte sein sollen. Das berühmt gewordene Higgs-Teilchen hat eine Lebensdauer vom milliardsten Teil einer billionstel Sekunde. Und von den noch sehr viel kleineren Strings weiß man bisher mit Sicherheit lediglich, dass es nicht viel mehr als 10^{500} verschiedene Theorien über sie geben wird. (10^{500} ist eine 1 mit 500 Nullen – vor dem Komma). Dabei muss man – um die Idee der „Kleinheit“ zu retten – noch sieben weitere Dimensionen hinzu erfinden. Diese sind jedoch nicht als abstrakte mathematische Strukturen gedacht – wogegen nicht das Geringste einzuwenden wäre –, sondern sie sollen so real sein wie Länge, Breite und Höhe. Dass dafür bisher in der Natur keinerlei Anzeichen zu finden sind, sollte hinreichend Anlass bieten, über derartige Konzepte neu und anders nachzudenken.

Als Fazit bleibt: Je kleiner es wird, desto komplizierter wird alles.
Einfache Strukturen werden also das sein, was die Welt tatsächlich im Innersten zusammenhält.

Das Grundlegende kann dementsprechend nicht bei den kleinsten Teilchen gesucht werden. Das nächste Kapitel wird die Antwort geben wo.

Der Weg zum tatsächlich Einfachen

Das Licht ist die Quelle des Lebens auf der Erde. Die Pflanzen verwerten das Sonnenlicht und Pilze und Tiere können die Pflanzen als Nahrung nutzen. Wie oben gezeigt wurde, war eine der großen Rollen des Lichtes in der Wissenschaft, dass durch das Licht ein unvermeidlicher Weg zur Quantentheorie geführt hat.

Dass auch Wärmestrahlung zu den elektromagnetischen Wellen gehört, also zu den Lichtphänomenen, wird vielleicht manchen überraschen. Die Lichtquanten des roten Lichtes haben eine größere Wellenlänge als die des blauen und erst recht als die des ultravioletten. Vom UV-Licht wissen wir, dass es so viel Energie besitzt, dass es die Zellen unserer Haut verändern kann. Das kann die viel langwelligere infrarote Wärmestrahlung unserer Dampfheizung niemals bewirken. Dieses Verhalten ist eine Auswirkung der Planck'schen Formel, dass die kürzeren Wellenlängen energiereicher und die längeren Wellenlängen energieärmer sind.

Die Stoßprozesse der Hochenergiephysik wie am CERN zeigen, dass mit höheren Energien immer kleinere komplexere Strukturen und immer vielfältigere Zerfallsprodukte entstehen. Jedes dieser Zerfallsprodukte hat natürlich eine kleinere Energie oder Ruhmasse und deshalb eine größere Wellenlänge als das jeweilige Ausgangsobjekt.

Wenn die energiereichen Strukturen, also die mit den kleinsten Ausdehnungen, komplex erscheinen, dann dürfen wir annehmen, dass die energiearmen Strukturen einfacher sein werden. Die einfachsten Strukturen werden daher eine maximale Ausdehnung besitzen müssen.

Um in diese Richtung weiterzudenken, müssen wir uns allerdings kurz mit dem Wesen von Eigenschaften befassen.

Objekt oder Eigenschaft?

Am Beispiel des Lichtes ist deutlich geworden, dass die Quantentheorie zeigt, wie scheinbar Unvereinbares als nicht wirklich verschieden verstanden werden kann. Lokalisiertes und Ausgedehntes, Wellen und Teilchen, erweisen sich als Manifestationen einer grundlegenden, wenngleich sehr abstrakten Entität. Eine ähnliche Aussage ist für die Unterscheidung zwischen Eigenschaft und Objekt möglich.

Aus einem englischsprachigen Artikel aus dem Bereich der Linguistik ist mir erinnerlich, dass sich die Autoren vehement gegen Platons Sprechweise vom „Guten" und „Schönen" wendeten. Gut und schön seien Eigenschaften, die dürfe man nicht zu Objekten machen. Im Deutschen hingegen bereitet es, so wie im Griechischen auch, keine Schwierigkeiten, vom „Guten, Wahren und Schönen" zu sprechen.

Eine genaue Untersuchung zeigt, dass mit der griechischen und der deutschen Sprache ein Zug der Natur erfasst wird, der auch von der Quantentheorie deutlich gemacht wird.

Von Objekten gehen reale Wirkungen aus. Man verbindet mit ihnen die Vorstellung, dass sie eigenständig existieren und sich frei in Raum und Zeit bewegen können. Eigenschaften billigt man üblicherweise eine eigenständige Existenz und eine freie unabhängige Bewegung nicht zu. Die Vorstellung einer realen Wirkung gibt es für Eigenschaften üblicherweise nur in Verbindung mit dem Objekt, zu dem sie gehören.

„Das Gute" ist natürlich eine Abstraktion von den guten Dingen, den guten Menschen oder ähnlichen Erscheinungen. Dabei vergisst man aber leicht, dass auch die Bezeichnungen der Objekte Abstraktionen sind. „Der Ball" ist jeder beliebige Ball, keineswegs nur der konkrete, den mein Enkel soeben durch den Garten fliegen lässt.

Wir müssen uns mit der Beziehung zwischen Objekt und Eigenschaft auch deshalb befassen, weil sie wichtig ist für die Erklärung des Bewusstseins. Eine reale Wirkung auf das Gehirn ist dadurch vorstellbar, weil die Informationsinhalte des Bewusstseins auch wie ein eigenständiges Objekt angesehen werden können und nicht nur wie eine bloße Eigenschaft. In der Quantentheorie ergibt sich eine Beziehung zwischen dem, was wir als Objekt verstehen wollen, und dem, was wir als Eigenschaft bezeichnen können. Eigenschaften können gelegentlich wie eigenständige Objekte Wirkungen erzeugen und Objekte können manchmal wie Eigenschaften erscheinen. Manchmal wird die Psyche als eine Eigenschaft des Gehirns bzw. als ein Prozess im Gehirn deklariert. Dann wird gefolgert, dass von den gedanklichen Inhalten der Psyche keinerlei reale Wirkung auf das Gehirn ausgehen könnte. Wenn dies wahr wäre, müssten wohl Psychosomatik und Psychotherapie unerklärlich bleiben (siehe die Artikel von Ralf Krüger und Brigitte Görnitz). Ein solcher Fehlschluss kann mithilfe der Struktur der Quantentheorie zurückgewiesen werden. Das soll an den verschiedenen Erscheinungsformen der Quantentheorie erläutert werden.

In der Quantentheorie kann man zwischen der Quantenfeldtheorie und der Quantenmechanik unterscheiden. Für die Entdeckung, dass das elektromagnetische Feld als eine Anzahl von Lichtquanten, von Photonen, verstanden werden muss, hatte Albert Einstein seinen Nobelpreis erhalten. Nachdem der mathematische Apparat der Quantenmechanik entwickelt worden war, wurde die Theorie durch viele bedeutende Physiker zur Quantenfeldtheorie weiterentwickelt.

Die Vorstellung eines Quantenfeldes erinnert an ein Getreidefeld mit seinen unüberblickbar vielen Halmen. Und tatsächlich zeigt sich in der mathematischen Beschreibung, dass der Zustand und damit die aktuellen Eigenschaften eines Quantenfeldes bestimmt werden durch die jeweilige Anzahl der Quantenteilchen, der Feldquanten, in ihm. Eine Zustandsänderung erfolgt durch das Erzeugen oder das Vernichten von Quantenteilchen.

Die Quantenteilchen erscheinen damit als eine Eigenschaft des Quantenfeldes.

Wenn ein Quantenfeld als Gesamtheit von vielen Quantenteilchen zu verstehen ist, dann wird ein Quantenteilchen wesentlich einfacher sein als ein Quantenfeld. Ein Weizenfeld ist auch komplexer als ein einzelner Weizenhalm.

Die Quantenmechanik wiederum beschreibt die Quantenteilchen als eigenständige und unveränderliche Objekte. In der Quantenmechanik gibt es kein Erzeugen oder Vernichten. Die Quantentheorie zeigt also am Beispiel des unterschiedlichen Verstehens der Teilchen in Quantenfeldtheorie und Quantenmechanik, dass eine Festlegung auf „Eigenschaft" oder auf „Objekt" vom jeweiligen Kontext abhängig ist. In der Beschreibung der Realität durch die Quantenfeldtheorie sind die Teilchen Eigenschaften des Quantenfeldes. In der Quantenmechanik hingegen werden die gleichen Teilchen als eigenständige Objekte behandelt.

Auch ein Quantenteilchen ist noch eine sehr komplexe Struktur. Während der Zustand eines Teilchens in der klassischen Mechanik durch sechs Zahlen bereits festgelegt ist, erfordert eine genaue Angabe des Zustandes eines Quantenteilchens im Prinzip unendlich viele Zahlen. Diese unendlich vielen Zahlen erfassen unendlich viele grundsätzlich verschiedene Eigenschaften dieses einen Teilchens. Um sich auch in der Mathematik ein Bild machen zu können, verwendet man auch dort das Wort Raum. Der „Zustandsraum" eines Quantenteilchens ist also eine mathematische unendlichdimensionale Struktur. Ein „unendlich viel" klingt jedenfalls nicht nach Einfachheit. (Das Wort Raum hat in der Mathematik erst einmal nichts mit Länge, Breite und Höhe zu tun).

> Die aus mathematischen Gründen einfachste der möglichen Quantenstrukturen ist durch nur zwei Zahlen genau festgelegt. Das entspricht einem abstrakten mathematischen, nur zweidimensionalen Raum von Zuständen.
>
> Bei einer Messung ergibt sich wegen der Zweidimensionalität immer nur ja oder nein, 0 oder 1. Noch einfacher ist unmöglich! Diese mathematisch einfachste Quantenstruktur wird deswegen oftmals als Quantenbit bezeichnet.

„Reale Quantenbits"

Öfter kommt der Einwand, dass im Quantencomputing das Qubit nur zwei reelle Parameter besitzt. Dazu ist eine Bemerkung notwendig. Beim Quantencomputing wird üblicherweise eine Einordnung in einen vorgegebenen Kontext vorausgesetzt und deshalb eine Normierung gefordert und eine Phase (ein Winkel) als unwichtig deklariert. Durch Blenden liegt die Richtung der beteiligten Photonen im Experiment fest. Daher werden in diesem Forschungsbereich lediglich zwei der möglichen vier reellen Parameter betrachtet, die sogenannte Bloch-Sphäre. Da man dort im Wesentlichen die Wahrscheinlichkeiten erfasst, kann man oft lesen, dass im Gegensatz zum Bit mit nur 0 und 1 beim Qubit alle Werte zwischen 0 und 1 erfasst werden.

Bei der Protyposis benötigen wir die zwei komplexen Parameter. Dieser Zugang ist so abstrakt, dass kein Kontext vorausgesetzt werden darf.

Die Symmetriegruppe in diesem zweidimensionalen Zustandsraum besitzt vier reelle Parameter. Damit hat diese Gruppe genauso viele reelle Parameter wie der physikalische dreidimensionale Raum, in dem wir leben, plus der physikalischen Zeit. Das ermöglicht, diese Gruppenmannigfaltigkeit mit dem physikalischen Raum und der physikalischen Zeit zu identifizieren.

Eine Quantenstruktur mit einem zweidimensionalen Zustandsraum ist die einfachst mögliche aller Quantenstrukturen. Wird die „Zwei" beliebig oft mit sich selbst multipliziert, dann kann das Resultat größer werden als jede vorgegebene Zahl. Damit kann der Zustandsraum eines Quantenteilchens und sogar eines Quantenfeldes mit seinen unendlich vielen mathematischen Dimensionen konstruiert werden. Die quantenphysikalische Kombination solcher zweidimensionaler Strukturen erlaubt also im Prinzip die mathematische Konstruktion aller Strukturen, welche die Physik behandelt.

Dass man eine solche einfachste Quantenstruktur als die Basis für die Erklärung von allem verstehen kann, was in der Physik beschrieben wird, diese Idee wurde vor mehr als einem halben Jahrhundert von Carl Friedrich von Weizsäcker aufgrund von Überlegungen im Rahmen der Logik entworfen. Er betrachtete diese einfachste Quantenstruktur als eine Form von Information.

Werner Heisenberg fand bereits damals Weizsäckers Ansatz sehr interessant. Heisenberg mit seiner großen Kenntnis hatte ein Gespür dafür, wohin der Weg der neuen Physik führen würde. So schrieb er in seinem Buch „Der Teil und das Ganze", dass Weizsäcker und seine Mitarbeiter den eingeschlagenen Weg weiter verfolgen sollten.

Um diesen Weg beschreiten zu können, waren umfangreiche philosophische, physikalische und mathematische Überlegungen notwendig. Die Forschungsarbeit daran führte schließlich zu einem Anschluss an die bewährten Bereiche der Physik.

Dafür war es allerdings notwendig, noch abstrakter als Weizsäcker zu werden. Eine Information setzt in unserer Alltagswelt einen Sender und einen Empfänger voraus und hat eine Bedeutung für die beiden. Um Information als zweidimensionale mathematisch-physikalische Quantenstruktur für die Grundlage der Physik zu verwenden, muss sie absolut und deshalb bedeutungsfrei sein. Es muss also abstrahiert werden von jedem Wissen und von jeder konkreten Bedeutung, also von jeder Subjektivität. Erst dann kann man von absoluter Quanteninformation sprechen und sie als Basis für die Erklärung von allem verstehen. Wir bezeichnen sie als die Absoluten Bits von QuantenInformation (AQIs).

Ein wirkliches naturwissenschaftliches Erklären setzt anstelle von hypothetischen immer kleineren Teilchen die tatsächlich einfachsten Strukturen.

Die AQIs der Protyposis

Wie kann man zu einer absoluten Quanteninformation, zu den einfachsten Strukturen, gelangen?

Normalerweise wird „Information" immer zwischen zwei Bedeutungsebenen bestimmt. So muss man die Buchstaben kennen, um eine Schrift lesen zu können. Bedeutung ist immer relativ. Das hat Weizsäcker immer betont, er sah eine „absolute Information" als sinnlos an. Jedoch erst das Absolute, bei dem nichts relativ ist, erlaubt eine tatsächliche Begründung der Physik. Was aber ist das Absolute?

Alle Objekte im Kosmos stehen in Relation zueinander, keines von ihnen kann das Prädikat des Absoluten erhalten. Nur der Kosmos selbst steht in keiner Relation.

Der Kosmos als Ganzer verkörpert das Absolute der Naturwissenschaft. Nur Quanteninformation, die auf ihn bezogen ist, kann als absolut betrachtet werden.

Die absoluten Bits von Quanteninformation erhielten auf Vorschlag des frühverstorbenen Frankfurter Altphilologen Roland Schüßler die Bezeichnung „Protyposis" (Griechisch: „das Vorgeprägte"). Mit dieser Bezeichnung sollte die automatische Gleichsetzung von Information und Bedeutung überwunden werden. Die Protyposis als die Bezeichnung für die Gesamtheit aller AQIs ist also eine quantische Vor-Struktur, eine Vor-Formation.

Wie können wir uns ein absolutes und deswegen bedeutungsfreies Quantenbit vorstellen?

Eigentlich ist eine solche Struktur so abstrakt, dass jede konkrete Ausmalung schon unzutreffende Elemente enthält. Da wir Menschen jedoch zumeist in Bildern denken, werden wir an einer Veranschaulichung nicht vorbeikommen.

Wir hatten davon gesprochen, dass die einfachsten Strukturen die geringste Energie und damit die größte Ausdehnung besitzen müssen. Da die AQIs die einfachsten aller möglichen Strukturen sind, besitzen sie die kleinste vorstellbare Energie und haben deshalb die größte vorstellbare Ausdehnung.

Wenn wir ein Quantenbit veranschaulichen wollen, so besteht eine mögliche Darstellung als Schwingung des kosmischen Raumes in sich. Eine solche über den ganzen Kosmos ausgedehnte Schwingung mit einem Maximum und einem Minimum erlaubt keinerlei konkrete Lokalisierung an einem Ort. Erst viele Schwingungen, also viele Informationen, ermöglichen eine konkrete Lokalisierung.

Dazu ein Gleichnis: Wenn ein Detektiv den Auftrag erhält, ein bestimmtes Dokument zu suchen, und lediglich den Hinweis erhält, das Gesuchte befindet sich in Europa, so wird der Erfolg gering sein. Mit mehr Information jedoch – also über den Staat, das Bundesland, die Stadt, den Stadtteil, die Straße, die Hausnummer, das Stockwerk und die Wohnung sowie vielleicht das Zimmer, den Schrank und die Schublade – wird die Aufgabe so einfach, dass man es selber tun kann.

Wenn wir das auf die Quantentheorie übertragen, so erinnern wir daran, dass eine starke Lokalisation eine extrem große Energie benötigt. Wenn jedoch in der Tiefe der Quantentheorie eine Informationsstruktur das Wesentliche ist, so sieht es plötzlich sehr verstehbar aus:

„Viel Information schafft starke Lokalisation“ – das ist völlig plausibel.

Ein AQI kann wie gesagt verbildlicht werden als eine „Grundschwingung“ des kosmischen Raumes. Das kann man sich nicht wirklich vorstellen und erst recht nicht zeichnen. Aber bei einer Geigen- oder Basssaite kennen wir die Schwingung, die in der Mitte einen Knoten hat und rechts und links davon zwei schwingende Bäuche. Die Schwingung unterteilt somit die Saite in zwei Bereiche. Ein anderes Bild wäre die Schwingung der Luftsäule in einer Orgelpfeife. Dieses Bild auf die drei Dimensionen des kosmischen Raumes übertragen, das wäre eine mögliche Darstellung eines AQIs. Allerdings hat der kosmische Raum keine Wände, er ist „geschlossen“ – so wie die Kreislinie, die keinen Anfangs- und keinen Endpunkt hat.

Wichtig ist also, dass ein AQI keinesfalls als lokalisiert und erst recht nicht als ein Punkt gedacht werden darf.

Ein Punkt würde nicht ein, sondern unendlich viele AQIs erfordern – und Unendliches oder Punkte gibt es als Realitäten im Kosmos nicht, höchstens in der Mathematik und in den mathematischen Idealisierungen der physikalischen Theorien.

Wenn wir also das Fundament der Quantentheorie in der Informationsstruktur der Protyposis sehen, dann wird vieles gut verstehbar. Viel Information ermöglicht etwas Kleines. Wenn nun Information und Energie äquivalent sind, dann ist eine logische Folgerung, dass für etwas Kleines viel Energie nötig ist.

Die berühmte Formel von Max Planck $E = hc/l$ begründete die Quantenphysik. Sie zeigt, dass die Energie E einer elektromagnetischen Welle so groß ist wie das Planck'sche Wirkungsquantum h mal der Lichtgeschwindigkeit c geteilt durch die Wellenlänge l. Das heißt, je kleiner die Wellenlänge, desto größer die Energie. Das wird mit der Protyposis plausibel.

Mit der Formel wird auch verstehbar, dass das räumlich Kleine auf keinen Fall das Einfache sein kann. Das grundlegende Einfachste ist nach der Planck'schen Formel und auch nach der Protyposis das Ausgedehnteste. Das einfachste Quantenobjekt hat die geringste Information, die geringste Energie und ist noch keine Materie. Das räumlich kleinste Quantenobjekt hat demgemäß die größte Energie, die größte Frequenz und die meiste Information.

Die Entwicklung der Protyposis erzeugt nicht nur alles physikalisch Existierende, sondern schafft zugleich auch den Raum und die Zeit, worin alles existiert.

Die aus der Protyposis-Theorie folgende Grundlegung von Licht und Materie sowie der Wechselwirkungen in der Natur

Philosophische Überlegungen kann man sich sehr viele machen. Wenn die Überlegungen jedoch mit der Naturwissenschaft verbunden werden sollen, dann muss eine Anbindung an die bewährten Strukturen der Physik, an die Experimente und an die Beobachtungen möglich sein.

Bisher konnte bereits gezeigt werden, wie aus dieser Grundstruktur die Lichtteilchen und auch Teilchen mit Masse gebildet werden können.[3] Wenn man versucht, diese mathematischen Ergebnisse in etwas Bildhaftes zu übertragen, dann könnte man sich die AQIs als ausgedehnte Schwingungen vorstellen, vielleicht wie schwingende Seile. Viele von diesen können sich loslösen, verknäueln und zu kleinen Teilchen verknoten. Vielleicht liefern auch Bilder von Wirbeln eine mögliche Veranschaulichung. Je schneller sie rotieren, desto enger erscheinen sie uns.

Da die Protyposis die Grundlage liefert, wurde es mit ihr möglich, auch die kosmische Entwicklung besser zu verstehen. Der Kosmos selbst ist eine Evolutionsgestalt, in der ständig Neues entsteht. Keineswegs ist „am Anfang schon alles da gewesen". Es entwickeln sich nicht nur neue Gestalten, auch der Inhalt des Kosmos verändert sich und wächst.[4]

Eine der sogenannten Grundfragen der Physik betrifft den Zusammenhang zwischen der Quantentheorie und der Allgemeinen Relativitätstheorie (ARTh), die zur klassischen Physik gehört. Das bessere Verstehen des Kosmos zeigt sich auch darin, wie aus der quantenphysikalischen kosmischen Entwicklung der Protyposis die mathematische Struktur der ARTh hergeleitet werden kann.[5] Damit haben wir die seit Langem gesuchte Quantentheorie, aus der die ARTh als eine klassische Theorie folgt.

Das sogenannte Standardmodell der Kosmologie benötigt viele und von den Vertretern selbst als unverstanden bezeichnete Zusatzannahmen. Diese werden mit der Protyposis überflüssig. Das aus ihr hergeleitete Modell benötigt weniger Annahmen, die sich außerdem sehr gut in die bewährte Physik einfügen.[6] So kann man feststellen, dass sich die ARTh als eine Konsequenz der Quantentheorie der Protyposis erweist. Die ARTh beschreibt die gravitative Wechselwirkung, die zwischen allem wirkt, was im Kosmos existiert.

Viele philosophische Systeme beginnen ihre Überlegungen mit der Erkenntnis, dass die Wirklichkeit trotz der unerhörten Vielfalt aller Erscheinungen auf einer Einheit begründet ist. Die Protyposis beschreibt eine universelle mögliche Einheit aller Inhalte des Kosmos. Wir hatten bei der dynamischen Schichtenstruktur darauf verwiesen, dass wir jedoch nicht alles auf einmal erkennen können und dass wir Menschen deshalb die Wirklichkeit in getrennte Objekte zerlegen.

Wenn man die quantentheoretische Beschreibung der Einheit der Wirklichkeit in eine Beschreibung von getrennten Objekten zerlegt, also in Teilchen, dann wird die Beschreibung weniger genau. Dieser Vorgang entspricht einem teilweisen Übergang von der quantischen zur klassischen Physik. Die damit entstehenden Fehler werden dadurch minimiert, dass man zwischen den damit erhaltenen Teilchen gegenseitige Wechselwirkungen beschreibt.

Die so eingeführten Wechselwirkungen in der Natur haben eine quantische Struktur. Es gibt drei Formen dieser quantischen Wechselwirkungen: die elektromagnetische, die schwache und die starke. Mit Überlegungen auf der Basis der Protyposis konnte deren mathematische Struktur begründet werden.[7]

Mit der Protyposis zeigt sich eine neue Physik. Diese neue Physik hat die absolute Quanteninformation zur Grundlage.

Die AQIs sind die einfachsten aller denkbaren Strukturen. Etwas Einfacheres ist unmöglich.

Bisher sah die Physik die Teilchen als den Grund der Dinge an. Es gibt einige Elementarteilchen, die in der Tat nicht mehr in noch kleinere Objekte zerlegt werden können. Diese Aussage ist jedoch genauer zu betrachten. So kann man z. B. Photonen zerlegen. Viele Experimente der Quantenoptik beruhen darauf, dass ein Photon in zwei Photonen mit der jeweils halben Energie zerteilt werden kann. Elektronen oder Protonen jedoch kann man nicht zerlegen. Der Grund dafür ist ihre Ladung. Es gibt keine Objekte mit einer halben elektrischen oder einer halben baryonischen Ladung. Dass man experimentell und theoretisch gut begründete Strukturen kennt, die – so wie die Quarks – Bruchteile von Ladungen tragen, ändert an dieser Aussage nichts. Solche theoretischen Strukturen, die innerhalb eines Baryons oder innerhalb einer Festkörperstruktur wie ein Teilchen mit gebrochener Ladungszahl wirken, existieren nicht als freie Objekte.

Die Elementarteilchen sind zwar klein, sie sind jedoch – oder besser deswegen – recht komplexe Gebilde. Während man an einem Elektron zwar mit viel Energie neue Teilchen erzeugen kann, kann man das Elektron im Vakuum tatsächlich nicht weiter teilen. Befinden sich jedoch Elektronen in einem eindimensionalen Medium, einem Nanodraht, dann zeigen sie ein Verhalten, das mit der üblichen Vorstellung von Teilchen nicht vereinbar ist. Das Verhalten von Spin und von Ladung ist dann so, als ob es sich dabei jeweils um zwei verschiedene Objekte und nicht um ein Elektron handeln würde.[8]

Die Komplexität der Teilchen wird plausibler, wenn man sieht, dass die AQIs sich zu den Teilchen formen können, die in Quantenmechanik und Quantenfeldtheorie beschrieben werden. Wenn wir auf der „Erklärungsleiter" beim Verstehen der Natur vom Einfachen zum Komplexen hinaufsteigen wollen, dann bilden die AQIs die unterste Sprosse und die Teilchen erst die zweite.

Die elektromagnetische Wechselwirkung ist von zentraler Bedeutung für die Chemie und die Biochemie und damit auch für unser Leben. Die dabei beteiligten Photonen sind allerdings solche, die wir fast alle nicht mit unseren Augen sehen können, da sie andere Wellenlängen als das sichtbare Licht haben.

Mit den AQIs können die Strukturen der Wechselwirkungen in der Natur erklärt werden. Für unseren Alltag und für das Verstehen des Lebens ist jedoch nur der Elektromagnetismus von Bedeutung. Alle Vorgänge im Lebendigen sind elektromagnetisch. Sie beruhen auf dem Austausch von realen und virtuellen Photonen.

Kosmische und biologische Evolution

Mit den AQIs beginnt die kosmische Evolution, die in der biologischen Evolution weitergeführt wird. Mit der Entstehung von Leben können die AQIs auch zu bedeutungsvoller Quanteninformation werden. Diese Einsicht eröffnet schließlich den Weg zur Erklärung von Bewusstsein im Geschehen der Evolution.[9] Das wird nun skizziert.

Seitdem der Mensch zum Menschen wurde, hatte er immer auch eine Beziehung zum Kosmos. Das Licht der Sonne ermöglicht dem Menschen Orientierung und gibt ihm Wärme. Dass die Sonne auch für das Wachstum der Pflanzen wesentlich ist, wurde spätestens mit dem Ackerbau erkannt. Aber auch die Lichter der Nacht gaben über Jahrtausende wichtige

Hinweise auf bevorstehende Jahreszeiten und auf Feste und Zeremonien. Die Wintersonnenwende wurde bereits in den astronomischen Observatorien der Steinzeit gefeiert. Die Planeten mit ihrem nicht einfach zu verstehenden Verhalten am Himmel wurden in vielen Kulturen zu Göttern erhoben.

Auch wenn heute durch die Lichtverschmutzung in den Städten kaum jemand noch die Milchstraße sehen kann, ist bei vielen Menschen das Interesse am kosmischen Geschehen noch nicht erloschen. Heute sind die Erkenntnisse der Wissenschaft sehr viel größer und auch umfassender als damals. Sie erschließt uns viele als „kreativ“ anzusehende Erscheinungen und kann den Kosmos als Ganzen erfassen.

Die Entwicklung des Kosmos hat uns gelehrt, dass sich aus einfachen Strukturen komplexe Strukturen formen können.

Kurze Zeit nach dem Urknall hatten sich Wasserstoff und Helium gebildet. Aus diesen beiden Gasen allein konnten (und können) sich nur Sterne bilden. Später, nach den ersten Supernova-Explosionen, gab es dann auch schwere Elemente im All und daher Möglichkeiten für Planeten, Kometen und Asteroiden. Während Planeten anfangs ohne Leben sind, können sich auf manchen von ihnen erst einfache und unter glücklichen Umständen später auch komplexe Lebensformen entwickeln.

Eine der Aufgaben von Naturwissenschaft besteht darin, diese Entwicklung im Kosmos vom Einfachen zum Komplizierten und Komplexen nachvollziehbar zu erklären.

Allerdings gehören Wunder nicht zu den erlaubten Erklärungsmustern. Dies gilt auch dann, wenn man stattdessen dafür Begriffe wie Emergenz, also ein plötzliches unerklärliches Auftauchen, oder aber Prozess oder Funktion verwendet, ohne jedoch naturwissenschaftlich zu erklären, wie denn diese Emergenz, dieser Prozess oder diese Funktion zustande kommt. Diese Begriffe klingen zwar anders als Wunder, verdeutlichen aber letztlich nur das gleiche Nichtverstehen. Schließlich möchte man verstehen, wieso etwas auftaucht (lat. emergere) und was und wo es zuvor gewesen ist. Oder was es denn ist, was als Funktion bezeichnet wird, oder was es ist, das in einem Prozess verändert wird.

Die Herausformung von Leben

Mit der Protyposis wurde es möglich, Materie, wie Moleküle und Ionen, sowie auch Photonen, also Energie, zu begreifen. Sie sind aus Quanteninformation gestaltete Entitäten.

> Lebewesen sind Fließgleichgewichte, bei denen ständig Energie und Materie ausgetauscht werden muss, um das Gleichgewicht zu erhalten. Lebendige Fließgleichgewichte sind so instabil, dass sie nicht nur durch Energie, sondern sogar von Information beeinflusst werden können. Mit der Protyposis wird eine solche Einflussnahme an die Naturwissenschaft anschließbar.

Beim Leben können z. B. Atome und Moleküle ihre wesentliche Form behalten und zugleich können Anteile dieser Materie bedeutungsvolle Information werden. Ein Virus ist ein Makromolekül, welches mit der von ihm verkörperten Information in einer geeigneten lebenden Zelle seine eigene Vermehrung steuern kann. Gegenwärtig erregen zwei Typen von Viren große Aufmerksamkeit, an denen die Kontextabhängigkeit von Bedeutung besonders deutlich wird. Während SARS-CoV-2 in seinen ursprünglichen tierischen Wirten wahrscheinlich wenig Schaden anrichtet, kann seine Vermehrung im Menschen für diesen sehr gefährlich werden. Andererseits ist die Information, welche die Afrikanische Schweinepest übermittelt, an uns Menschen wirkungslos, während sie die Schweine umbringt.

Eintreffende Information erhält erst dadurch im Empfänger eine Bedeutung für diesen, wenn sie bei ihm etwas bewirken kann. Bedeutung ist also nichts Objektives, ein wesentlicher Anteil ergibt sich auch aus der Dekodierung, also der Bedeutungszuweisung im Empfänger. Die Kommunikation zwischen verschiedenen Teilen der Informationsverarbeitung erfolgt über einen Austausch von Photonen, welche die Bedeutung übermitteln. Mit den Photonen, die ja gleichzeitig als Welle ausgedehnt vorzustellen sind, kann diese Information zu anderen Molekülen gelangen und dort spezifische Veränderungen bewirken.

Im Unterschied zum Unbelebten kann beim Leben wie gesagt neben der Energie auch Information wirksam werden.

Die Lebewesen sind dadurch ausgezeichnet, dass diese metastabilen Systeme sich durch eine interne Informationsverarbeitung selbst stabilisieren können.

Außerdem besitzen sie trotz des ständigen Durchsatzes eine Abgrenzung zu ihrer Umgebung, die zumeist als halbdurchlässig bezeichnet wird. Während stabile materielle Strukturen nur durch Energie beeinflusst werden können, können instabile materielle Strukturen sogar auch durch bedeutungsvoll werdende Information beeinflusst werden. Man spricht dabei von Steuerung.

Leben kann somit verstanden werden als eine Selbststabilisierung von instabilen Systemen durch eine intelligente Informationsverarbeitung.

Die auf quantischen Strukturen basierende Informationsverarbeitung reagiert stets auf den Zustand des gesamten Lebewesens und seiner Umgebung.

Dabei wird eine für das Lebewesen und die jeweilige Umgebungssituation spezifische Bewertung vorgenommen. Die AQIs, welche die materiellen und energetischen Quanten formen, sind bedeutungsoffen. Einige dieser AQIs können bei der Wechselwirkung mit und in einem Lebewesen bedeutungsvoll werden, wenn sie dessen interne Informationsverarbeitung beeinflussen können. Die Informationsverarbeitung dient der Homöostase, also der Selbststabilisierung des Lebewesens.

Wird die einlaufende Information so eingebunden, dass die Homöostase befestigt wird, liegt eine zutreffende – vielleicht sogar eine richtige – Bewertung vor. Diejenigen Lebewesen, die oft eine einlaufende Information falsch bewerten, überleben nicht lange und fallen so aus dem Prozess der biologischen Evolution schnell wieder heraus. Das heißt beispielsweise, ein Pflanzenfresser, der die Giftpflanzen in seiner Umgebung nicht von den essbaren Pflanzen unterscheiden kann, wird nicht lange überleben.

Wie entstand das Leben auf unserer Erde?

Von Kometen gelangten mit Eis Biomoleküle auf die junge Erde. Der untermeerische Vulkanismus und die Schwarzen Raucher bieten Umgebungen, in denen durch Kombination von Mikroporen und katalysierenden Oberflächen komplexere organische Moleküle synthetisiert werden.

Energieunterschiede, zum Beispiel von den heißen Quellen am Meeresgrund zu dem kalten Ozeanwasser, oder Dichteunterschiede an Tümpelrändern können die Gradienten liefern, die notwendig sind, um ein Fließgleichgewicht am Laufen zu halten.

Ein Gradient ist so etwas wie ein Abhang. Auf einem Abhang kann ein Stein wie von selbst ins Rollen kommen.

Bereits die Entstehung des Lebens aus unbelebten Vorformen ist unerklärlich, wenn die Wirkung von realen und virtuellen Photonen nicht mit einbezogen wird.

In einer Beschreibung auf der weniger genauen Basis der klassischen Physik wird von statischen elektrischen und magnetischen Feldern sowie von elektromagnetischen Wellen gesprochen. Eine genauere quantentheoretische Beschreibung wird bei den statischen Feldern von virtuellen Photonen und bei den Wellen von realen Photonen sprechen.

Während wir bei unbelebten Strukturen von außen wirkende Kräfte beobachten, erzeugen Lebewesen durch ihren Stoffwechsel verwertbare Formen von Energie, die sie in allen Zellen bereitstellen. Diese gespeicherte Energie kann aktiviert werden und so an Objekten Arbeit leisten. Sie kann diese bewegen und verformen und dadurch Wirkungen erzielen. Lebewesen können also mit dieser gespeicherten Energie selbst etwas bewirken.

Der Träger der Information, wie etwa die Photonen und die Moleküle, haben bei einer Steuerung für die damit verursachte Wirkung eine vernachlässigbare Bedeutung. Nicht die Masse oder die Energie sind entscheidend, sondern die von oder in ihnen getragene bedeutungsvolle Information. So kann uns eine Warnung vor Schaden schützen, unabhängig davon, ob sie uns zugerufen wird oder ob wir sie auf einem Schild lesen. Es kommt allein auf die Bedeutung an, die wir der Information geben können.

Wenn eine Information an einem Lebewesen etwas bewirken kann, so ist sie für dieses Lebewesen bedeutungsvoll.

Im Kontext des Lebendigen erhält eine bedeutungsoffene Information, die vom Lebewesen wahrgenommen werden kann, eine für dieses Individuum spezifische Bedeutung. Ein kulturelles Umfeld kann bei Tier und Mensch zu einer auch intersubjektiven Bedeutungsgebung führen.

Die Informationsverarbeitung im Lebendigen

Von den einzelligen Bakterien und Archaeen über Pflanzen und Pilze bis zu den Tieren besitzen alle Lebewesen eine intelligente Informationsverarbeitung.

Alle Lebensformen sind empfindungsfähig. Das heißt, sie spüren, was ihr Körper im Moment braucht, und können darauf reagieren. Die Informationsverarbeitung eines Lebewesens ermöglicht diesem, auf die Umwelt und auf den eigenen Zustand sinnvoll reagieren zu können.

Für ein naturwissenschaftliches Verstehen dieser Zusammenhänge ist es notwendig, sich mit der Protyposis zu verdeutlichen, dass die Träger der bedeutungsvoll werdenden Information, also die Moleküle und die Photonen, von ihrer Grundstruktur her selbst Information sind. Sie sind allerdings primär noch bedeutungsfrei. Eine konkrete Bedeutung entsteht erst durch die Wechselwirkungen der Photonen mit den materiellen Entitäten in dem Lebewesen.

Information, die als „Gedächtnis“ für eine gewisse Zeit an einer Stelle überdauern soll, benötigt aus physikalischen Gründen einen Träger mit einer Ruhmasse. „Was man schwarz auf weiß besitzt, kann man getrost nach Hause tragen“, sagt in Goethes Faust der Schüler zu Mephisto. Natürlich haben wir kein Papier und keinen Bildschirm im Gehirn. Somit muss das Gedächtnis auf den dort vorhandenen Gegebenheiten gespeichert werden.

Für eine erneute Verarbeitung muss eine dort faktisch – und damit klassisch – gespeicherte Information aktiviert werden. Das geschieht nicht nur auf dem Genom, sondern auch noch in vielen anderen Strukturen in und zwischen lebendigen Zellen. So bilden sich an Nervenzellen je nach dem Stadium der Informationsverarbeitung Filopodien aus, die zu Synapsen, den Verbindungsstrukturen zwischen den Zellen werden können. Dabei entstehen anatomisch sichtbare faktische Strukturen, die den Rahmen für die jeweilige Informationsverarbeitung setzen.

Eine faktische, also klassische Information kann dupliziert werden. Dies geschieht in unseren Computern ständig. Auf den Festplatten werden die Bits als Fakten gespeichert. Werden sie auf eine DVD gebrannt, dann sind die Bits als winzige Stellen mit und ohne winzigste Gruben für eins und null gespeichert. Genauer als die klassische Physik ist die Quantentheorie. Eine genauere, also quantische Information, die auch Möglichkeiten erfasst, kann im Gegensatz zur klassischen Information nicht dupliziert werden.

> Eine Speicherung setzt ein Faktum und ein Faktum kann nicht mehr alle zuvor vorhandenen Möglichkeiten erfassen.

Wir Menschen werden dies von unseren Denkvorgängen kennen. Eine Fülle möglicher Gedanken kann zu einem formulierten Satz werden, den wir als Faktum ins Gedächtnis übernehmen können. Oftmals werden wir allerdings dabei auch bemerken, dass mit der Formulierung in einer Sprache mit ihrer Grammatik ein Teil der zuvor gedachten Möglichkeiten verschwunden ist.

Die im Gedächtnis gespeicherte Information wird beim Wiedererinnern vom materiellen Träger auf Photonen übertragen. Um bei unserem Beispiel des Buches zu bleiben: Nur wenn Photonen die Verteilung der weißen und schwarzen Stellen auf einer Buchseite von dort zu unseren Augen übermitteln, können wir den Text lesen.

Der direkte Transport durch Photonen ist die wichtigste Möglichkeit, bedeutungsvolle Quanteninformation von einer Verarbeitungsstelle zu einer oder mehreren anderen Stellen zu schicken. Dies kann allerdings auch indirekt geschehen. So kann eine elektromagnetische Wirkung, letztlich also auch Photonen, einen materiellen Träger von Information bewegen, z. B. ein Molekül. Im Nervensystem mag dieses Molekül ein Neurotransmitter sein. Wenn ich ein Buch nach Hause trage, dann sorgt die elektromagnetische Wechselwirkung in den Muskelzellen dafür, dass das Buch nicht aus der Hand rutscht.

So wie einem einzelnen Pixel auf einem Computerbildschirm keine konkrete Bedeutung zugeordnet werden kann, kann auch einem Photon, das sich innerhalb oder zwischen Zellen bewegt, noch keine konkrete Bedeutung zugeordnet werden. Erst im Zusammenspiel von sehr vielen kann dies geschehen.

Die vielen Wechselwirkungen mit dem Erzeugen und Absorbieren von Photonen bewirken eine ständige Erzeugung auch von kohärenten Zuständen. Durch die damit erzeugten Verschränkungen entsteht eine quantische Ganzheit, natürlich mit einem ständigem Zu- und Abgang von Teilen. Die Vielzahl von erzeugten und absorbierten, verschränkten

Photonen kann auch mit dem Bild des Quantenfeldes beschrieben werden. Der Zusammenhang mit dem Bewusstsein ist jedoch komplex.

Da das Quantenfeld als unbestimmte Anzahl von Photonen sowie dann ein Photon als unbestimmte Anzahl von AQIs verstanden werden muss, besteht möglicherweise die Gefahr, das Bewusstsein kurzschlüssig als Quantenfeld und damit als Menge von Teilchen misszuverstehen. Das Quantenfeld als Menge von Teilchen könnte den Blick dafür verstellen, dass das Bewusstsein eine Struktur von bedeutungsvoller Quanteninformation ist und dass es nicht mit seinen Trägern, den Photonen, verwechselt werden darf.

Unser „Ich" kann beschrieben werden als eine über den Körper ausgebreitete Ganzheit von Quanteninformation. In dieser Struktur sind wesentliche Informationen – teilweise bewusst – enthalten. Auch da sind die virtuellen und realen Photonen räumlich ausgebreitet. Daher kann es keinen scharf lokalisierten Ort für das Ich geben.

Bewusstsein im Lichte der Neuen Physik

Für ortsveränderliche Tiere wurde in der Evolution eine spezialisierte und schnellere Informationsverarbeitung zu einem Überlebensvorteil. So bildeten sich Nervenzellen und schließlich Gehirne aus.

Hochentwickelte Gehirne, wie sie zumindest bei Vögeln (und somit auch bei Dinosauriern) und bei Säugern gefunden werden, ermöglichen es, intern gespeicherte Erfahrungen zu nutzen, um in ähnlichen Situationen die verschiedenen künftigen Möglichkeiten zu vergleichen und das am meisten erfolgversprechende Verhalten auszuwählen. Bei höher entwickelten Tieren sprechen die Verhaltensbeobachtungen dafür, dass bei manchen Wahlvorgängen auch bewusstes Reflektieren mitwirkt.

Diese Fähigkeit zur Wahl des Verhaltens ermöglicht es, nicht jedes unvorteilhafte Verhalten in der Realität austesten zu müssen. Stattdessen kann durch die interne Informationsverarbeitung manche für das Lebewesen schädliche Handlung vermieden werden.

Das dabei beteiligte Bewusstsein kann charakterisiert werden als Quanteninformation, die sich selbst erleben und kennen kann.

Solange der Geltungsbereich der Naturwissenschaft allein auf Masse und Energie beschränkt wird, bleibt die Möglichkeit der Selbstreferenz ein Problem. Mit dem Einbeziehen der Information löst es sich auf.

Ludwig Boltzmann hatte Ende des 19. Jahrhunderts die Entropie in die statistische Mechanik eingeführt. Die Entropie ist das Maß über diejenige Information, welche die fehlende Kenntnis über die „Mikrozustände eines Systems" betrifft. Das betraf beispielsweise Orte und Geschwindigkeiten der Atome in einem Gas. Da man damals nicht an Atome glaubte, wurde er sehr und unfair angegriffen. Weizsäcker hatte die Entropie später als „Information, welche nicht zugänglich ist", als Basis seiner Urtheorie verwendet. Nach den Vorarbeiten von Bekenstein und Hawking über die Entropie Schwarzer Löcher definiert die Protyposis die Quanteninformation als absolut, also auf den Kosmos bezogen, und als noch frei von jeder konkreten Bedeutung. Sie ist aber offen für Bedeutung, die für jedes Lebewesen unterschiedlich sein kann.

> Information ist der einzige in die Naturwissenschaft übernommene Begriff, der von seinem Bedeutungskern – von dem her, was damit bezeichnet wird – selbstreferentiell sein kann.

Reflexion ist Information über Information. „Zu bedenken, was man weiß", ist eine Aussage, die vom Prinzip her keinen Unsinn bedeuten muss. Natürlich kann man bei den gedachten oder gemeinten Inhalten auch Unsinn reflektieren.

Die reflektierten Inhalte können Unsinn sein, wenn sie z. B. der Natur („Die Erde ist eine Scheibe") oder einer sinnvollen sprachlichen Bedeutung widersprechen. „Die Rose einer Rose ist eine Rose" – das ist höchstens eine poetisch zu verstehende Sentenz.

Die Verwendung des Begriffs Information als Grundlage im Psychischen ist noch recht selten. Oft wird noch das Psychische wie zu Zeiten Sigmund Freuds als Energie bezeichnet. Allerdings ergibt eine Rückbezüglichkeit, also die „Energie über Energie" oder die „Energie der Energie" keinen Sinn. Im Gegensatz dazu kann „Information über Informationen", was wir alle kennen, eine sinnvolle Aussage sein. Beispielsweise ist jede Übersetzung und auch schon jedes Vorlesen eine Information über Informationen – eine Decodierung.

Wenn man die geschilderten Zusammenhänge überdenkt, dann wird verständlich, dass Information Einfluss auf Information haben kann. Man kann darüber hinaus feststellen, dass es keinen fundamentalen oder prinzipiellen Unterschied zwischen bedeutungsvoller Information und Meta-Information gibt.

Wie oft dargelegt, kann Information in Lebewesen auch Einfluss auf den Stoffwechsel und damit auf das Auslösen von Energien haben. Man kann sich durch eine bestimmte bedeutungsvolle Information plötzlich sehr energiegeladen oder auch niedergeschlagen fühlen.

Für das Verstehen des Bewusstseins sind einige physikalische Tatsachen zu bedenken: Damit ein Objekt in einem kleinen Raumbereich über eine längere Zeit verbleiben kann, ist es notwendig, dass es eine Ruhmasse besitzt. Objekte mit einer Ruhmasse können Energie aufnehmen und wieder abgeben. Auch ohne Ruhmasse als Träger kann Energie in Form der Photonen existieren. Dann aber muss sie sich im Vakuum stets mit Lichtgeschwindigkeit bewegen.

So wie Energie von Materie aufgenommen werden kann, können bedeutungsvolle Informationen von materiellen und von energetischen Objekten aufgenommen, in ihnen gespeichert und von diesen auch wieder abgegeben werden.

Dabei geschieht an der Information ein Wechsel zwischen „Eigenschaft eines Trägers“ und „eigenständigem Objekt“.

Diese Doppelrolle auch von Information, die bedeutungsvoll ist oder wird, ist eine Voraussetzung dafür, dass die Quanteninformation im Lebewesen Wirkungen erzielen kann. Die Wirkungen hängen dann vom Bedeutungsgehalt der Information ab, der in der jeweiligen Situation für das jeweilige Lebewesen entsteht. Die Rolle des Trägers ist bei der Steuerung nebensächlich. Ein Brief und ein Telefonat können die gleiche Bedeutung übermitteln, die Träger sind dabei vollkommen verschieden.

Bedeutungsvolle Information und Steuerung wird in der technischen Informationsverarbeitung üblicherweise zur Software gerechnet. Die materiellen Träger bezeichnet man dort als Hardware. Eine solche Differenzierung ist in den technischen Geräten sehr sinnvoll. Eine Veränderung der Hardware, die nicht nur ein geplantes Umstellen eines Schalters betrifft, bedeutet in der Regel einen Defekt des Gerätes. Die Software soll daher während ihrer Verarbeitung die Hardware nicht verändern oder beeinträchtigen.

In der biologischen Informationsverarbeitung ist es vollständig anders. Für Lebewesen existiert eine charakteristische Nichttrennbarkeit von Hard- und Software. Man kann beide zur „Uniware" zusammenfassen.

Die Uniware – eine notwendige Voraussetzung für Leben und Bewusstsein

Oft wird noch heute das Gehirn mit einem Computer verglichen. Dies wird begleitet von der Vorstellung, dass das Nervensystem die Hardware sein würde und der Geist die Software.

Bei den bisher verwendeten technischen Geräten der Informationsverarbeitung besteht eine klare Trennung zwischen Hardware und Software. Die Hardware sind äußerst kunstvoll hergestellte Halbleiterstrukturen aus Millionen von Schaltern mit den beiden möglichen Zuständen ein oder aus, die auf kleinste Ströme reagieren können. Veränderungen an dieser Struktur, die nicht nur das Schalten betreffen, werden zumeist als ein Defekt angesehen, da der gewünschte Ablauf beeinträchtigt wird. Die Software, die auf dieser Hardware läuft, ist eine in schwachen Strömen codierte mögliche Informationsstruktur. Dabei wird die Information verarbeitet und verändert.

Früher waren dies von Menschen erstellte Programme, also Handlungsanleitungen für die Wechselwirkung der Schalter. Heute werden die technischen Systeme immer mehr den natürlichen neuronalen Netzen nachgebildet. Mehrere Schichten von technischen Neuronen enthalten Rückkopplungen. Das ermöglicht es, Abstraktionen zu bilden, also Verschiedenes unter gemeinsame Gesichtspunkte einzuordnen. So können beispielsweise bei Google mit einer sehr hohen Treffsicherheit in beliebigen Bildern Katzen identifiziert werden. Dies wurde möglich, weil die Fähigkeiten dieser Netze sich den menschlichen Fähigkeiten immer mehr annähern.

Es ist möglich, auf der hochkomplexen Hardware von modernen Großrechnern die Hardware von allen denkbaren Informationsverarbeitungssystemen zu simulieren, z. B. tiefgestaffelte künstliche neuronale Netze. Eine Simulation bildet als Software einen Teil der Realität, z. B. eine Computerhardware, in der Weise ab, dass sie auf Einwirkungen genauso reagiert wie das reale Objekt. Die simulierte Hardware ist an ihren Ergebnissen nicht von der Arbeit der realen Hardware zu unterscheiden.

Da eine Simulation nur Software ist, lassen sich die Eigenschaften der simulierten Strukturen sehr leicht ändern – auch wiederum durch eine Software. Das ermöglicht diesen nachgeahmten Netzen, sich aufgrund einer Zielsetzung zu verändern, die vom Menschen vorgegeben werden muss. Dies kann man als Lernen oder als Selbstorganisation bezeichnen. Durch eine tiefe Staffelung kann ein hoher Grad an Abstraktionen erhalten werden.

In der Philosophie des Geistes wurde die Figur des Zombies entworfen. Dieser ist in seinem Handeln und Reagieren von einem Menschen nicht zu unterscheiden. Der Zombie selbst hat jedoch kein Erleben und kein Bewusstsein, er ist jedoch in der Lage, ein Bewusstsein vorzutäuschen.

Im Unterschied zur technischen Informationsverarbeitung erfolgt bei der biologischen Informationsverarbeitung mit der Bearbeitung von bedeutungsvoller Information zugleich eine damit verbundene Veränderung des materiellen Substrates, also der Entsprechung zur Hardware. Diese Veränderungen betreffen die unterschiedlichen Anteile von Molekülen und reichen bis zu anatomischen Veränderungen, z. B. Aus- oder Abbau von Filopodien und Synapsen.

Es gibt somit im Biologischen eine Uniware, eine untrennbare Einheit von dem, was in der Technik als Hard- und als Software bezeichnet wird. Information und ihre energetischen und materiellen Träger beeinflussen und verändern sich im Lebendigen wechselseitig.

Das Nervensystem ist nicht nur an der Formung der Gedanken beteiligt, sondern die Gedanken beeinflussen auch das Nervensystem und seine Struktur.

Der Strom des Bewusstseins wird von einem stetigen Fluss von Photonen getragen, die ständig einander ablösen. Dies ist ähnlich zu der Situation, in der wir einen Text durch ständig neue Photonen übermittelt bekommen. Die mit hoher Redundanz bewegte Information ermöglicht mit den sie tragenden Photonen im Gehirn die Aufrechterhaltung und die weitere Verarbeitung der Bewusstseinsinhalte.

Die technische Informationsverarbeitung beruht auf klassischer Logik, die zu mathematischen Algorithmen gestaltet wird. Sie ist daher streng determiniert. Im Gegensatz dazu bewirken die quantischen Zusammenhänge der biologischen Informationsverarbeitung eine Abkehr vom strengen Determinismus und eröffnen einen gewissen Raum für Freiheit.

Freiheit bedeutet, dass man aus Gründen handeln kann und nicht durch Ursachen gezwungen ist. Dabei ist eine der Voraussetzungen für Freiheit die Möglichkeit eines Überdenkens der Gründe. Ursachen würden sich aus deterministischen Zusammenhängen von Fakten ergeben. Da diese jedoch, wie die Quantentheorie zeigt, in der Natur niemals vollständig und ausnahmslos kausal verbunden sind, eröffnet die Natur die Möglichkeit freier Entscheidungen. Ein zielgerichtetes Handeln wiederum setzt eine weitgehend gegebene kausale Kette zwischen Handlungsabsichten und Handlungsergebnissen voraus – so wie es die dynamische Schichtenstruktur darstellt. Ein „ziemlich festgelegter" Ablauf ist das, was wir in der Natur zumeist beobachten – und das ist das logische Gegenteil von Determiniertheit im wissenschaftlichen Sinne.

Ein Raum für Freiheit schließt auch ein bestimmtes Maß an Freiheit bei der Auswahl und der Realisierung von Verhaltensoptionen ein – und damit Verantwortung für mögliche Folgen.

Ein Bewusstsein ermöglicht Vorstellungen über künftige Möglichkeiten und auch Einflussnahmen auf diese. Die mit dem Bewusstsein möglich gewordene Einflussnahme auf die Natur wird für uns Menschen auch in den sozialen und ökonomischen Zusammenhängen wichtig.

Natürlich ist es schwierig, die Folgen der Folgen unserer Entscheidungen zu bewerten. Da keine künftigen Fakten tatsächlich determiniert sind, können immer wieder bisher nicht beachtete oder als unwesentlich eingestufte Umstände sich sowohl in positiver als auch in negativer Weise äußern. Das Auftreten der sekundären und tertiären Folgen muss sich keineswegs als etwas zu Ignorierendes erweisen. Für DDT gab es den Nobelpreis für Medizin, weil es ursprünglich wie ein Universalmittel vor allem gegen die Überträger der Malaria und andere Insekten wahrgenommen wurde. Heute gilt ein weitgehendes Verbot von DDT wegen seiner schlimmen ökologischen Folgen.

In Deutschland wurden große öffentliche Versorgungsstrukturen privatisiert. Damals hatte man eine Mahnung von Adam Smith, dem Vater der Marktwirtschaft, nicht beherzigt (siehe auch den Artikel von Ernst Ulrich von Weizsäcker). Smith hatte gezeigt, dass bestimmte öffentliche Aufgaben nicht durch die Marktkräfte gut geregelt werden können. Er hatte die Leuchttürme als Beispiel gewählt. Daran hatten z. B. Strandräuber keinerlei Interesse, aber es gibt ein allgemeines, gesellschaftliches Bedürfnis, dass unnötige Gefahren vermieden werden sollen. Beispielsweise an der Bahn sind heute die Folgen zu erkennen. Das Gegenteil der damaligen politischen Verheißungen der beabsichtigten „Privatisierung und des positiven Wirkens der Marktkräfte" wird deutlich. Natürlich ist man im Nachhinein immer klüger als zuvor, aber die These einer sogenannten Alternativlosigkeit kann leicht dazu verführen, eine derartige Behauptung auch für wahr zu halten.

Sprachlich reflektiertes Bewusstsein

Der Mensch unterscheidet sich von den anderen Tieren dadurch, dass er zu einer grammatisch strukturierten Sprache befähigt ist. Er besitzt diese Fähigkeit nicht von Geburt an, sondern erwirbt sie in den ersten Lebensjahren. Lediglich die Fähigkeit zum Spracherwerb ist biologisch verankert, die konkrete Sprache wird kulturell vermittelt.

> Mit Sprache und Schrift erklimmt die Informationsverarbeitung beim Menschen eine transbiologische Stufe.

Jetzt wird es möglich, bedeutungsvolle Information auch in der Schriftform weiter zu vermitteln. Damit werden die engen Grenzen von genetisch übermittelter Information und von derjenigen Information überschritten, die unmittelbar durch Vorbild an die Nachkommen weitergegeben wird. Die Schrift eröffnete eine Weitergabe von Information über Raum und Zeit hinweg.

Sprache und Schrift ermöglichten dem Menschen eine Entwicklung, die auch zur Technik und schließlich zur Wissenschaft geführt hat. Deren weiteren Entwicklungsmöglichkeiten haben in der Gegenwart nicht nur zur Speicherung und Weitergabe von bedeutungsvoller Information geführt, sondern jetzt auch – mit der Quantentechnologie – zu Geräten für eine künstliche Informationsverarbeitung.

Sehr große Datenmengen können jetzt mit geeigneten Algorithmen auf Korrelationen untersucht werden, die ohne diese „Denkverstärkung" und „Denkbeschleunigung" nicht gefunden werden könnten.

Bei allen ihren Erfolgen ist die künstliche Datenverarbeitung nicht kreativ. Die fälschlich als „selbstlernend" bezeichneten Geräte müssen von einem bewusstseinsfähigen Erbauer konstruiert, gebaut und schließlich trainiert werden. Das Selbstlernende dabei besteht darin, dass die vom Menschen vorgegebenen „Lernziele" für eine weitere Datenbearbeitung und für eine daraus folgende Veränderung der Algorithmen offen gehalten werden. Der Trainingsprozess wird also nicht beendet.

Sehr oft ist ein Erkennen von Korrelationen ein wichtiger Schritt, um Kausalitäten finden zu können. Korrelationen können eventuelle Ursache-Wirkungs-Beziehungen aufzeigen. Sie müssen es aber keineswegs. Auch wenn wissenschaftliche Untersuchungen gezeigt haben, dass eine gesicherte positive Korrelation zwischen dem Erscheinen von Störchen und von Babys in Schweden besteht, wäre doch wohl niemand bereit, daraus auf eine kausale Beziehung schließen zu wollen.

Algorithmen sind mathematische Strukturen, die auf eine determinierte Weise aufgrund von vorgegebenen Prämissen und aus eingegebenen Daten mit klassischer Logik Schlüsse ableiten. Wenn die eingegebenen Datenstrukturen sehr komplex sind, dann können auch die logischen Folgerungen überraschend erscheinen. Heutzutage können die Erbauer dieser technischen Systeme immer besser vorgeben, welche Aspekte in den Datensätzen als bedeutsam einzustufen sind und welche zu ignorieren sind. Damit nähern sich derartige Simulationen von Wahrnehmungen den eigentlichen Wahrnehmungen von Lebewesen immer besser an. Daher können Artefakte, die von solchen Systemen gesteuert werden, also Roboter, ein vernunftanaloges Verhalten aufweisen.

Die für Lebewesen charakteristische Nichttrennbarkeit von Hard- und Software, ihre Uniware, beruht auf den quantischen Zusammenhängen der biologischen Informationsverarbeitung. Diese schließt unabdingbar auch eine Freiheit bei der Auswahl und Realisierung von Denk- und Verhaltensoptionen ein. Die Uniware ist eine der Vorbedingungen für die

Möglichkeit von Bewusstsein. Jeder Denkvorgang, jedes psychische Geschehen verändert durch Verstärkung, Verminderung oder Neugestaltung der anatomischen Struktur auch Gehirn und Nervensystem. Analoge Veränderungen der Hardware sind bei den auf der Basis der klassischen Logik arbeitenden technischen algorithmischen Systemen nicht möglich und auch nicht erwünscht.

Da Bewusstsein stets auch Freiheit ermöglicht, ist es sehr positiv, dass die technischen Systeme kein Bewusstsein erhalten können. Sie werden zwar immer besser ein vernunftanaloges Verhalten simulieren können. Ihre eingebaute Trennung zwischen Hard- und Software und die algorithmischen Strukturen ihrer Informationsverarbeitung verhindern aber glücklicherweise Kreativität und Freiheit.

> Würden Roboter nicht nur Freiheit simulieren, sondern sie wegen eines eigenen Bewusstseins tatsächlich besitzen, dann würden sie nicht das tun, was sie sollen, sondern das, was sie selbst wollen.

In dem berühmten Filmklassiker „2001: A Space Odyssey" lässt Stanley Kubrick einen als bewusstseinsfähig dargestellten Computer mit freiem Willen handeln – mit verheerenden Folgen für die Besatzung.

Die universelle Bedeutung der Information

Als Albert Einstein vor über 100 Jahren mit seiner Formel $E = mc^2$ die Äquivalenz von Materie und Energie begründete, hatte man wahrscheinlich noch nicht geahnt, welche technischen und auch welche philosophischen Konsequenzen sich daraus ergeben werden. Dem Begriff der Energie entspricht am ehesten Bewegung – dies war der historische Einstieg, nämlich die kinetische Energie, also die Energie der Bewegung.

Der eigentliche Begriff der Energie ist in der Physik technisch, komplizierter und außerdem sehr viel abstrakter. Energie mit ihrer Abstraktheit lässt die philosophischen Konsequenzen noch etwas im Verborgenen bleiben. Es dauerte über ein halbes Jahrhundert, bis auf der Erde in Experimenten tatsächlich Bewegung in Materie (plus Antimaterie) verwandelt werden konnte. Es bedeutet, dass die Unterscheidung zwischen

Materie und ihrer sogenannten Grundeigenschaft aufgehoben und zu einer bloßen Zweckmäßigkeit geworden ist.

Carl Friedrich von Weizsäcker erkannte als erster, dass die über Milliarden von Jahren sich ereignende Energieabstrahlung der Sonne aufgrund dieser Äquivalenz verstanden werden konnte. Dabei handelt es sich um die Umwandlung von Materie in Energie, in hinwegfliegende Photonen. Dieses Licht erhellt und erhält das Leben auf der Erde.

In den großen Beschleunigern, wie dem LHC im CERN, wird die schnelle Bewegung von Protonen in Tausende neuer Teilchen verwandelt. Hierbei wird sogar unter irdischen Bedingungen Bewegung zu Materie.

Erst mit der Quantentheorie und mit den durch sie eröffneten Möglichkeiten, sowohl die Atomkernumwandlungen als auch neben der Materie die Antimaterie zu beschreiben, wurde die ganze Tragweite dieser Erkenntnis deutlich.

Mit den Kernwaffen wurde diese Erkenntnis militärisch nutzbar gemacht. An ihnen wurde sichtbar, welche moralischen und ethischen Konsequenzen sich aus Ergebnissen einer Wissenschaft ergeben können, selbst wenn diese allein auf eine reine Erkenntnis der Natur ausgerichtet war.

Natürlich betreffen diese Konsequenzen nicht nur die Wissenschaftler, sondern auch die Politiker und im Grunde die Wirtschaft und die ganze Gesellschaft. Da diese Erkenntnisse die Strukturen der Wirklichkeit betreffen, hilft es wenig, die Realität zu ignorieren oder zu verleugnen, sondern es bleibt wichtig, die notwendigen Schlüsse zu ziehen.

Natürlich sind die Atombomben noch immer eine gewaltige Bedrohung für die gesamte Menschheit. Jedoch die Wissenschaft ist nicht bei der Kernphysik stehen geblieben. Geben die neuen Erkenntnisse Anlass für eine gewisse Hoffnung? Was kann daraus folgen, dass sich uns die Grundstruktur der Wirklichkeit anders darstellt, als wir bisher geglaubt hatten?

Als Struktur von Quanteninformation ist die Protyposis dem Geistigen ähnlicher als dem Materiellen. Befördert sie deshalb einen Idealismus?

Oftmals wird als Idealismus die Behauptung verkauft, er würde bedeuten, „die Welt ist, was ich mir vorstelle“. Ein solches Kartenhaus ist leicht einzureißen.

Auf der anderen Seite des Denkens war lange die These modern: „Es gibt nur die Materie und die Bewegung ist ihre Grundeigenschaft.“ Das geht wie erwähnt ebenfalls an den modernen naturwissenschaftlichen Erkenntnissen vorbei.

Wir meinen, dass die Protyposis eine Weltsicht ermöglicht, die eine ausgewogene Sicht auf alles das erlaubt, was man subsumieren kann unter Begriffen wie faktische Realität, wirkmächtige Möglichkeiten, materielle Objekte und eine real wirksame Psyche mit ihren geistigen Inhalten.

Die Physik zeigt, dass in der Natur eine Äquivalenz zwischen Materie und Bewegung besteht. Man kann sie ineinander umwandeln. Wenn es also Äquivalenzen gibt zwischen Bewegung und Materie, zwischen Lokalisiertem und Ausgedehntem, wenn Kraft und Stoff ineinander umgewandelt werden können, dann verweist das alles auf eine gemeinsame Grundlage des Seienden, auf die Protyposis.

Die AQIs der Protyposis existieren nur in einer ständigen Zunahme ihrer Anzahl, in einem ständigen Werden. Das ist die Basis für die immer wieder neuen Gestalten, die wir im Kosmos vorfinden. Die gemeinsame Grundlage für Sein und Werden bilden die AQIs der absoluten Quanteninformation!

Das kosmologische Grundpostulat besagt, dass die Anzahl der AQIs wächst. Mit anderen Worten: Die Zeit ist eine Funktion der Anzahl der AQIs im Kosmos.

Der Verlauf der Zeit, das Anwachsen der Menge der AQI und die Expansion des Kosmos sind drei verschiedene Ausdrucksweisen für denselben Vorgang.

Diese grundlegende Dynamik wird auch im Zusammenhang zwischen den physikalischen Größen deutlich. Plancks und Einsteins berühmte Formeln können mit der Protyposis erweitert werden:

$$E = m\,c^2 / \lambda = N\,h / t_{KOSMOS}$$

Die Masse *m* ist nach Einstein mit dem Quadrat der Lichtgeschwindigkeit c^2 äquivalent zu einer Energie *E*. Dieser wiederum entspricht mit dem Wirkungsquantum *h* nach Planck der Kehrwert einer charakteristischen

Ausdehnung (Wellenlänge) λ. Nun ist neu, dass die Energie E einer Anzahl N von Quantenbits, von AQIs, entspricht. Dabei ergibt sich der Proportionalitätsfaktor zu h geteilt durch das Weltalter t_{kosmos}.

Die Dynamik, das „Sein in der Form des Werdens", kommt auch in der Formel zum Ausdruck. Sie enthält das Weltalter und gibt damit aller Existenz einen Bezug zum kosmischen Geschehen.

In dieser kosmischen Evolution zeigt sich ein Wechselspiel zwischen chaotischem Verhalten und immer wieder neuen Stufungen von Gestaltbildung und Ordnung. Wir Menschen sind in der Lage, trotz allen Veränderungen immer wieder Regelhaftes und sogar Gesetzmäßiges erkennen und abstrahieren zu können.

Die Mathematik ist die Wissenschaft der möglichen Strukturen und die Physik ist die Wissenschaft der realen Strukturen. Daher können wir in der Physik die Ordnungsstrukturen – bisher zumindest die einfachsten – mathematisch modellieren.

In der griechischen Philosophie findet sich ein Konflikt zwischen den Philosophien von Parmenides und von Heraklit. Parmenides betonte das Sein und lehnte das Werden ab. Schließlich kann Werden als Übergang vom Nichts zum Sein verstanden werden, und da das Nichts definitionsgemäß nicht „ist", gibt es nach Parmenides alles Werden lediglich als Schein. Sein Gegenspieler Heraklit betont in seiner Philosophie das Werden. Er ist berühmt durch seinen Ausspruch: „Man steigt nie zweimal in den selben Fluss" – schließlich ist immer wieder neues Wasser da. Und natürlich gibt es keine einzige Situation im expandierenden Kosmos, die mit irgendeiner anderen Situation oder mit einem anderen Zeitpunkt vollkommen gleich wäre.

Mit der Protyposis erhält man eine naturwissenschaftliche Antwort auf dieses Problem. Wenn überhaupt etwas „ist", dann existiert es nur in der Form des Werdens.

Das Sein ist eine Abstraktion vom Werden. Es ist so etwas wie eine Momentaufnahme der Wirklichkeit.

Wichtig erscheint auch das neue Bild der Materie.

Natürlich wäre es absurd, an der Realität des Materiellen zweifeln zu wollen. Aber Materie kann durch die AQIs mithilfe der Naturwissenschaft erklärt werden. Mit dem Erklären war gemeint worden, dass Kompliziertes aus Einfachem theoretisch aufgebaut wird und dass dabei Unbekanntes auf Bekanntes zurückgeführt wird.

Was kann die Basis von naturwissenschaftlicher Erklärung sein?

Wir hatten gezeigt, dass es gewiss nicht kleinste Teilchen sein können. Die Teilchen sind auf dem Wege zu den Grundlagen eine vorletzte Station. Sie könnten wir ohne die komplexesten technischen Geräte überhaupt nicht kennen. Wir können sie auch ohne die AQIs nicht verstehen.

> Das Quantenbit hingegen ist so einfach, dass es an ihm nichts gibt, was noch hinter ihm verborgen sein könnte.

In seiner Interpretation als Quanteninformation kann das Quantenbit uns sogar in der einzigen Form erscheinen, die uns Menschen unmittelbar zugänglich ist – und zwar ohne Vermittlung durch Geräte oder durch Sinnesorgane und damit ohne die Möglichkeit einer Täuschung: in der Form eines bewussten Gedankens.

Ein Gedanke kann völlig unzutreffend über dasjenige sein, was gedacht wird. Darüber kann man sich beliebig irren. Es ist aber völlig unmöglich zu meinen, dass man den betreffenden Gedanken nicht denken würde.

> Man kann nicht glauben, dass man einen Satz, den man gerade im Bewusstsein sprachlich formuliert, tatsächlich nicht denkt.

Wir können also aus der Naturwissenschaft lernen, dass Dasjenige, was wir als Materie oder als Energie bezeichnen, auf eine grundlegende Entität zurückgeführt werden kann.

In einer sehr speziellen ihrer Erscheinungsweisen kennen wir diese Entität unmittelbar, denn sie kann uns in der Form unserer bewussten Gedanken begegnen. Damit wird verstehbar, dass mit dieser Erkenntnis sogar der Weg zu einer naturwissenschaftlichen Erklärung des Bewusstseins eröffnet wurde.

Ohne das grundsätzlich neue Verstehen der Materie, das mit der Protyposis möglich wurde, bleibt eine naturwissenschaftliche Erklärung der evolutionären Herausformung von Bewusstsein unmöglich.

Das Licht als Träger der Psyche

Diese Kapitelüberschrift ist keine Esoterik, sie ist als eine naturwissenschaftliche, als eine physikalische Aussage zu verstehen.

Einen Text können wir nur lesen, wenn unzählige Photonen immer wieder vom Bildschirm ausgesendet oder vom Papier reflektiert werden und in ihrer Vielzahl Informationen über die Verteilung der hellen und dunklen Stellen in unsere Augen transportieren. Auch wenn der Text sich nicht ändert, so sind es doch ununterbrochen immer wieder neue Photonen, welche die Bedeutung zu uns tragen. Und erst in ihrem Zusammenwirken miteinander und mit der Information, die wir im Gedächtnis gespeichert haben, entsteht für uns eine Bedeutung. Wenn wir die Buchstaben nicht gelernt haben, dann bleibt für uns ein Text bedeutungsfrei.

In ähnlicher Weise sind es ebenfalls unzählige reale und virtuelle Photonen, die als Träger von aktiven psychischen Informationen diese von einer Stelle innerhalb oder zwischen Zellen zu anderen Stellen in unserem Gehirn und im übrigen Körper bewegen. Auch bei der Introspektion, wenn wir Texte oder Bilder vor unseren inneren Augen entstehen lassen, sind immer Photonen die Träger der Informationen.

Es sollte in den Schulstoff gelangen, dass jede chemische oder biochemische Umsetzung überall und auch im Körper ausschließlich durch den Austausch realer oder virtueller Photonen erfolgt. Virtuelle Photonen bilden das, was in der klassischen Physik als Coulomb-Kraft bezeichnet wird. Sie bewegen Ionen und Elektronen mit ihren elektrischen Ladungen. Reale Photonen werden emittiert, wenn elektrische Ladungen beschleunigt oder gebremst werden. Reale Photonen können beispielsweise im EEG an der Kopfhaut nachgewiesen werden. Ihre Wellenlängen können mehr als 300 000 km betragen.

Information, die als Gedächtnis über längere Zeit aufbewahrt werden soll, muss auf Moleküle und/oder in Synapsenstrukturen decodiert werden. So wie ein einzelnes Pixel keine Bedeutung hat und erst in einem Kontext bedeutungsvoll werden kann, kann auch ein einzelnes Photon keine angebbare Bedeutung haben.

Information aus dem Gedächtnis wird für eine Verarbeitung auf Photonen übertragen und in diesen an jeweils weitere Verarbeitungsstellen getragen. Somit haben wir ein fortwährendes Codieren und Decodieren von bedeutungsvoller Quanteninformation. Die Anwendungen von Nachweisverfahren, die ohne Quantentheorie nicht möglich wären, erlauben es, die räumlichen Verteilungen der Aktivitäten im Gehirn bereits sehr genau zu beschreiben.

Da alle Zellen in einem lebendigen Körper instabile Gebilde sind, können sie auf die Informationen reagieren, die durch die Photonen im Körper transportiert werden.

Künstliche Intelligenz – wie und wohin?

Das primitivste Modell einer Nervenzelle ist das eines Schalters. Die Computer zeigen uns, dass ein Netzwerk von Schaltern im Prinzip alle denkbaren logischen Prozesse in sich ablaufen lassen kann. Was algorithmisierbar ist, kann mit ihnen berechnet werden. Gehirne können daher auch alles das, was Computer können – nur einiges etwas langsamer.

Das Umgekehrte gilt nicht! Vieles, was Gehirne gut können, ist für Computer unmöglich. Warum ist die künstliche Intelligenz trotzdem so wichtig?

Naturwissenschaft sucht die Gesetze, nach denen die Abläufe in der Natur vor sich gehen. Gesetze kann man mathematisch fassen, und was man mathematisch fassen kann, was man mit Algorithmen beschreiben kann, dessen Verhalten kann man berechnen. Wenn also in der Natur oder in einer von uns Menschen entworfenen Struktur klare Regeln dafür bestehen, wie Veränderungen geschehen können, dann werden die Systeme der künstlichen Informationsverarbeitung dem Menschen an Schnelligkeit überlegen sein.

Garri Kasparow war der erste Schachweltmeister, der gegen ein KI-System verloren hat – IBMs Deep Blue. Nachdem AlphaGo den besten Go-Spieler besiegt hatte, wurde Kasparow vielfach über künstliche Intelligenz interviewt. Auf die Frage, in welchem Feld die Menschen noch besser als Maschinen sind, antwortete er[10]:

„Wir haben unsere Kreativität und unsere Flexibilität. Bei so etwas zitiere ich gerne Joseph Weizenbaum: Die Maschine entscheidet – und der Mensch wählt."

Den Unterschied sieht Kasparow beim Entscheiden: „Entscheiden heißt berechnen. Wenn wir über das Entscheiden sprechen, können wir quasi bis auf die Wurzel dieses Baumes gehen und sehen, was am Anfang gesagt wurde – warum diese Entscheidung getroffen wurde. Wählen kann aber psychologisch begründet sein, weil wir uns dabei gegen Wahrscheinlichkeiten entscheiden."

Kasparow formuliert damit den wesentlichen Unterschied zwischen Bewusstsein und KI. Seine Aussage erinnert an Immanuel Kant. Gesetze nötigen uns, Gründe machen uns geneigt. Wir können uns gegen hohe Wahrscheinlichkeiten entscheiden, wir Menschen können unvernünftige Risiken eingehen. Die Untersuchungen von Daniel Kahneman zeigen, dass wir Menschen besonders Situationen bei sehr kleinen und sehr großen Wahrscheinlichkeiten anders bewerten, als es die mathematische Wahrscheinlichkeit als rational einstufen würde.[11]

Die gesamte Evolution und zivilisatorische Entwicklung des Menschen kann als eine Abfolge von unvernünftigen Risiken geschildert werden. Beispiele dafür waren die Besiedlung von Amerika und Australien in der Steinzeit, die Umsegelung Afrikas in der Antike, die Fahrt von Columbus über den Atlantik, die „Eroberung" von Nord- und Südpol oder dem Himalaja-Gipfel, der Flug zum Mond und wohl auch ein bevorstehender Flug von Menschen zum Mars.

Wie kann dieser Unterschied zwischen KI und Mensch verstanden werden?

Wenn es um Entscheidungen aufgrund von vorgegebenen Zielen geht, wird die KI ihre Stärke ausspielen können. Oft spricht man dabei von Simulation.

Eine Simulation bedeutet, dass ein Bereich der Natur in seinem gesetzmäßigen Verhalten durch ein System von Software nachgebildet wird. Dabei sollen die Eingangsveränderungen an der Simulation in ihren Wirkungen mit denen übereinstimmen, wie sie am realen System bei den gleichen Eingangsveränderungen erzeugt werden.

So wird man, wenn man ein gutes mathematisches Modell eines Pkws hat, nicht mehr zwanzig von ihnen gegen eine Wand donnern lassen müssen. Man kann dann mit einem oder zweien testen, wie gut die Simulation ist, und dann anstelle der realen Versuche die verschiedenen Crashtests in der Simulation ablaufen lassen.

Simulationen sind also ein sehr starkes Mittel, bei Untersuchungen über das Verhalten von realen Dingen deren Reaktion vorhersagen zu können, ohne dass man sie deswegen z. B. zerstören müsste.

Die klassischen KI-Programme, die vorgegebene Algorithmen abarbeiten – z. B. Deep Blue, was Kasparow im Schach besiegte –, sind Software. Aber auch moderne Systeme des DeepLearning simulieren auf einer sehr umfangreichen und leistungsstarken Hardware künstliche tiefgestaffelte neuronale Netze. Diese Netze sind durch ihre Staffelung in der Lage, Abstraktionen zu erzeugen.

Bereits die Erfindung von Schrift und Mathematik bedeuteten einen gewaltigen Prozess der Denkverstärkung für uns Menschen. Die damit eröffneten Abstraktionsmöglichkeiten wurden durch die Systeme von künstlicher Informationsverarbeitung noch einmal gewaltig gesteigert.

Heute können wir uns so verhalten, als hätten unsere Nervennetzwerke im Gehirn noch einige Schichten von Neuronen hinzuerhalten. Sie sind zwar aus dem Gehirn ausgelagert, aber wir können sie manchmal nutzen, als ob sie zu uns gehören würden.

In allen Fällen von künstlicher Intelligenz wird eine vernünftige Informationsverarbeitung simuliert. Damit kann auch vernunftanaloges Verhalten sehr gut simuliert werden. Durch die sehr viel höhere Taktrate als bei einem Gehirn kann dies auch viel schneller geschehen. So sind heute z. B. Wettervorhersagen sehr viel genauer geworden als noch vor 20 Jahren. Menschliche Gehirne hätten das nicht fertig bringen können.

Ein entscheidender Unterschied zu tatsächlichem Bewusstsein besteht darin, dass bei diesen KI-Systemen eine von der Realität abgekoppelte Software arbeitet.

Auch ist es fraglich, ob man Kreatives oder Unlogisches von einem intakten Computer erwarten darf. Vielleicht gewisse Simulationen davon? So erstellen Googles Netzwerke Bilder, die man als surrealistisch bezeichnen könnte.

Für Bewusstsein, so war oben erläutert worden, ist jedoch die in allen biologischen Systemen gegebene Uniware eine notwendige Voraussetzung. Das erklärt auch, warum biologisches Lernen wegen der damit verbundenen materiellen Veränderungen so viel langsamer und mühevoller ist.

Psychische und soziale Konsequenzen

Natürlich fordern eine neue Vorstellung über die Materie und ein jetzt erstmals tatsächliches Verstehen des Wesens der Materie viele weltanschauliche Vorurteile massiv heraus. Das erzeugt starke Emotionen und Widerstände.

Die Geschichte der Naturwissenschaften zeigt immer wieder einmal derartig große Umwälzungen und die damit verbundenen Aggressionen auf. Man denke beispielsweise an die massiven Angriffe gegen den Vorschlag einer Bewegung der Erde um die Sonne von Kopernikus und später vor allem gegen Galilei oder an die Widerstände vieler Physiker am Ende des 19. Jahrhunderts gegen Boltzmanns Vorstellungen über eine atomare Grundlage der Materie.

Die früheren Vorstellungen von Materie verführen bis heute manche Philosophen und Hirnforscher, das Bewusstsein nicht als eigenständig wirkend, sondern lediglich als Eigenschaft zu postulieren. Während man im Allgemeinen den Objekten, den materiellen Körpern, eine eigenständige Wirkmöglichkeit zubilligt, wird eine solche einer bloßen Eigenschaft nicht zugestanden. Damit bleiben aber dann auch die überall zu findenden Einwirkungen des Psychischen auf den Körper und auf sein Verhalten unerklärlich. Auch eine Beschreibung als Funktion, also als eine Eigenschaft, die als ein Prozess zu verstehen ist, verpasst das Wesentliche für ein naturwissenschaftliches Verstehen der Psyche.

Mit der Quantentheorie können wir verstehen, dass beim Bewusstsein eine Unterscheidung zwischen „Eigenschaft" von neuronalen Netzen und „eigenständiger Wesenheit" als wirkende bedeutungsvolle Information kontextabhängig sein kann. Mit einer modernen Vorstellung von Materie als geformte AQIs sowie mit der Ausgedehntheit und Nichtlokalität der Quanteninformation lösen sich die Probleme auf.

Das Bewusstsein als Quanteninformation, die auf den Körper und auf sich selbst einwirken kann, bildet mit dem Körper eine Uniware. Diese Einheit von der Software der Informationsverarbeitung mit der Hardware des Gehirns wird erst im Tode aufgelöst.

Fazit

Die moderne Physik hat mit den AQIs der Protyposis ein neues Verständnis der Materie und im Gefolge davon ein Erklären von Leben und Psyche eröffnet.[12]

Mit dem Leben und schließlich mit dem Bewusstsein kommen also alle Aspekte der AQIs der Protyposis, ihr Erscheinen als wirkende Materie und Energie sowie als wirkende Information zur Geltung.

Die Einheit von Leib und Seele wird in die naturwissenschaftlichen Zusammenhänge eingeschlossen. Mit den Einwirkungsmöglichkeiten von Information auf Lebewesen erhalten z. B. auch die psychotherapeutischen Verfahren und die psychosomatische Medizin eine wissenschaftliche Grundlage.

Um den Bogen vom Anfang zu schließen, soll noch einmal die Wichtigkeit betont werden, die der Beziehungscharakter der Wirklichkeit hat.

Die Beziehungen in der Natur erstrecken sich nicht nur über Materielles und die Energien, welche die Materie beeinflussen, sondern auch auf bedeutungsvolle Informationen. Der Mensch ist keine Maschine, er handelt nicht nur rational, sondern wird auch durch seine Emotionen und Vorurteile gesteuert. Politik, Wirtschaft und gesellschaftliche Ereignisse liefern täglich Beispiele dafür, und leider nicht immer positive. Erfreulicherweise gibt es aber auch viele Beispiele von einem leidenschaftlich geführten gesellschaftlichen Engagement. Auch die über längere Zeit als unpolitisch bezeichnete jüngere Generation zeigt offen Zivilcourage und setzt sich für Klimaschutz und Naturbewahrung ein. Je mehr sich die Jungen bewusst machen, dass der Ablauf der Welt nicht determiniert und alternativlos ist, desto leichter werden sich neue kreative Ideen entwickeln und verbreiten. Dabei ist es eine neue naturwissenschaftliche Einsicht, dass in vielen Situationen Geistiges bedeutungsvoller werden kann als die materiellen Umstände.

Das sind – so allgemein formuliert – keine neuen Erkenntnisse, jetzt aber können sie in ein naturwissenschaftliches Bild von der Welt problemlos eingebettet werden.

Das Ernstnehmen des Geistigen als eine Realität kann dem modernen Menschen dabei helfen, ein Fehlverhalten einzugrenzen, das angesichts einer Bevölkerung von bereits fast 8 Milliarden Menschen und mit seiner Konzentration auf materiellen Verbrauch in gefährlicher Weise an seine Grenzen stößt.

Die häufige Gleichsetzung von Wohlstand mit dem alleinigen Verbrauch materieller Ressourcen ist bei einer so riesigen Weltbevölkerung wie heute nicht mehr akzeptabel.

Im Gegensatz zur Materie auf der Erde und zur Energie, die wir vor allem von der Sonne erhalten, gibt es für bedeutungsvolle Information auch auf der Erde keinen Erhaltungssatz.

Bedeutungsvolle Information ist im Prinzip beliebig vermehrbar.

Geistige Güter, also Kultur, Kunst und Wissenschaft sowie soziale Bezüge, können mindestens so viel an Glück und Wohlbefinden bereiten wie der Verbrauch von materiellen Objekten. Natürlich müssen die materiellen und energetischen Grundbedingungen für alle Menschen gesichert werden. Jedoch bei dem, was darüber hinausgeht, ist der Schaden für unsere Lebensumwelt beim Erzeugen und Austauschen geistiger Güter um viele Größenordnungen geringer als beim Konsum von materiellen Waren. Die mit Leidenschaft und Interesse erfolgende Zuwendung zu kulturellen Betätigungen sowie zu wissenschaftlichen Erkenntnissen kann eine hohe Befriedigung bewirken. Auch sportliche Betätigungen und Wettkämpfe können jenseits von allem Kommerz für viele erfreuend, befriedigend und für manche Menschen sogar sinnstiftend sein.

Die grundsätzlichen Lebenserfordernisse nach Nahrung, Kleidung,

Wohnung und medizinischer Betreuung und nicht zuletzt nach Bildung und sinnvoller Tätigkeit müssen für jeden Menschen erfüllt werden. An diesem Ziel ist nicht zu rütteln. Aber wenn diese Grundbedürfnisse erfüllt sind, können für viele Menschen die tiefen Fragen unserer Existenz bedeutsam werden.

Wir Menschen sollen unser Bestreben darauf richten, unseren nachfolgenden Generationen eine Welt zu hinterlassen, in der engere Beziehungen zwischen den Menschen und zur Natur wieder möglich werden. Einsichten in die Strukturen der Realität können zu einer gerechteren und nachhaltigen Verwendung knapper Ressourcen führen. Wissenschaft kann es ermöglichen, dass ausreichend Nahrung für alle verteilt werden kann. Nicht zuletzt sollen auch alle Menschen Anteil an derjenigen bedeutungsvollen Information haben, welche die kulturelle Entwicklung mit ihren Chancen für die Menschen bereitstellt.

Wo kommen wir her, wer sind wir und wo gehen wir hin? Solchen Fragen wird man als Mensch wahrscheinlich nicht immer ausweichen können. Ein kurzschlüssiger Materialismus, das Glück eines Shoppingnachmittags, liefert auf diese Fragen nur den wenigsten Menschen eine Antwort, die sie längerfristig zufriedenstellt.

Die Erkenntnis, dass der Grund der Realität eher mit unseren Gedanken als mit unserem Körper verglichen werden kann, dass er als eine „geistige Entität“ verstanden werden darf, ermöglicht heute wieder, auch andere, modernere Vorstellungen zu erwägen.

Die Nichtlokalität von quantischen Erscheinungen im Allgemeinen und von Quantenbits im Besonderen eröffnen Möglichkeiten dafür, auch solche Erlebnisse naturwissenschaftlich ernsthaft zu bedenken, die manchen Menschen gelegentlich widerfahren können. Meditative und religiöse Erfahrungen können für viele Menschen sinnstiftend wirken (siehe auch den Artikel von Till Keil). Auch wenn es gelegentlich Tendenzen gibt, solche Erfahrungen abzuwerten, so ist ein spirituelles Erlebnis keinesfalls eine Halluzination – und ebenso sind Halluzinationen kein spirituelles Erlebnis.

Wir können nun den Bogen schließen von der Entdeckung des Wesens des Lichtes zur Quantentheorie und zum Bewusstsein.

Am Beginn dieser Entwicklung hat keiner erahnen können, wohin diese Erkenntnisse führen würden. Heute haben wir die wissenschaftliche

Bestätigung für das Wirken der Photonen, der Quanten des Lichtes, mit ihren unermesslich vielfältigen Erscheinungen. Mit den durch sie vermittelten quantischen Informationen wurden Leben und später auch Bewusstsein möglich.

Anmerkungen

1 Görnitz, T. (1999): Quanten sind anders. Heidelberg, Spektrum.

2 Elmer, K. R. et al. (2014): Parallel evolution of Nicaraguan crater lake cichlid fishes via non-parallel routes. Nat. Commun. 5:5168 doi: 10.1038/ncomms6168(2014).

3 Görnitz, T.; Graudenz, D.; Weizsäcker, C. F. v. (1992): Quantum Field Theory of Binary Alternatives. International Journal of Theoretical Physics 31, 11, 1929 – 1959.
Görnitz, T.; Schomäcker, U. (2012): Quantum Particles From Quantum Information. Journal of Physics: Conference Series 380, 012025 doi:10.1088/1742-6596/380/1/012025.

4 Görnitz, T. (1988a): Connections between Abstract Quantum Theory and Space-Time Structure I. Ur Theory and Bekenstein-Hawking Entropy. Intern. J. of Theoret. Phys. 27, 527 – 542.
Görnitz, T. (1988b): Connections between Abstract Quantum Theory and Space-Time Structure II. A Model of Cosmological Evolution. Intern. J. of Theoret. Phys. 27, 659–666.

5 Görnitz, T. (2011): Deriving General Relativity from Considerations on Quantum Information. Advanced Science Letters 4, 577–585.

6 Görnitz, T. (1988a,b), (2011).

7 Görnitz, T. (2014): Simplest quantum structures and the foundation of interaction. Reviews in Theoretical Science 2, 4, 289–300.
Görnitz, T.; Schomäcker, U. (2016): The structures of interactions – How to explain the gauge groups U(1), SU(2) and SU(3), Foundations of Science; DOI 10.1007/s10699-016-9507-6.

8 Jolie, W. et al. (2019): Tomonaga-Luttinger Liquid in a Box: Electrons Confined within MoS2 Mirror-Twin Boundaries, Phys. Rev. X 9, 011055; DOI:10.1103/PhysRevX.9.011055.

9 Görnitz, T.; Görnitz, B. (2016): Von der Quantenphysik zum Bewusstsein – Kosmos, Geist und Materie. Springer, Heidelberg.

10 https://www.t-online.de/-/id_79772292/tid_pdf_o/vid_84608154/index, von 2019.02.19, 12:38.

11 Kahneman, D. (2012): Schnelles Denken – langsames Denken. Siedler, München.

12 Görnitz, T.; Görnitz, B: (2002): Der kreative Kosmos – Geist und Materie aus Quanteninformation. Spektrum Akademischer Verlag, Heidelberg.
Görnitz, T.; Görnitz, B. (2008): Die Evolution des Geistigen / Quantenphysik – Bewusstsein – Religion.Vandenhoeck & Ruprecht, Göttingen.
Görnitz, T.; Görnitz, B. (2016): Von der Quantenphysik zum Bewusstsein – Kosmos, Geist und Materie. Springer, Heidelberg.

Der evolutionäre Weg zum menschlichen Bewusstsein

Brigitte Görnitz

Hier sollen aus psychologischer Sicht, das heißt aus dem Erleben und Verhalten des Menschen, einige wesentliche Aspekte angeführt werden, um das Bewusstsein zu verstehen und in seiner Entwicklung zu erklären. Dabei kommen wir nicht umhin, auch auf die naturwissenschaftlichen Grundlagen einzugehen, die eine erweiterte Sicht eröffnet haben. Dann wird „das Geistige" mit seinem Denken, seinen Bildern, Vorstellungen und Fantasien in seiner Verbundenheit zum Körper und den Gefühlen verstehbar.

Die neuen Einsichten aus den Grundlagenwissenschaften sind notwendig und hilfreich, um Bewusstsein und die Wirkung von bedeutungsvoller Information für das jeweilige Lebewesen bis in dessen Körperzellen hinein begreifen zu können. Damit wird auch das psychosomatische Geschehen erfasst.

René Descartes nahm zwei Grundsubstanzen und damit einen Dualismus an. „Cogito ergo sum" war das populär gewordene Postulat von René Descartes. Mit dieser philosophischen Überlegung wurde vor rund 380 Jahren gezeigt, dass im Vollzug des Denkens, der res cogitans, die eigene Existenz begründet wird. Zwar sah und erlebte Descartes, dass es eine Wechselwirkung mit dem Körper gibt, da die „Leidenschaft der Seele" den ganzen Körper erfassen kann. Aber die körperliche Materie, die res extensa, wurde als getrennt und grundsätzlich verschieden vom Denken angesehen.

Heute ist mit der einfachsten Struktur, mit den Quantenbits der Protyposis, für beide „Substanzen" eine gemeinsame Grundlage gegeben.

Informationsverarbeitung – Beeinflussung von außen und innen

In diesem Sammelband sollen Fragen und Betrachtungen Raum erhalten, über die man zumeist in der Hektik des Alltags oft nicht nachdenkt. Was ist und wie entstanden Leben und das Bewusstsein mit seinen Inhalten.

Menschen können sogar an ihren Vorstellungen, an ihren Fantasien erkranken. Wie können z. B. Gedanken und Begriffe als bedeutungsvolle Symboliken auf den ganzen Menschen und sogar in die Gesellschaft hinein eine große Wirkung erzeugen? Mit diesen gedanklichen Prozessen ist natürlich immer auch ein Erleben verbunden – mehr oder weniger stark spürbar oder reflektiert. Solange wir leben, solange erleben wir auch. Unsere Gedanken sind an Materie und Energie gebunden, sind aber weder das eine noch das andere. Sie sind dennoch nichts, was aus dem Rahmen der hier dargelegten wissenschaftlichen Naturbeschreibung herausfällt. Unsere Gedanken sind etwas Geistiges.

Sie können heute auch naturwissenschaftlich mit Information verbunden werden. Wichtige über die Sinne aufgenommene oder aus dem eigenen Denken und Willen heraus entwickelte Informationen wirken auf den Körper ein. Besonders deutlich wird dies an lange übenden Yogis, die willentlich nach intensiver Übung Körperfunktionen in einem Maße beeinflussen und steuern können, die uns unglaublich erscheinen. Manche können ihren Sauerstoffbedarf reduzieren und sich so, auch glaubwürdigen Berichten zufolge, eine Zeit lang eingraben lassen. Sogenannte „Säulenheilige“, die man auch im Christentum kannte, standen jahrelang ungeschützt auf einer Säule. Ging es bei derartigen Beispielen letztlich um die Beeinflussung aus eigenem Willen und Motiven heraus, kann das Denken und Fühlen auch von außen gezielt durch andere beeinflusst werden.

Ein Beispiel dafür ist die suggestive Beeinflussung von Menschen durch Anwendung von Zwang, die „Gehirnwäsche“. Sie kann sehr diffizil psychisch, auch ohne körperliche Gewalt, durch eine Machtclique erfolgen. Ein literarisches Beispiel dazu wäre George Orwells „1984“. Die Gehirnwäsche hat das Ziel, ein anderes Denken, wie z. B. bestimmte ideologische Vorstellungen, im anderen zu installieren. Dies geschieht mit der Absicht, auch andere Gefühle bei dem Manipulierten hervorzurufen, beispielsweise eine Begeisterung für idealisierte Führer oder sogar den Einsatz des eigenen Lebens für bestimmte politische, ideologische oder religiöse Ziele.

Heute kann eine Beeinflussung ebenfalls durch technische Möglichkeiten erfolgen. Hier kann sich zeigen, wie stark die über das Auge aufgenommene Information eine verstandesmäßige Einsicht unterdrücken kann. Schon seit langem gibt es gewollte optischen Täuschungen z. B. bei Gemälden. „Lust der Täuschung" hatten die Kuratoren eine Ausstellung genannt. Mit einer speziellen Brille versehen und über eine Computersimulation wird vorgegaukelt, dass man mit einem Aufzug in die Höhe gelangt, 80 Stockwerke hoch. Dann soll man „dort oben" auf einem schmalen Holzbrett über den Tiefen der Hochhäuserschluchten balancierend in die Tiefe blicken. Obwohl jeder weiß, wo er sich in der Realität befindet, steigt bei den meisten eine ganzkörperlich empfundene Angst auf. Die virtuelle Realität wirkt. Zu sehr ist wohl die evolutionär verankerte Erfahrung und Speicherung der bedeutungsvollen Information wirkend, dass es gefährlich ist, über solchen Abgründen zu laufen. Die Virtual Reality (VR) schafft eine eigene Wirklichkeit für das Selbst neben der reellen Welt.

Im Alltagsleben erfolgen ständig Beeinflussungen aus den eigenen Vorstellungen heraus und natürlich auch durch die äußeren Beziehungen. Gezielt und wenig spektakulär kann dies durch eigene Formulierungen geschehen, wie z. B. beim autogenen Training. Es wurde im Ersten Weltkrieg von einem Arzt entwickelt, der damit „Kriegsneurosen" behandelte, wie z. B. angstbedingtes Zittern. Durch gedankliche und sprachliche Beeinflussung können eigene Körperzustande verändert und eine allgemeine Beruhigung erreicht werden, wenn dies beabsichtigt ist. Ebenfalls durch Meditation (siehe Beitrag Till Keil) und Imaginationen kann eine körperliche Beeinflussung über eine achtsame Wahrnehmung erfolgen. Besonders über die bewusste Steuerung der Atmung können andere vegetative Funktionen mit beeinflusst werden.

Heute wird sogar erkennbar, dass darüber hinaus Einflüsse zwischen unserer Psyche und den unzähligen Bakterien, Viren und Phagen in unserm Darm bestehen. Eine Korrelation zwischen der Zusammensetzung des Mikrobioms und einer Depression zeichnet sich immer deutlicher ab.[1]

Die Informationsverarbeitung der körperlichen Zustände hat große Einwirkungen auf das Denken. So wirken oftmals bereits einfache körperliche Bewegungen wie Spazierengehen oder leichte sportliche Betätigungen positiv auf die Psyche. Allerdings ist eine solche körperliche Aktivität manchen Patienten im akuten Zustand ihrer psychischen Erkrankung nicht möglich.

Das Fühlen und die Emotionen allgemein haben Anteile sowohl am Körperlichen wie am Geistigen. Ängste können sich unter anderem zeigen als Atemnot, Herzbeschwerden, als Magen-Darm-Problem, aber auch als konkrete angstvolle, also bewusste Gedanken.

Um die damit verbundene Komplexität und Ganzheit des Menschen zu erklären, reicht eine kurze und damit simple Beschreibung allein nicht aus. Und was manche vielleicht als überflüssig ansehen, wir müssen auch mathematisch-physikalische Grundlagen bemühen. Schließlich geht es um das Bewusstsein, eines der am schwierigsten zu erklärenden Phänomene. Wir holen daher weit aus.

Der Mensch als Teil der Natur

Wir Menschen sind – wie alle Tiere – ein Teil der Natur. In einer langen biologischen Evolution haben wir uns mit unseren menschlichen Fähigkeiten und Eigenschaften entwickelt. Mit der Naturwissenschaft suchen wir nach den Regeln und Gesetzen, nach denen die Prozesse in der Natur ablaufen.

Das Ziel eines solchen Verstehens ist es vor allem, diese Zusammenhänge zu unserem Nutzen zu beeinflussen. Beispielsweise erlaubt es die Kenntnis der Optik, geeignete Brillen und Ferngläser zu bauen. Für einen Herzschrittmacher sind umfangreiche Kenntnisse in der Sensorik, der Miniaturisierung (auch bei der Energiespeicherung) und eine hohe Rechenkapazität notwendig, um flexibel auf die jeweiligen Bedingungen und die aktuellen Aktivitäten des Patienten eingehen zu können. Viele Menschen benutzen heutzutage weitverbreitete Geräte wie Handy oder Computer, ohne sich über die dahinterstehenden physikalischen Gesetzmäßigkeiten Gedanken zu machen. Manche dieser Benutzer stehen sogar den Grundlagenwissenschaften, die das alles erst ermöglicht haben, kritisch gegenüber.

Die Problematik auch negativer Folgen durch eine Verwendung, die sich gegen die Menschen richten kann, wie in manchen Anwendungen der künstlichen Intelligenz, z. B. in der Waffentechnik und der genetischen Beeinflussung, müssen immer wieder neu gesellschaftlich diskutiert und politisch entschieden werden. Dabei spielt die Sicht auf den Menschen und auf die Welt eine Rolle. Sind wir beispielsweise, wenn wir Zeit für Reflexionen haben, verschiedene Aspekte in Betracht ziehen und uns auch Folgen vorstellen können, mit unserem Bewusstsein determiniert oder können wir sehr bewusst Alternativen suchen?

Das menschliche Streben wird auch dahin zielen, dies zu beantworten und die Frage zu stellen: Wie wurde es in der Evolution möglich, dass sich Bewusstsein entwickelte? Wie können wir es definieren und erklären?

Für die naturwissenschaftliche Erklärung des Bewusstseins ist es – zumindest für einige – ein überraschender Aspekt, dass wir die gesamte Entwicklung unseres Universums in die Erklärung auch unseres Menschseins einbeziehen müssen. Eine bloße Beschreibung könnte natürlich auch direkt beim menschlichen Bewusstsein ansetzen und damit beginnen. Oft wird mit den neuronalen Netzen und der Hirnphysiologie gestartet. Aber dann würde die Erklärung der Wechselwirkung zwischen Gehirn und Geist, zwischen dem Materiellen und dem Immateriellen, nicht erfolgen können.

Die Psychologie benutzt in ihren Erklärungen sowohl naturwissenschaftliche als auch geisteswissenschaftliche Argumentationen und Betrachtungsweisen.

Das prozesshafte Bild vom Aufbau der Dinge

Von klein auf hat man lernend verinnerlicht, dass einfache Bausteine eine Grundlage sind. Die Kinder beginnen heute zumeist mit einigen Lego-Steinen und gestalten dann mit vielen Lego-Steinen größere Formen. Dabei bleiben die Steine selbst unverändert. Wird dieses Lego-Baustein-Bild als die allein sinnvolle Beschreibung der Dinge angesehen, dann wird auch bei der Beschreibung des Lebens mit materiellen Teilchen begonnen, zumeist den Atomen, die man als Bausteine bezeichnet und aus denen man Moleküle, Zellen und Lebewesen aufbaut. Damit wird vieles erklärbar und sogar technisch nachbaubar. Aber dies ist nur eine mögliche Betrachtungsweise. Denn ein solches mechanistisches Bild unterliegt der Gefahr, den Ganzheitscharakter und die Wichtigkeit des Prozesses der Informationsverarbeitung jedes Lebewesens zu verkennen. Und ebenso hat sich gezeigt, dass der Bausteincharakter der Atome immer weniger greifbar wird, wenn man sie genauer untersucht. Die Quarks und Gluonen, die Protonen und Neutronen und damit die Atomkerne bilden, sind nur noch Strukturen, die allerdings Wirkungen ausüben. Werden Atomkerne mit Elektronen beschossen, so können diese an den Quarks gestreut werden, dies ist eine mögliche Wirkung der Quarks. Die Gluonen binden die Quarks. Wir sprechen hier von bloßen Strukturen, weil sie keine Teilchen im herkömmlichen Sinne sind. Beide existieren nur innerhalb von Protonen und Neutronen, sie kommen also im Raum außerhalb dieser Gebilde nicht als selbstständige Teilchen vor.

Die einfachsten Strukturen, die primär keinen Bausteincharakter haben, wurden mit den absoluten und damit abstrakten Quantenbits eingeführt (siehe Beitrag von Thomas Görnitz).

Die Quanteninformationsstruktur in der kosmischen und biologischen Evolution

Ein Begriff muss umso mehr von allem Speziellen abstrahieren, je allgemeiner er sein soll. „Pflanze“ muss sowohl Bäume und Blumen wie auch Salat, Gräser und Sträucher umfassen. Alle die Unterschiede zwischen diesen verschiedenen Erscheinungen fallen bei diesem hohen Grade von Abstraktheit heraus.

Die einfachste Struktur, als Protyposis bezeichnet, ist eine nichtmaterielle Quantenstruktur mit der geringsten vorstellbaren Information. Es sind absolute und deswegen bedeutungsoffene Bits von Quanteninformation, abgekürzt AQIs. Die Protyposis muss der fundamentale und absolute Oberbegriff für alles Spezielle im Kosmos sein. Existierendes muss sich konkret aus dieser Quanteninformation formen können. Deshalb ist sie aus physikalischer und philosophischer Sicht zugleich das Abstrakteste, was überhaupt naturwissenschaftlich gedacht werden kann.

Die Protyposis kann außer ihrer Existenz keine weiteren Eigenschaften haben, also weder die des Geistigen noch die des Materiellen.

Von den antiken Philosophen hat wohl Parmenides und unter den modernen Heidegger vielleicht in ähnlicher Weise gedacht. Bei ersterem hat „das Sein" nur das Attribut der Existenz: „Es ist". Heidegger kann so interpretiert werden, dass er versucht hat, „das Seyn" noch abstrakter zu fassen.

Die monistische, also nicht dualistische Struktur der Protyposis muss somit in der Lage sein, sich zu dem Materiellen und zu dem Geistigen formen zu können. Die Vorstellungen von Geist und Körper als zwei getrennte „Substanzen", wie sie Descartes mit der res cogitans und res extensa erklärte, werden durch den Monismus einer fundamentalen Quanteninformationsstruktur abgelöst, die Form und Inhalt vereinigt.

Die Struktur dieser Information ist naturwissenschaftlich, also mathematisch und physikalisch erklärt. Das kennzeichnet einen wichtigen Unterschied zu philosophischen oder religiösen Zugangsweisen.[2]

Wie alle physikalischen Erklärungen, welche die Astrophysik und den Kosmos betreffen, müssen sie durch theoretische Strukturen an die Experimente auf der Erde angeschlossen und dadurch fundiert sein.

Bisher wurde die Quantentheorie oft *nur* als die „Mikrophysik" dargestellt. Die AQIs, die abstrakte Informationsstruktur, können wir uns im Gegensatz zu „mikro" primär vorstellen als ausgedehnte kosmische Schwingungen.

Da die AQIs Quantensysteme sind, bilden sie wie alle Quantensysteme Beziehungsstrukturen aus. Mit dem Begriff der Protyposis (griech. „das Vorgeformte") soll deutlich gemacht werden, dass alles Existierende als eine Erscheinungsform davon, also geformt von solchen AQIs, gedacht werden kann.

Erst durch die Zunahme der Anzahl der AQIs erfolgt in der weiteren kosmischen Entwicklung auch die Formung zu Teilchen als „gestaltete, kondensierte" Information. Die in ihnen enthaltene potentielle bedeutungsvolle Information versetzt sie in die Lage, in Beziehung zu anderen Teilchen zu treten und neue größere Gestalten zu kreieren. Zu diesen Erscheinungen gehören die masselosen Lichtteilchen, die Photonen, die frei durch den Raum fliegenden Energiequanten. Sie und die anderen Teilchen, die Ladung und somit Masse besitzen, sind sekundär aus der Quantenstruktur der AQIs geformt. Der frühe Kosmos war sehr bald gefüllt mit Photonen und Neutrinos sowie mit Elektronen, Protonen und Neutronen. Aus diesen konnten sich die Atome von Wasserstoff und Helium formen.

Im kosmischen Geschehen, im Rahmen der Sternentwicklung, werden aus Wasserstoff und Helium neue Atome fusioniert. Darunter fallen auch alle die Atome derjenigen Elemente, die schließlich in der biologischen Entwicklung in den Körpern der Lebewesen zum Teil wichtige spezielle Funktionen bekommen. Gewaltige Sternexplosionen bringen neue Zusammensetzungen der kosmischen Gestalten hervor. Dies schuf schließlich auch die Voraussetzungen für die Bildung unseres Sonnensystems mit dem Planeten Erde.

Die aus der Quanteninformation gebildeten Strukturen erscheinen sowohl ausgedehnt als auch geformt wie Teilchen.

Ein allgemeines Prinzip der Evolution kann als ein Prozess zwischen dem Vorhandensein von Möglichkeiten und von Fakten beschrieben werden.

Möglichkeiten werden im Rahmen der Quantentheorie als Wahrscheinlichkeiten berechenbar. Man kann dann abschätzen, wie wahrscheinlich dieses oder jenes zu erwartende Faktum sein wird.

Im sich entwickelnden Universum bilden sich faktische Gestalten heraus, die materiellen Objekte wie Sterne und später Planeten sowie mehratomige Teilchen, die Moleküle, noch später die Lebewesen. Die Pflanzen, Pilze und Tiere besitzen, auch bedingt durch ihre Umwelt, einen mehr oder weniger großen Fächer von Möglichkeiten für ihre Reaktionen und ihr Verhalten. Dies erleben wir bei uns Menschen ständig. Zu einem gegebenen Zeitpunkt stehen für ein bestimmtes Vorhaben oder Ziel mehrere Möglichkeiten offen. Denken wir an die Berufswahl, wenn junge Menschen überlegen, was sie erlernen möchten. Nachdem eine dieser Möglichkeiten schließlich realisiert worden ist, wird es zum Faktum. Dieses kann dann neue Möglichkeiten eröffnen. Aber natürlich ist uns – wie auch in der sonstigen Natur – nicht alles möglich und vom Möglichen kann nicht alles realisiert werden.

In der ständigen Auseinandersetzung mit der Umwelt wird immer wieder eine Möglichkeit realisiert und damit faktisch. Bei Tieren wird leichter erkennbar, wie der Kontext der umgebenden Natur seine Wirkungen entfaltete und dies weiter tut. Beispielsweise haben die Augen der Raubvögel eine um das Vielfache bessere Wahrnehmungsfähigkeit als unser Sehorgan. Nachtaktive Insekten werden vom Mondlicht beeinflusst und deswegen von künstlicher Beleuchtung irritiert. Die Farbe der Schmetterlinge und Raupen wird oft ihrer Umgebung, den Blätter, Blüten oder Ästen, so gut angepasst, dass sie schwer von diesen zu unterscheiden ist.

Besonders am letzten Beispiel wird auch die Wirkung von Mutationen erkennbar. Dabei werden Informationen in der Erbsubstanz durch Wechselwirkungen mit Umwelteinflüssen oder auch durch interne quantische Möglichkeiten faktisch verändert. Danach werden sie zu einer geänderten Steuerung in den Zellabläufen führen. Ständig entstehen Mutationen in den Körperzellen. Sie können auch zu Erkrankungen wie Krebs oder in den Gonaden, den Keimzellen, zu veränderten Nachkommen führen.

Charles Darwin und Alfred Russel Wallace haben die Selektion in der Entwicklung der Arten aufgezeigt. Allerdings fällt aus der biologischen Evolution unter den gegebenen Umständen nur dasjenige heraus, was nicht mehr zu einer Weiterexistenz fähig ist. Die Möglichkeiten des Weiterlebens der Dinosaurier waren wegen ihrer Größe und der nach dem Asteroideneinschlag veränderten Umweltbedingungen nur noch für diejenigen gegeben, die sich zu Vögeln entwickelten. Es kann ein Entstehen und eine Entwicklung der Arten sowohl aus geografischen oder funktionalen Möglichkeiten als auch aus Zufälligkeiten erfolgen.

Fakten und sich daraus entwickelnde Möglichkeiten entfalten eine offene prozesshafte Ordnung.

Alles entwickelt sich gesetzmäßig, aber nur im Rahmen von Wahrscheinlichkeiten. Ein System ist relativ stabil, wenn die Wahrscheinlichkeiten für seine Existenz oft nahe bei eins liegen.

Wie schon bei Thomas Görnitz dargestellt, ist Quantentheorie mehr als nur Mikrophysik. Sie gilt als „Physik des Genauen“ überall. Im Kleinen muss man fast immer, im Großen muss man manchmal genau sein.

Genau werden muss man auch beim Erfassen mancher Vorgänge im Lebendigen. Also bereits schon beim Erforschen der Zellen, wie z. B. im Nervengewebe, und nicht erst bei den Atomen und Molekülen.

Die geschilderten Grundlagen wurden in den Zusammenhang der Evolution gestellt, denn wir kommen nicht umhin, uns als Kinder der kosmischen und der darin sich entwickelnden biologischen Evolution zu sehen. Wie gesagt gehen wir davon aus, dass die Herausformung des Universums nicht mit kleinsten Teilchen, sondern mit einer absoluten Informationsstruktur beginnt. Natürlich ist diese Form, die Protyposis, noch keine Information in dem Sinne, wie wir sie im Alltag als bedeutungsvolle Nachrichten oder als Kenntnisse und Wissen begreifen.

Es ist deutlich geworden, dass nach der primären Stufe der Beschreibung der kosmischen Evolution mit der absoluten Quanteninformation auf der nächsten Stufe die „Teilchen" als geformte und noch bedeutungsoffene Quanteninformation dann sehr wichtig werden. Wenn man in der mathematisch-physikalischen Beschreibung die Herausbildung von Teilchen aus der Ganzheit der kosmischen AQIs nachvollziehen will, ergeben sich zugleich Kräfte, die zwischen den Teilchen wirken. Die Herausformung der geschilderten Gestalten und Prozesse ist im Rahmen der Protyposis aufgezeigt worden. Aus dieser mathematisch-physikalischen Forschung werden die in der Natur vorzufindenden Kräfte erklärbar.

Die Kräfte in der Natur

Wenn wir etwas verändern wollen, dann müssen wir Kraft aufwenden. Das Verändern unserer Gewohnheiten oder Verhaltens-Stereotypen erfordert eine geistige Anstrengung. Eine Veränderung an etwas Materiellem – den Synapsenverbindungen von Nervenzellen – verlangt außerdem einen Einsatz von Energie, also das Wirken einer Kraft. Deshalb wird für die Bewertung eines inneren Zustandes von uns Menschen oft der Begriff Kraft benutzt. Wir fühlen uns kraftlos oder kraftvoll.

Wenn wir hier noch einmal auf die physikalischen Grundlagen zurückgreifen, dann deshalb, um das Prozesshafte des Lebendigen besser zu verstehen. Die Physik kennt vier grundlegende Kräfte. Neben Gravitation und Elektromagnetismus sorgt die starke Wechselwirkung für den stabilen Zusammenhalt der Atomkerne. Die schwache Wechselwirkung lässt die radioaktiven Elemente von selbst zerfallen.

Das Wirken einer Kraft wird als Wechselwirkung bezeichnet. Wir alle kennen die Schwerkraft, die Gravitation. Die Objekte und unsere Körper werden von der Erde angezogen. Dass dies nicht nur einseitig ist, kann nur mit sehr genauen Messgeräten festgestellt werden. Das Haften von Erde an den Schuhsohlen gehört allerdings nicht dazu. Die gravitative Wechselwirkung des Mondes wird an der Küste durch Ebbe und Flut für jedermann sichtbar. Bei uns Menschen spielt die Gravitation sogar für den Blutdruck eine Rolle. An dem Astronauten Scott Kelly, der fast ein Jahr im All war, stellte man unter anderem nach seiner Rückkehr eine Verdickung der Halsschlagader fest. Da in der Schwerelosigkeit der Höhenunterschied zwischen Kopf und Fuß und die durch ihn bewirkten Druckunterschiede nicht mehr ausgeglichen werden müssen, hat man dort eine erhöhte Blutzufuhr zum Gehirn. Dies hatte aber keine Steigerung der kognitiven Fähigkeiten zu Folge – im Gegenteil, sie waren nach der Rückkehr zur Erde zuerst etwas eingeschränkter.[3]

Im Zusammenhang mit den Vorgängen bei Leben und Bewusstsein ist vor allem die elektromagnetische Wechselwirkung bedeutsam. Bei ihr finden wir Anziehung und Abstoßung als ein Merkmal in der Beziehung der Teilchen sowie die Möglichkeit zu einer gegenseitigen Einwirkung aufeinander. Mit dieser Wechselwirkung werden die elektrischen, die magnetischen und die optischen Erscheinungen zusammengefasst. Sie ist die Grundlage für die Existenz von festen Körpern, von Flüssigkeiten und für die Reaktionen in Gasen. Es mag für manche überraschend sein:

Alle Wirkungen dieser elektromagnetischen Kraft werden durch Photonen vermittelt, die auch als Licht- oder Energiequanten bezeichnet werden.

Die elektromagnetische Grundlage aller Lebensvorgänge

Nach der Entdeckung des Elektromagnetismus und seiner Wirkung auf den Menschen hatte dies einen großen Einfluss auf die Vorstellungen auch von Machbarkeit. Man denke an die Fantasiegestalt des Dr. Frankenstein. In Mary Shelley‘s Roman von 1816 wurde dieser Arzt aus Ingolstadt weltbekannt. Geschrieben wurde er in dem „Jahr ohne Sommer“, als nach dem Vulkanausbruch des Tambora in Indonesien auch in Europa die Ernte ausfiel. Neben Hungersnöten gab es ungewöhnlich viele und starke Gewitter sowie Farben des Himmels, die ins Gelbe und Rote verändert wurden. In den Bildern von William Turner aus dieser Zeit können diese Farben in der Atmosphäre für jeden Betrachter noch heute sichtbar werden.

Die Romangestalt Doktor Frankenstein setzte einen Menschen aus Leichenteilen zusammen und brachte diesen durch die elektrische Wirkung eines Blitzschlages zum Leben. So einfach geht es natürlich nicht. Allerdings kann mit einem Stromstoß aus dem Defibrillator ein Herz wieder „in Takt" gebracht werden.

Dass die Photonen die Quantenteilchen der elektromagnetischen Kräfte sind, konnte man vor 200 Jahren noch nicht wissen.

Das unsichtbare Wirken der Photonen

Wir hatten darauf verwiesen, dass für die Grundlagen die einfachsten Strukturen, also die AQIs, untersucht werden müssen. Wenn man dann jedoch die komplexeren Vorgänge untersucht, dann sind theoretische Weiterführungen notwendig, die diesen komplizierteren Situationen angepasst sind. Da bei allen Lebensvorgängen immer wieder Photonen erzeugt und absorbiert werden, genügt für eine genaue Beschreibung die Quantenmechanik nicht. In dieser wird von einer unveränderlichen Anzahl von Quantenteilchen ausgegangen. Um die „Erzeugung und Vernichtung" dieser Teilchen auch zu erfassen, muss man zur Quantenfeldtheorie übergehen. Allerdings wird in dieser die Informationsstruktur, die allen Quantenteilchen zugrunde liegt, bisher nicht berücksichtigt.

Für die hier zu behandelnden Probleme genügt es, aus der Quantenfeldtheorie die Tatsache der Möglichkeit einer Erzeugung und Vernichtung von Quanten sowie die Möglichkeit einer „virtuellen Existenz" von Quanten zu berücksichtigen. Diese Umwandlungsprozesse können mit der Protyposis-Theorie als eine Umorganisation von AQIs interpretiert werden.

Wir wollen die fundamentale Bedeutung der Photonen, dieser fast immer unsichtbaren Quantenteilchen ohne Masse und ohne Ladung, bei allen Vorgängen im Lebendigen hervorheben. Als bewegte Energie transportieren sie Information durch den Raum. Sie können auf Teilchen mit einer Masse wie Atome oder Moleküle einwirken, denn diese besitzen interne elektrische Ladungen.

Positiv elektrisch geladen sind die Atomkerne und negativ die Elektronen. Die Ladung eines Teilchens wirkt in den umgebenden Raum hinein, sie erzeugt ein Kraftfeld. Gleichartige elektrische Ladungen haben aufeinander eine abstoßende Wechselwirkung und ungleichartige wie Atomkern und Elektronen eine anziehende. Wenn sich in einem Raumbereich die Ladungen zu null ergänzen, dann ist außerhalb davon von der elektromagnetischen Wechselwirkung kaum etwas zu spüren.

Wenn man eine Ladung, z. B. einen Atomkern, als ruhend beschreiben kann, dann spricht man dabei von virtuellen Photonen um diese Ladung herum, von einer Wolke von möglichen Photonen. In der klassischen Physik beschreibt man sie als das Coulomb-Feld der Ladung. Eine zweite Ladung, z. B. ein Elektron, wird mit den virtuellen Photonen der ersten Ladung reagieren und ihrerseits mit ihren virtuellen Photonen auf die erste Ladung einwirken. So wie wir Menschen die Schwerkraft der Erde verspüren und auf diese fallen, wenn wir keinen Halt haben, so verspüren die Teilchen mit einer Ladung die Wirkung von virtuellen Photonen anderer Ladungen und bewegen sich, wenn sie nicht verankert sind.

Elektrische Ladungen sind also immer an Teilchen mit Masse gebunden, also an etwas, das hier und jetzt ruhen kann. Ein solches geladenes Teilchen kann Energie aufnehmen, wenn es ein reales Photon absorbiert. Es kann Energie abgeben, wenn es ein reales Photon emittiert. Durch Zufuhr von Energie können somit virtuelle Photonen real werden. Diese dann real gewordenen Photonen kann man sogar manchmal sehen, wenn beispielsweise bestimmte Kunststoffpullover ausgezogen werden und dabei kleine Blitze entstehen.

Energieänderungen, das Aufnehmen oder Aussenden von Photonen an den geladenen Elektronen und Ionen bei den Stoffwechselvorgängen im Gehirn, verursachen die Wellen im EEG, dem Elektroenzephalogramm:

Viele reale Photonen gemeinsam bewegen sich als elektromagnetische Welle durch den Raum.

So sprechen die Physiker in der Beschreibung der Quantentheorie bei den Wellen von realen und beim unbewegten Feld von virtuellen Kraftquanten.

Die elektromagnetische Wechselwirkung wird zu einem bestimmenden Faktor für die Existenz des Lebendigen.

Manchmal werden heute in Dokumentationen oder in Filmen nicht nur der Ausfall des Herzschlages im EKG, sondern auch die nicht mehr vorhandenen elektromagnetischen Wellen im Elektroenzephalogramm (EEG) angezeigt. Letzteres ist eines der wichtigen Kriterien für den Hirntod, also für das Ende der lebendigen Persönlichkeit. Die Photonen, welche die elektromagnetischen Wellen bilden, werden nicht mehr ausgesendet und sind daher nicht mehr mit den Elektroden nachweisbar, die am Kopf angebracht sind.

Oft ist in der Hirnforschung ein Hinweis auf den Elektromagnetismus nur auf die Bedeutung des Aktionspotentials und des Stroms in den Nervenzellen beschränkt.

Für das Verstehen sämtlicher Lebensabläufe ist die Erkenntnis bedeutsam:

Alle Stoffwechselvorgänge in den Lebewesen beruhen auf Elektromagnetismus, also auf dem Austausch von Photonen.

Dass das Sehen auf einer elektromagnetischen Wechselwirkung beruht, das ist gewiss leicht einzusehen. Wir nehmen Photonen, die eine Information über die äußere Beschaffenheit der betrachteten Objekte mit sich tragen, über unsere Augen auf. Aber auch unsere anderen Sinne, wie z. B. Riechen, Schmecken, Hören und Tasten, beruhen auf der Wechselwirkung zwischen Molekülen bzw. Festkörperoberflächen und Sensoren des Körpers.

Beim Riechen und Schmecken reagieren die Duft- oder Geschmacksmoleküle mit Rezeptoren auf der Schleimhaut. Auch das sind elektromagnetische Wechselwirkungen.

Beim Hören reagieren Moleküle der Luft mit dem Trommelfell. Auch deren gegenseitige Abstoßung beruht auf elektromagnetischer Wechselwirkung.

Hinweise auf die elektromagnetische Wechselwirkung im Gehirn geben auch die Experimente mit den von starken Strömen verursachten Magnetfeldern. Wenn diese Magnetfelder direkt am Kopf erzeugt werden, lässt sich beispielsweise das Kopfrechnen beeinträchtigen oder scheinbar außersinnliche Wahrnehmungen können provoziert werden.

Beim Stoffwechsel in den Lebewesen sind die Frequenzen der allermeisten dieser Photonen außerhalb desjenigen Bereiches, den wir mit unseren Augen sehen können. Reale Photonen sind nicht nur sichtbares Licht, sondern alle Erscheinungen des elektromagnetischen Spektrums, d. h. von sehr kurzen Wellen wie bei der Röntgenstrahlung, über die vielen im infraroten Bereich, der Wärmestrahlung, bis zu den EEG-Wellen, die von der Kopfhaut abgenommen werden können und die Wellenlängen von vielen tausend Kilometern haben.

Die gesamte Chemie und damit natürlich auch die Biochemie, also die Stoffwechselvorgänge im Lebendigen, beruhen auf der elektromagnetischen Wechselwirkung zwischen den positiv geladenen Atomkernen einerseits und den negativ geladenen Elektronen andererseits. Bevor man diese Einsicht in die Grundlagen der Chemie hatte, wurden die verschieden starken Reaktionsmöglichkeiten der chemischen Elemente mit dem Bild der „Wahlverwandtschaften" illustriert. Dieses hatte Goethe angeregt, in seinem gleichnamigen Roman die Affinität auch auf das menschliche Verhalten zu übertragen. Es wird geschildert, wie bei vier Personen, zwei Frauen und Männern, eine neue Bindungskraft entsteht.

In der Chemie charakterisiert die Anzahl der positiven Ladungen im Atomkern das chemische Element. Wasserstoff mit einer Ladung 1 hat deswegen die Ordnungszahl 1. Er hat z. B. ganz andere Eigenschaften als Sauerstoff mit der Ordnungszahl 8 oder Blei mit der Ordnungszahl 82. Bei chemischen Bildungen verteilen sich die Elektronen anders als bei den ursprünglichen Atomen. Die Elektronen bewirken deshalb, dass sich bei den nun gebildeten Molekülen andere Eigenschaften als bei den Ausgangsatomen ergeben. Wasser mit der chemischen Formel H_2O, gebildet aus den im Alltag gasförmigen Elementen Wasserstoff und Sauerstoff, erscheint uns bei Zimmertemperatur als Flüssigkeit. Am Trocknen der Wäsche erkennt man, dass Wasser auch als Gas entweichen kann, und beim Eis, dass es zu einem festen Körper wird.

Ausgedehntheit und lokale Wirkung

Ein Photon breitet seine Wirkungsmöglichkeiten kugelförmig um den Ort seiner Erzeugung aus, es kann jedoch nur an einem einzigen Molekül eine Wirkung erzeugen. Die Photonen können außerhalb erzeugt sein wie beim Sehen. Aber der Mensch sendet auch selber welche aus. Neben dem EEG wird dies bei den ausgestrahlten Photonen der Wärmestrahlung erkennbar, die mit speziellen Kameras und Nachtsichtgeräten sichtbar gemacht werden können. Manche Schlangen haben mit dem Grubenorgan zwischen Nasenlöchern und Augen die Möglichkeit, das Infrarote, die Wärmestrahlung der Säuger, auch im Finstern zu sehen.

Die Vorstellung ist schwierig, dass etwas – ein einzelnes Photon – ausgedehnt sein kann und trotzdem nur an einer einzigen Stelle, z. B. an einem bestimmten Molekül, eine Wirkung erzeugt. Das Photon wird bei dieser Wechselwirkung völlig absorbiert. Dabei geht es mit seiner Information im Molekül auf. Dies passiert im Lebendigen parallel zur gleichen Zeit mit einer riesig großen Zahl von Photonen und von Molekülen.

Beispielsweise trifft eine große Zahl von Photonen gleichzeitig auf die Netzhaut im Auge. Obwohl die möglichen Orte jedes Lichtteilchens ausgedehnt sind, kann aber jedes Photon nur jeweils ein einziges Molekül in einem Zapfen oder einem Stäbchen in unserem Auge anregen.

Bei der Erklärung von Vorgängen in der Herausbildung des Lebendigen und im Bewusstsein wird eine Lokalisierung von Ausgedehntem und auch eine Ausdehnung von etwas Lokalisiertem immer eine Rolle spielen.

Ein einfaches Beispiel einer lokalen sichtbaren Wirkung von etwas Ausgebreitetem wäre die Frage der Lehrerin: „Wem gehört dieser Turnbeutel?“ Alle Schüler haben die Möglichkeit es zu hören, aber nur der Besitzer wird sich melden.

> Auch von den vielen Molekülen wird nur ein solches das Photon absorbieren, zu dessen konkretem Zustand die Information und Energie des Photons passen.

Heutzutage kann man sich vielleicht eine „ausgedehnte immaterielle und wirkende Quantenstruktur“ leichter als früher vorstellen. Man denke an die elektromagnetischen Wellen, die Informationen von einem Sender im Land verteilen. Wenn wir uns die Feinstruktur dieser elektromagnetischen Wellen betrachten, also bei einer genauen Beschreibung, muss man sie als Zustände von riesigen Mengen von Photonen beschreiben. Diese Photonen sind die immateriellen energetischen und weit ausgebreiteten Übertragungsmedien für bedeutungsvolle Informationen, wie z. B. bei Handys und TV. Photonen, also sichtbare und unsichtbare Lichtteilchen, werden uns im vorliegenden Artikel immer wieder begegnen.

Photonen wirken als Teilchen oder Welle und transportieren Information. Allerdings können Photonen nicht mit anderen Photonen wechselwirken. Zumindest geschieht dies nicht unter den Energiebedingungen auf der Erde. Deshalb werden sie immer auf „Materielles" wirken und die Materie, dadurch angeregt, kann dann wieder Photonen aussenden.

Leben ist Kommunikation

Viele Phänomene in der Natur wurden in ihren Grundlagen immer besser erkannt. Dazu gehört auch das in diesem Sammelband beschriebene Verstehen von Materie, Energie und Information und ihrer Beziehungen untereinander.

Das Wechselspiel zwischen Materie, Energie und Information

Seit Newton weiß man, dass Materie Energie aufnehmen und wieder abgeben kann. Für jeden ist es eine Erfahrung, dass ein Stein oder das eigene Auto sich in der Sonne erwärmt. Weniger offensichtlich ist eine Erkenntnis Albert Einsteins, dass sich unter geeigneten Bedingungen die Quanten von Materie und von Energie ineinander umformen lassen, dass sie einander äquivalent sind. Auch wenn dies auf der Erde eines gewissen technischen Aufwandes bedarf, so ist es doch für unser Grundverständnis von Materie und Energie extrem wichtig.

> Energie kann von Materie aufgenommen und abgegeben werden, weil in der Tiefe beide letztlich nichts Verschiedenes sind.

Die Quantentheorie hat die Ausweitung der Äquivalenz dieser beiden auf die Information ermöglicht.[4] Weil materielle und energetische Quanten selbst spezielle Formen von AQIs sind, wird erklärbar, warum von ihnen Information aufgenommen und abgegeben werden kann.

> Information kann von Materie und Energie aufgenommen und abgegeben werden, weil alle drei letztlich nicht etwas grundsätzlich Verschiedenes sind – sie sind äquivalent.

Entstehung von Leben – Umschlag von Quantität in eine neue Qualität

In den letzten Jahren gab es viele und erstaunliche Schritte auf dem Weg zur Erzeugung künstlichen Lebens, also einer lebenden Zelle. Es gelang, komplette synthetische DNA-Sequenzen (genetisches Material) zu erzeugen und diese dann in den Kern einer Wirtszelle einzusetzen, die weiterlebte. So entwickelte sich die synthetische Biologie mit dem Ziel, auch Eigenschaften bei biologischen Systemen zu entwickeln, die in der Natur nicht vorkommen. Es werden u. a. Zellbestandteile verändert oder durch synthetische ersetzt. Bisher gelang es aber nicht, eine lebende Zelle aus den bisher bekannten chemischen Bestandteilen zu kreieren und damit die biologische Evolution nachzubilden.

Schon 1952 hat der junge Student Stanley Miller im Labor von Harold Urey die Zustände der Erdatmosphäre nachgestaltet, wie sie wahrscheinlich vor 3,6 Milliarden Jahren geherrscht hatten: siedendes Wasser, Ammoniak, Methan, Wasserstoff und Kohlenmonoxid. Nach dem Einwirken von starken elektrischen Entladungen gelang der Nachweis von einigen Aminosäureketten. Das war ein erstaunliches Ergebnis, auch wenn die Ketten in der lebenden Zelle vielfältiger sind.

Heute weiß man, dass über diese wenigen Molekülsorten hinaus, die den Ausgangspunkt in Millers Experiment bildeten, sehr viel mehr Elemente, zum Teil in Spuren, notwendig sind, auch um die katalytischen Prozesse in den Lebewesen ablaufen lassen zu können. In der Biologie werden die dort wirkenden Katalysatoren als Enzyme bezeichnet. Sie beschleunigen die chemischen Prozesse.

Was könnte die dargestellte Informationsstruktur der Protyposis zu einer theoretischen Erweiterung bei der Darstellung der Entstehung des Lebens beitragen?

Die Grundstruktur der ausgedehnten Quanteninformation kann als eine henadische (von *to hen*, das Eine) bezeichnet werden, also auf Einheit zielend.[5] Wenn wir davon sprechen, dass „Beziehungen Ganzheiten erzeugen", so macht dies nur einen Sinn, wenn eine solche Ganzheit zuvor nicht vorhanden war. Es müssen also Getrenntes und Verschiedenes die Ausgangspunkte für die sich bildende neue Ganzheit liefern. Diese getrennten Teile können entstehen, weil der Kosmos expandiert und somit in ihm immer mehr Raum entsteht, der auch als Zwischenraum zwischen den herausgebildeten Gestalten zu begreifen ist.

Die „Schichtenstruktur" beschreibt den prozesshaften Wechsel zwischen Möglichkeiten und geformten Objekten. Im Prozess der Herausbildung des Lebens bilden sich immer wieder auch faktische Strukturen. Als solche kann man z. B. die chemische Zusammensetzung der Moleküle betrachten. Dabei kann der Aufbau aus den Atomen als eine faktische und deshalb duplizierbare Information verstanden werden. Hingegen werden die Elektronen und wohl auch die räumlichen Anordnungen der Atome in den Molekülen Quanteneigenschaften besitzen. Nach der Herausformung des Genoms bedeutet dessen chemische Zusammensetzung eine faktische Information und kann kopiert werden. Dabei handelt es sich um die Reihenfolge der Nukleinbasen, die zusammen mit einem Zucker- und einem Phosphatanteil die Nukleinsäuren bilden.

Chemische Objekte wie einfache Moleküle, z. B. Aminosäuren, die auf der Erde oder in Kometen entstanden sind, können wiederum miteinander in Beziehungen treten. Dabei formen sich unter der elektromagnetischen Wechselwirkung der quantischen Teile neue Ganzheiten.

Die Beschreibungen im Rahmen der Chemie differenzieren die Stärken dieser Wechselwirkung beispielsweise als kovalente Bindung, als Ionenbindung, als Van-der-Waals-Bindung oder als Wasserstoffbrücken.

Anders ausgedrückt kann man sagen: Unter geeigneten Bedingungen beeinflussen Atome und Moleküle sowie die Ionen (geladene Atome) sich gegenseitig, sie „kommunizieren" miteinander und bilden neue Informationsstrukturen. Dies kann über die spontanen chemischen Selbstorganisationsprozesse hinausführen, wie sie sehr intensiv von Hermann Haken[6] im Rahmen der Synergetik mathematisch untersucht worden sind. In den statistischen Untersuchungen zur Synergie werden nach gründlicher Prüfung ihres Zeitverhaltens viele Eigenschaften als unwesentlich für den Gesamtprozess angesehen und deswegen ausgemittelt. So ist z. B. das „Zappeln“ der Moleküle für eine Wasserströmung bedeutungslos gegenüber der mittleren Fließgeschwindigkeit. Letztere wird in diesem Zusammenhang zum wesentlichen Parameter. Auch bei komplexeren Systemen können sich einige wesentliche Parameter herausformen. Deren genaue Werte können sich in einem solchem Prozess im Einzelfall zufällig einstellen. Wichtig ist, dass dann mit diesen wichtigen Parametern das Gesamtsystem gut beschrieben werden kann.

Die einzelnen chemischen Reaktionen, wie sie im Reagenzglas ablaufen, reichen für sich genommen nicht aus, um die chemische Evolution zum Leben bereits erklären zu können.[7] Das Neue mit der Protyposis besteht darin, dass zu den wesentlichen Parametern auch solche gehören können, die zu *bedeutungsvoller Information* werden. Die Möglichkeit der Entstehung des Lebens muss mit der Protyposis-Theorie nicht mehr lediglich als Folge einer Anhäufung geeigneter Atome, Ionen und Moleküle gesehen werden. Die bedeutungsoffene, also nur potentiell bedeutungsvolle Information kann sich im Zusammenspiel dieser Entitäten zu einer „Präbedeutung“ entwickeln. Geeignete Bedingungen in diesen Materiekomplexen führen dazu, dass manche AQIs der beteiligten Teilchen zu einer Gesamtbedeutung für das ganze System werden. Eine solche Präbedeutung kann in der Bewahrung und der Erweiterung von chemischen Hyperzyklen gesehen werden, wie sie beispielsweise von Manfred Eigen und Peter Schuster[8] beschrieben worden waren. Kreisprozesse haben die Eigenschaft, nach der Produktion des zu erzielenden Moleküls wieder in den Ausgangszustand zurückzugelangen und somit den Prozess erneut zu beginnen. Der damit verbundene Materie- und Energiedurchsatz und die Wirkung der AQIs werden schließlich beim Lebewesen zum Stoffwechsel.

Eine gewisse Analogie für den Übergang von einer Präbedeutung zu Bedeutung sind einzelne Buchstaben, die erst in ihrer Gesamtheit zu einem bedeutungsvollen Text werden, den wir als eine Einheit erfassen können.

Derartige Prozesse, die fern vom Gleichgewicht ablaufen, sind auf die ständige Zufuhr von Energie angewiesen. Die Rückkopplungen in einer Kette von komplexen chemischen Kreisprozessen (wie den Hyperzyklen, für die Manfred Eigen den Chemie-Nobelpreis erhielt) sind verbunden mit einer sehr empfindlichen Abhängigkeit der Entwicklung von manchen Parameterwerten. Diese Empfindlichkeit eröffnet Eingriffsmöglichkeiten nicht nur von geringsten Energien, sondern auch – und das ist eine neue Beschreibung – von Quanteninformation. Daher können die Kreisprozesse durch eine „interne Kommunikation", eine steuernde Informationsstruktur, aufrechterhalten werden. An den immer wieder auftretenden Instabilitätsstellen können Informationen, also spezielle Eigenschaften aus dem System und seiner Umgebung, wirksam werden und dadurch den Gesamtprozess stabilisieren. (Eine Analogie dazu bietet das Radfahren an, bei dem ständige kleine Lenkbewegungen ein Umfallen verhindern. Deshalb folgt ein Sturz, wenn das Vorderrad in eine Straßenbahnschiene geraten ist.) Für den jeweiligen Kreisprozess wird eine Präbedeutung erzeugt. Mit der Herausformung der ersten Lebensformen wird die Präbedeutung zu Bedeutung im eigentlichen Wortsinne.

Zur Gewinnung von Energie für Kreisprozesse, beispielsweise für eine Arbeitsleistung, ist man auf Energiedifferenzen angewiesen. So benötigt eine Dampfmaschine heißen Dampf als Energielieferanten und kaltes Kühlwasser zur Abgabe von nicht mehr verwertbarer Energie. Die für das Leben nötigen Vorbedingungen eröffneten sich für präbedeutungsvolle chemische Prozesse und Substanzen unter anderem durch die großen Energieunterschiede bei den Kometen zwischen heißer Sonnennähe und kalter Sonnenferne, auf der Erde zwischen heißen Quellen und kühleren Umgebungen. Sie tragen zur Herausformung von Fließgleichgewichten bei, die für die Entstehung des Lebens bedeutsam waren und für den Weiterbestand solcher metastabiler Systeme bedeutsam sind. Dabei wird Energie hoher Qualität aufgenommen und nicht mehr verwertbare Energie an die Umgebung abgegeben.

Zu Beginn der Herausformung von Leben entstand in diesem Prozess ein wässriges Substrat mit den in ihm vorhandenen organischen Molekülen, Ionen und weiteren Bestandteilen, dies kann z. B. geschehen im Austausch zwischen tiefen Gesteinsschichten, in denen CO_2 überkritisch wird,[9] und Gesteinsporen in der Nähe heißer Quellen. Die Beziehungen, die sich bei den Prozessen zwischen diesen Bestandteilen ergeben, können sich für einige Zeit stabilisieren. Dieser Vorgang führte auch zu einer sich schließlich herausbildenden sehr komplex arbeitenden Membran. Diese definiert eine Unterscheidung zwischen innen und außen und ermöglicht zugleich den notwendigen Informations-, Energie- und Materieaustausch mit der Umgebung.

Mit diesem Zusammenwirken beginnt das Leben in seinen einfachsten Formen. Dabei wird die bedeutungsoffene Information der Protyposis zum ersten Mal bedeutungsvoll. Zuvor hatte sie eine lange kosmische Geschichte hinter sich, die erst bis zum Leben gelangen musste, um Bedeutung erhalten zu können.

Lebendiges bewertet Information und gibt ihr Bedeutung

Beim Entstehen des Lebens bildet sich aus der Ganzheit des Beziehungsgeflechtes der Moleküle ein Bewertungszusammenhang heraus.

Bedeutung heißt für uns Menschen, dass wir die Information, die wir aufnehmen und erfahren, auch bewerten und zu unserem Dasein in Beziehung setzen. Wenn ein „Etwas“ für uns „etwas bedeutet“, dann wird dabei eine Information mit einer anderen Information in Beziehung gesetzt. Wenn man dies genauer untersucht, dann zeigt sich: Erst Abstraktion ermöglicht Bedeutung.

Bedeutung ist abstrahierend, weil sie Unbedeutendes ignoriert. Damit können Ähnlichkeiten zusammengefasst und verglichen werden, z. B. Fichten und Eichen als Bäume klassifiziert und von einer Primel als Blume unterschieden werden. Da Bedeutung sich immer auch auf etwa anderes bezieht, muss sie sowohl abstrakt sein als auch auf die konkrete Wahrnehmung bezogen.

Dass Ähnliches als ähnlich erkennbar und damit zusammengefasst wird, kann als assoziativ bezeichnet werden. Ähnliches und Unterschiedliches spielt für jede Bewertung, d. h. für jede Deutung, eine Rolle. Dabei wird auch Information über Information, also eine Abstraktion von den konkreten Informationen vorgenommen. Abstrakt ist „Pflanze“, konkreter ist „Baum“, noch konkreter wäre „Birke“ oder „Ahorn“.

Abstraktion als eine Vereinfachung ermöglicht es, Ähnlichkeiten zu konstatieren und Assoziationen zu entwickeln.

Alle chemischen Vorgänge geschehen ausschließlich durch den Austausch realer und virtueller Photonen zwischen Molekülen und Ionen. Dabei erhalten die Photonen von den beteiligten Molekülen und Ionen spezielle Eigenschaften, z. B. bestimmte Frequenzen und Polarisationen, die im Prozess als codierte Informationen wirksam werden können. Eine Abstraktionsleistung kann beispielsweise erreicht werden, wenn ähnliche Frequenzen oder nur wenig voneinander abweichende Polarisationsrichtungen von Photonen gleiche oder sehr ähnliche Reaktionen an denselben Molekülen bewirken. Damit können ähnliche Informationen als „das Gleiche" codiert werden. Das könnte z. B. geringfügige Temperatur- oder Konzentrationsunterschiede in der Umgebung betreffen.

> Durch die Abstraktionsleistung wird eine Toleranzbreite für Reaktionen möglich.

Bereits die Einzeller müssen auf ähnliche Veränderungen in ihrer Umwelt in ähnlicher und bewährter Weise reagieren. Beispielsweise müssen sie versuchen, ungünstige Moleküle fernzuhalten oder zu neutralisieren und die für sie günstigen zu verwerten.

Der Übergang von noch bedeutungsfreier Information, von den bedeutungsoffenen AQIs, zu bedeutungsvoller Information ist eine der schwierigsten Stellen bei der Erklärung der Entstehung des Lebens. Wie beim Leben besteht folglich auch bei der Bedeutung kein wirklich abrupter Übergang von bedeutungsfreier zu bedeutungsvoller Information. Im Entstehungsprozess des Lebens gibt es Übergangsformen, bei denen man von einer Präbedeutung sprechen kann.

„Weiterexistenz" und die Rolle quantischer Aspekte dabei

Die ablaufenden Prozesse können von Photonen mit speziellen Eigenschaften beeinflusst werden. Die Bedeutungen werden immer spezifisch für den jeweiligen Prozess sein. In anderen Zusammenhängen können die gleichen Eigenschaften bedeutungslos sein. Das kann beispielsweise eine bestimmte Energie, also Frequenz sein, die einmal eine Wirkung erzeugt und damit Bedeutung erhält und die an anderen Molekülen keinerlei Wirkung hervorruft und bedeutungsfrei bleibt. Normales Lampenlicht hat für unsere Haut keine Bedeutung, denn es verursacht keinen Sonnenbrand. Hingegen hat das gleiche Licht für unsere Netzhaut und unsere Wahrnehmungen eine ganz wichtige Bedeutung.

Die Bedeutungsgebung entwickelt sich wie dargelegt am Beginn des Lebens. Bedeutung wird in diesem Rahmen durch die „Teamarbeit" der Bestandteile und die gemeinsame Verarbeitung von Information in einer räumlichen und zeitlichen Begrenzung gebildet.

> Primär hat Bedeutung die Funktion der Existenzerhaltung.

Zum besseren Verstehen bedarf es der potentiellen Informationsstruktur der Protyposis. Diese ist als kontextual und auch konditional wirkend zu verstehen. Das heißt, unter bestimmten Bedingungen werden Anteile, also Quantenbits von lokalisierten Objekten wie Molekülen und Atomen, mit anderen Quantenbits in Beziehung treten. Dazu bedarf es der aufgeführten Energiebedingungen und der Nähe der einzelnen Teile. Darüber hinaus mögen Bedingungen wie ein mechanisches Durchmischen durch Wellenbewegung oder Gasblasen beigetragen haben. Andere Kontexte können durch Wechsel von Trockenheit und Feuchtigkeit wirksam werden. Weiterhin spielt auch der Einfluss der gegenseitigen räumlichen und zeitlichen Relationen der materiellen Teilchen bei diesen Wechselwirkungen eine Rolle.

> In diesen Wechselwirkungen werden somit Quantenbits von den Eigenschaften der beteiligten Strukturen für den gegebenen Prozess zu bedeutungsvoller Information.

Die quantischen Prozesse sollen durch einige Anmerkungen und Analogien verständlicher werden. Jeder Zustand eines quantischen Prozesses wird einen Fächer von Möglichkeiten eröffnen. In der Sprache der Quantentheorie werden diese Möglichkeiten als Superpositionen bezeichnet. Eine Analogie zu Superposition könnte sein: $5 = 4 + 1 = 3 + 2 = 2 + 2 + 1 =$ usw.

Wenn diese Teilprozesse miteinander wechselwirken, dann werden sie zusammengeführt. In der dadurch entstehenden neuen Gesamtheit treten neue Zustände, also neue Eigenschaften, auf. Sie werden als kohärente oder verschränkte Zustände bezeichnet und eröffnen ihrerseits Möglichkeiten, die für die Teile allein undenkbar sind. Ein derartiger neuer Zustand ermöglicht durch die damit entstandenen neuen Eigenschaften andere Verhaltensoptionen als die Teilsysteme. Eine Analogie zur Kohärenz könnte sein: $5 \times 3 = 15$. Nun ist z. B. $15 = 7 + 8$, aber weder die 7 noch die 8 kommen bei 5 oder 3 vor.

Die kohärenten Zustände sind in dem Sinne kreativ, dass bei einer Zerlegung neue, bisher nicht vorhandene Verhaltenseigenschaften entstehen können.

Solche nichtlokale, also ausgedehnte verschränkte Zustände sind bei Vorgängen im Lebendigen wichtig. Sie formen quantische Ganzheiten, die sich als ausgedehnte Informationsstrukturen im Einzeller erstrecken. Der interne Zustand des Lebewesens wird dabei mit der äußeren Umgebung in Beziehung gesetzt. Die sich herausbildende Gesamtheit von Information kann den Einfluss von außen und innen bewerten, das heißt decodieren, und das Lebewesen in gewissem Maße steuern, indem z. B. versucht wird, eine bestimmte katalytische Wirkung im Inneren zu verstärken oder zu hemmen.

Wir können von Vorstufen einer Wahrnehmung und einem Empfinden bereits bei den Einzellern sprechen.

Wir verwenden die Begriffe Wahrnehmen und Empfinden, auch wenn noch keine Sinnesorgane existieren. Statt dieser Wortwahl könnten wir auch von Spüren oder Fühlen sprechen. Dies alles sind zutreffende Begriffe als Vorstufen für das in der Evolution sich entwickelnde Wahrnehmen und Empfinden, so wie schließlich auch bei uns Menschen. Immer mehr wird das Prozesshafte eines anfänglichen Reiz-Reaktions-Ablaufes deutlich und eine zunehmende interne Verarbeitung zwischen Reiz und Reaktion. Dabei findet immer eine „Bewegung“ im Sinne von chemischen Veränderungen durch Stoffwechselprozesse und – wenn möglich – auch von räumlicher Fortbewegung statt.

Das weite Ausholen über die kosmische Entwicklung war nötig, um Leben besser zu verstehen.

Das Leben kann wie eine zwangsläufige Weiterführung der kosmischen Evolution verstanden werden. Die dem Universum seit seinem Beginn zugrundeliegende Informationsstruktur gelangt mit dem Leben in besonderer Weise zur Entfaltung und zu Einfluss. Sie wird dabei bedeutungsvoll.

Eine Information über Information, also eine reflexive Struktur, ist durch die mathematisch beschreibbare Quantenstruktur modellierbar.[10]

Somit entsteht eine durch die gesamte Zelle oder in der späteren Evolution durch den ganzen Organismus ausgebreitete Informationsstruktur.

Eine solche Ganzheit von bedeutungsvoller und miteinander verschränkter Information wird von immer wieder neuen Photonen aktiv gehalten. Zu ihnen gehören die virtuellen Photonen, welche die elektrisch geladenen Teilchen umgeben und die Coulomb-Kraft bewirken. Es sind weiterhin die realen, aber für unsere Augen unsichtbaren Photonen, die in ihrer ungeheuren Anzahl die Wechselwirkungen in allen Zellen veranlassen und es sind auch die sichtbaren Photonen, mit denen z. B. unsere Augen Informationen aus der Umwelt aufnehmen.

Das Licht, eine ungeheure Fülle von verschiedenen Photonen, ist also diejenige Entität, die alle Prozesse des Lebens vermittelt und am Laufen hält.

Diese Photonen können im Prinzip aus dem gesamten elektromagnetischen Spektrum stammen. Sie übermitteln Informationen und werden in riesigen Anzahlen bei den chemischen Umsetzungen in den Zellen von den Molekülen emittiert und von anderen Molekülen wiederum absorbiert. Manche von ihnen, die nicht verarbeitet wurden, gehen allerdings auch als Wärmestrahlung nach außen. Viele der Strukturen im Lebendigen werden ein rückgekoppeltes Zusammenwirken, ein Verstärken bestimmter Eigenschaften oder deren Abschwächen oder deren Hemmung organisieren.

Wir können sagen, dass die ersten einzelligen Lebewesen entstanden sind, wenn diese Gebilde für eine gewisse Zeit durch die eigene Steuerung fähig werden, ihr „Selbst", d. h. die Zelle mit aller Dynamik, zu stabilisieren.

Mit dieser steuernden Informationsverarbeitung geschieht ein Umschlag von einer Quantität chemischer Prozesse in die neue Qualität des Lebendigen. Die Qualität der lebenden Zelle ist mehr als „nur" Chemie. Sie reagiert als Ganzes auf die äußeren Einwirkungen.

Die sich herausbildende Zelle kann in einer immer wieder angestrebten Homöostase das Fließgleichgewicht durch die innere Informationsverarbeitung über eine gewisse Zeit existent halten. Eine solche Selbst- oder Lebenserhaltungstendenz ist eine notwendige Voraussetzung. Für Systeme, die etwas Derartiges nicht in sich entwickelt haben, ist die Wahrscheinlichkeit sehr gering, im evolutionären Geschehen verbleiben zu können. Mit der Herausformung von Selbsterhalt ist ein autonomes System entstanden, ein Lebewesen mit dem intrinsischen Ziel, sich zu erhalten.

Als Steuerung wird hier der rückgekoppelte und stabilisierende Einfluss von verarbeiteter Information auf den gesamten Prozess der Informationsverarbeitung bezeichnet.

Die Steuerung, die durch die Beziehungsstruktur möglich geworden ist, lässt deutlich werden, dass die Information bedeutungsvoll geworden ist.

Die Uniware des Lebendigen

Im Bereich der Technik, bei Computern und Robotern, können wir zwischen Hard- und Software unterscheiden. Eine solche Unterscheidung bleibt auch dann sinnvoll, wenn eine Hardware und ihr softwaregesteuertes Verhalten durch eine Software auf einem anderen Gerät simuliert werden.

Im Lebendigen hingegen sprechen wir von einer Uniware, da eine ständige Rückwirkung von der Informationsverarbeitung auf die materiellen und energetischen Bestandteile der Zelle erfolgt und diese so ständig verändert wird.

Für die Speicherung von Erfahrungen, also für eine langwirkende und an die Nachkommen weiterzugebende „Gedächtnis-Information" sind die Gene zuständig. Anfangs hat sich noch kein Zellkern herausgebildet, in dem alle Gene eingeschlossen sind. Daher kann bei den Bakterien und

Archaeen auch ein horizontaler Genaustausch stattfinden – auch unabhängig von der Zellteilung. Heutzutage macht sich der horizontale Gentransfer beim Austausch von Resistenzgenen gegen Antibiotika zwischen verschiedenen Bakterienarten für uns Menschen in gefährlicher Weise bemerkbar. Es handelt sich dabei um eine Weitergabe von Information über erworbene Eigenschaften.

Natürlich ist für den Erhalt unseres Lebens die Informationsverarbeitung mit einer ständig notwendigen Aufnahme von Nahrungsmitteln und Sauerstoff und der Abgabe von nicht mehr Verwertbarem und Kohlendioxid sowie mit dem Abstrahlen der beim Stoffwechsel entstehenden Wärme verbunden.

Neben dem Stoffwechsel ist für den weiteren Erhalt und die Entwicklung des Lebendigen die Vererbung wichtig. Bei den Einzellern und bei der Vermehrung der Körperzellen wird die im Genom gespeicherte DNA verdoppelt und auf die beiden Tochterzellen verteilt. Mutter- und Tochterzellen sind daher (bis auf mögliche Mutationen) bei der Mitose genetisch identisch. Bei der geschlechtlichen Vermehrung, die bei Mehrzellern zumeist die Regel ist, wird die doppelsträngige DNA bei der Reduktionsteilung, der Meiose, halbiert. Daher haben die Keimzellen nur einen halben Chromosomensatz. Bei der Befruchtung der Eizelle werden die jeweils halben elterlichen Chromosomensätze zu einem neuen vollständigen Genom kombiniert.

Dass sich die Lebewesen ursprünglich ohne Sauerstoff und in extremer Umwelt entwickelt hatten und später für die Mehrzeller der Sauerstoff überlebensnotwendig wurde, zeigt die Anpassungsfähigkeit des Lebens.

Zwar ist es bisher bereits gelungen, einzelne Gene, die „Arbeitsanleitungen" für die Prozesse in der Zelle, künstlich zu erzeugen und in Lebewesen wirksam werden zu lassen. Dabei ist es sogar möglich geworden, bei den einfachsten Lebensformen, den Bakterien, das gesamte Genom künstlich zu erzeugen.

Nach unserer Kenntnis waren jedoch bisher Versuche noch nicht erfolgreich, dabei ohne eine entkernte Zelle auszukommen. Der Erfolg einer Erschaffung von Leben, also ein Lebewesen in seiner Gesamtheit künstlich zu erzeugen, ist bisher noch ausgeblieben. Man könnte annehmen, dass ein Grund darin besteht, dass die Informationsverarbeitung in einer lebenden Zelle einen solchen ganzheitlichen Charakter besitzt, dass ein bloßes chemisches „Zusammenrühren" aller Zutaten und eine Energiezugabe noch nicht ausreicht, um die faktisch auf dem Genom gespeicherten Informationen in einen aktiven quantischen Verarbeitungsprozess zu überführen.

Codierung – die Transformation von Information

Eine Codierung bedeutet, dass unter einem sinngebenden Kontext eine Informationsstruktur in eine andere Informationsstruktur umgewandelt wird. Die Informationstheorie wurde ursprünglich während des Zweiten Weltkriegs mit dem Bedürfnis entwickelt, viele Daten möglichst komprimiert und damit schnell senden zu können. Übertragungskanäle waren und sind ein knappes Gut.

> Für eine Codierung muss bereits ein Interpretationszusammenhang vorgegeben sein.

Man muss wissen, was z. B. eine Folge von 0 und 1 bedeuten soll. Ein simples Beispiel ist ein Buch, in dem der Text zu einer Eigenschaft des Papiers wird. Allerdings werden die schwarzen Pixel und Krakel auf dem weißen Papier erst dann sinnvoll, wenn man die Buchstaben und die Sprache kennt und damit einen Sinnzusammenhang herstellen kann.

Beim Buch ist es nicht das Papier, sondern seine Eigenschaften, die Pixel, formen die Buchstaben, die der Codierung dienen. Der Vorgang der Codierung beim Lebewesen ist der gesamte chemische Prozess, der dazu führt, dass bei seinem Abschluss bestimmte Eigenschaften von Molekülen oder größeren Zellbestandteilen faktisch geworden sind und damit in einer neuen Codierung vorliegen. Der Prozess der Codierung könnte beispielsweise verglichen werden mit der Übersetzung eines Textes in eine andere Sprache und deren Niederschrift. Die danach vorliegende Schrift auf dem Papier ist dann die ursprüngliche Information im neuen Code.

Bei den Lebewesen wird die Beziehungsstruktur zu einem Sinnzusammenhang. Dieser entwickelt sich im Lauf der Evolution durch Versuch und Irrtum. Falsche Decodierung, also eine unzweckmäßige Bedeutungszuweisung, wird ausgemendelt. Der Sinn ist primär auf das Weiterleben gerichtet, später in der Evolution kommen die Sorge um den Nachwuchs und schließlich beim Menschen auch kulturelle Einflüsse hinzu.

Die im Lebewesen bedeutungsvoll werdenden energetischen und materiellen Strukturen können beispielsweise bestimmte biochemische Marker an Zelloberflächen oder bestimmte Faltungsformen von Proteinen sein. Später in der biologischen Entwicklung, bei den mehrzelligen Tieren, kommen z. B. die vielen verschiedenen Neurotransmitter hinzu.

Die Gene mit ihren speziellen Anordnungen der Nucleotide sind ein Beispiel für die evolutionär frühen Codierungsmöglichkeiten für Informationen. Ein anderes Beispiel aus der Evolution liefert auch das lichtempfindliche Protein Rhodopsin in unseren Augen. Dieses enthält den lichtabsorbierenden Farbstoff Retinal, den man schon bei Archaeen fand. Alle Information wird also innerhalb des Lebewesens codiert und wird von diesem in der Informationsverarbeitung wieder decodiert.

So wie ein gesprochenes Wort auf einen Tonträger übertragen werden kann, wird in den Zellen die Information auf Photonen und Moleküle übertragen. Da ein Photon eine Information lediglich für eine extrem kurze Zeit zwischen Emission und Absorption tragen kann, ist für eine länger dauernde Speicherung der Information unbedingt ein materieller Träger wie die Neuronen mit ihren Zellinhalten und Synapsenverbindungen notwendig. Bestimmte Proteine, die sogenannten CREB-Moleküle[11], sind offenbar wesentlich beim Prozess der Gedächtnisbildung.

> Der Übergang der Information vom Photon auf das Molekül ist eine Form der Codierung und die Übertragung auf einen neuen Träger entspricht einer Decodierung und erneuten Codierung.

Neben den Photonen als bewegte Formen von Energie und gleichzeitigen Trägern von Information gibt es in den Lebewesen die Molekülsorte Adenosintriphosphat (ATP) als ruhende Energiespeicher. Deshalb wird bei der Beschreibung der chemischen Umsetzungen in den Zellen immer wieder auf die wichtige Rolle von ATP verwiesen. Ein solches Molekül wirkt als „universeller Träger von Energie", indem es als Adenosindiphosphat (ADP) mittels elektromagnetischer Wechselwirkung, also mit Einsatz von Photonen, ein Phosphat so bewegt, dass es an das Molekül angelagert wird und dieses zu ATP wird. So wie wir ein Gewicht heben können und das Gewicht damit im Vergleich zum vorhergehenden Zustand potentielle Energie erhält, die beim Fallen wieder zu kinetischer Energie wird. Diese gespeicherte Energie kann dann – wieder in Form von Photonen – an geeigneter Stelle bei der Zerlegung von ATP in ADP in die chemischen Umsätze eingebracht werden. Durch die konkreten Situationen werden dann spezifische bedeutungsvolle Informationen erzeugt. In einem unglaublich großen Umsatz wird in der Zelle immer ADP zu ATP wiederaufgearbeitet, also recycelt.

Ralf Krüger weist in seinem Artikel ebenfalls auf das ATP hin, des zwar nicht alleinigen, aber bedeutendsten Energielieferanten in der Zelle.

Von der Empfindung bis zur Reflexion

Ein wesentlicher Aspekt des Lebendigen besteht in der Kommunikation mit der Umwelt und deren Verbindung zu den inneren Zuständen. Diese vielfältigen Strukturen können etwas differenzierter aufgegliedert werden. Trotz des ganzheitlichen Charakters der Informationsverarbeitung kann man z. B. eine Einteilung folgendermaßen durchführen[12]:

Alle Lebewesen von den Einzellern über Pflanzen und Pilze bis zu den Tieren haben Wahrnehmungen und Empfindungen. Mit dieser sprachlichen Festlegung unterscheiden wir Lebendes von Unbelebtem.

Wenn sich Mehrzeller herausbilden, wird die Informationsverarbeitung komplexer. Trotz aller Spezialisierung bestimmter Zellen für bestimmte Aufgaben, später von Organen und Gliedmaßen, kann aber weiterhin innerhalb des Lebewesens bei allen Untergliederungen die Informationsverarbeitung als eine Einheit betrachtet werden.

> Empfindungen setzen die Wahrnehmungen mit den aktuellen Körperzuständen in Beziehung. Dies ist bei allen Lebewesen eine intelligente Reaktion auf äußere und innere Bedingungen.

Dabei wird die innere Informationsverarbeitung immer mehr der äußeren Umwelt gerecht. Die Reaktion des Lebewesens passt sich durch Versuch und Irrtum immer besser an oder das Lebewesen scheidet selektiv aus. Diese Anpassung erfolgt auch weiterhin in der Entwicklung unbewusst.

Mimikry, die große Ähnlichkeit z. B. von Farben und Mustern aus der äußeren Umgebung wie bei Schmetterlingen oder Raupen, zeigt die Anpassung der inneren Verarbeitung dieser Information und ihre Expression.

Indem Handlungsoptionen, also verschiedene Möglichkeiten, wahrgenommen werden, kann eine aktive Entscheidung für eine dieser Optionen getroffen werden.

Bei Tieren mit einem Gehirn können wesentliche Aspekte der Empfindungen im Erleben repräsentiert werden. Das ist eine abstrahierende Codierung, also eine Information über Informationen. Dazu gehören beispielsweise ein sogenanntes Körperschema und auch eine positive oder negative unbewusste Bewertung des Erlebens.

Informationen, die zur gleichen Zeit mittels Photonen aus verschiedenen Teilen des Lebewesens gemeinsam verarbeitet werden, werden verschränkt sein. Diese Information bildet eine zeitlich veränderliche Ganzheit.

Das Erleben geht nahtlos, also mit fließenden Übergängen, in frühe Formen von Bewusstsein über. Der Biologe Martin Heisenberg spricht seit Längerem davon, dass bereits einfache Insekten Handlungsoptionen erkennen können und aus diesen in einer nicht festgelegten Weise eine der möglichen Handlungen auswählen.[13] Eine eindeutige Festlegung, ob das bereits als Bewusstsein bezeichnet werden sollte, kann wahrscheinlich nicht in einer zwingenden Weise vorgenommen werden. Experimente mit Bienen verweisen darauf, dass diese aus Beobachtungen des Verhaltens von Artgenossen lernen und diese Erkenntnisse auf eine veränderte Situation anwenden können.[14]

In der Entwicklung der Tiere können wir bei manchen Gefühle erkennen, die wir anthropomorph deuten, da wir annehmen dürfen, dass sie – bedingt durch gemeinsame Vorfahren in der Evolution – den unseren ähnlich sind. Zu diesen gehören Freude, Eifersucht, Trauer, Furcht, Zuneigung und vieles mehr.

Immer wieder zeigte sich in der Evolution das Zusammenspiel zwischen körperlichen und geistigen Veränderungen. Beide werden angestoßen in der Auseinandersetzung mit der Umwelt. Diese kann bei Tieren mit einer hochentwickelten Informationsverarbeitung reflektiert werden. Schließlich führen diese Vorgänge vor allem beim Menschen zu sozialen und kulturellen Veränderungen.

Beim Menschen bewirkten der aufrechte Gang sowie die dabei notwendigen Umformungen von etwa 200 Knochen auch eine veränderte Wahrnehmung.

Bei der Herausformung des menschlichen Geistes kommt der Sprache eine herausragende Bedeutung zu. Es gibt archäologische Funde des Zungenbeins, an denen man die Fähigkeit für einen Gebrauch von Sprache erkennen kann, aber nicht, ob es sich dabei bereits um grammatisch formulierte Sprache handelt. Was man allerdings gefunden hat, sind Steinwerkzeuge. Diese haben unsere Vorfahren bereits vor 2,5 Millionen Jahren genutzt. Später stellte man Werkzeuge für die Bearbeitung von anderen Werkzeugen her. Die Verwendung von Feuer ist eine wesentlich mehr Geist erfordernde Tätigkeit. Dazu war die Angst vor dem Feuer zu überwinden, das lebensbedrohlich sein konnte. Der Gebrauch von Feuer bedarf einer großen zeitlichen Aufmerksamkeit und Planung, denn es durfte sich nicht unkontrolliert ausbreiten oder verlöschen. Die frühen Spuren der Verwendung von Feuer sind etwa 1,5 Millionen Jahre alt. Interessant in diesem Zusammenhang dürfte sein, dass sich im Internet Filme über einen Bonobo finden, der nicht nur den Gebrauch von Wortsymbolen gelernt hatte, sondern der auch in der Lage war, selbstständig ein Feuer vorzubereiten und zu entzünden.

Der mit dem Feuer mögliche Aufschluss der Nahrung ermöglichte unseren Vorfahren eine viel bessere Verwertung und ließ den großen Kauapparat schrumpfen. Das verminderte den Druck von Muskeln auf das Hirndach und eröffnete somit mehr Raum für ein wachsendes Gehirn. Ein großer Teil auch der geistigen Entwicklung war in die Zeit nach der Geburt verlegt worden. Die Größe des Kopfes des Kindes und vor allem auch der Energiehaushalt der Mutter bestimmten die Tragezeit.

Die beginnende Landwirtschaft vor ca. 12 000 Jahren und besonders die Schrift gaben gewaltige Anstöße für das soziale Miteinander und für die Entwicklung der Kultur. Ca. 6 000 Jahre alt ist die Überlieferung von Schriftzeichen. Jetzt konnte Wissen unabhängig vom unmittelbar Narrativen weitergegeben werden. Besonders der moderne Buchdruck vor über 500 Jahren war ein wichtiger Schritt, die niedergeschriebenen Fakten, ob sie der Realität entsprachen oder nicht sei dahingestellt, vielen Menschen zugänglich zu machen.

Vom Steinwerkzeug zum Feuer hatte es ungefähr eine Million Jahre gebraucht. Im Vergleich dazu hatte sich in den letzten Jahrtausenden seit der Erfindung der Schrift die wissenschaftlich-ökonomische Entwicklung sehr beschleunigt. Schließlich erfolgte seit Newton und Leibniz mit der zunehmenden Einbeziehung von Mathematik und Naturwissenschaft in die geistige Entwicklung ein weiterer Beschleunigungsschub.

Mit der durch die Quantentheorie möglich gewordenen technischen Informationsverarbeitung und dem Internet ist besonders in den letzten Jahrzehnten eine immer noch schneller werdende Veränderung der kulturellen und technischen Entwicklung zu erkennen.

Die in der Kultur technisch möglich gewordenen Erzeugnisse wirken auf die Entwicklung der Menschen zurück. Ein schwieriger und für die gesamte Menschheit noch immer bedrohlicher Aspekt ist, dass dabei die emotionale und ethische Entwicklung bisher nicht mit den technisch-rationalen Möglichkeiten und Ergebnissen schritthalten konnte.

Die in der Natur gegebenen Voraussetzungen, wie das Zusammenspiel von Information, Energie und Materie, führten zu einer solch hochkomplexen Informationsverarbeitung in der biologischen Evolution, wie es das Bewusstsein ist.

Kreative Informationsverarbeitung in Nervenzellen und Gehirn

Wir hatten die grundlegende Informationsstruktur der Protyposis und die Übermittlung von Information durch die Photonen aufgeführt. Eine breitere Wahrnehmung und die Aufnahme einer größeren Informationsmenge in einer dynamischen Umwelt, in der sich die Lebewesen handelnd bewegen können, regten die Ausbildung von speziellen Zellen für die Informationsverarbeitung an.

Die Nervenzellen organisieren sich in der biologischen Entwicklung zu immer komplexeren neuronalen Netzen, die dann zumeist zu einem Gehirn geformt werden. Sie erlauben eine schnellere und flexiblere Informationsverarbeitung als die Gene. Bei Säugern und Vögeln (und damit auch bei den Dinosauriern) befindet sich der größte Teil der neuronalen Netze in den Gehirnen. Diese sind trotz der ähnlichen Verarbeitungsvorgänge zwischen Vögeln und Säugern recht unterschiedlich aufgebaut. Bei Weichtieren, wie z. B. dem Oktopus, finden sich sogar große Anteile der neuronalen Netze auch in den Armen.

Die funktionelle Einheit des Lebendigen ist die Zelle. In der Regel verdeutlicht man sich nur selten, wie viele Millionen von Molekülen sich in einer einzigen Zelle befinden. In einer doch recht einfachen Hefezelle wird allein die Anzahl der Proteinmoleküle auf über 42 Millionen geschätzt.[15]

An einer Nervenzelle erkennt man unter dem Mikroskop die Dendriten, vorwiegend die einkommende Information weiterleitend, den Zellkörper mit dem Zellkern und das lange Axon, das die hauptsächliche Verbindung für die ausgehende Information zu den anderen Zellen herstellt. Die Übergänge zwischen den Nervenzellen bilden die Synapsen. In diesen anatomischen Strukturen findet eine Unmenge biochemischer Vorgänge statt, die immer besser erforscht werden. Neurotransmitter oder Neuromodulatoren sind spezielle Moleküle, die u. a. zwischen den Nervenzellen an den Synapsen Informationen chemisch übermitteln.

Beim Menschen befinden sich Nervenzellen und vor allem deren Verbindungen im gesamten Körper. Nach dem Gehirn sind sie besonders im Darmbereich sehr zahlreich und konzentriert. Wenn wir die vielen synaptischen Verbindungen bedenken, die auch außerhalb des Gehirns bestehen, dann wird gut verstehbar, dass es praktisch keine Informationsverarbeitung im Gehirn gibt, die nicht auch durch den aktuellen körperlichen Zustand mit beeinflusst wird. Wie die Abbildung 1 deutlich macht, ist zwar auch bei geistiger reflexiver Tätigkeit diese nicht unabhängig vom Zustand des Körpers mit den Gefühlen, kann aber in geringerem Maße davon beeinflusst werden. Das jeweilige Maß an Interesse und Neugier und die gefühlsmäßige Situation können den Grad der Aufmerksamkeit beeinflussen. Dabei bleiben natürlich mathematische und überprüfte naturwissenschaftliche und sonstige Erkenntnisse wahr: Im Jahre 1945 war der Zweite Weltkrieg zu Ende und drei mal drei ist neun – völlig unabhängig davon, wie man sich fühlt.
Andererseits können manche Emotionen und Körperzustände die Bewertung massiv beeinflussen und sogar die Gedächtnisinhalte verändern sowie ihre Aktivierung beeinflussen.

Die in der Forschung zuerst gefundene und am leichtesten zu entdeckende Reaktion einer Nervenzelle ist ihr „Feuern". Diese sehr gro-

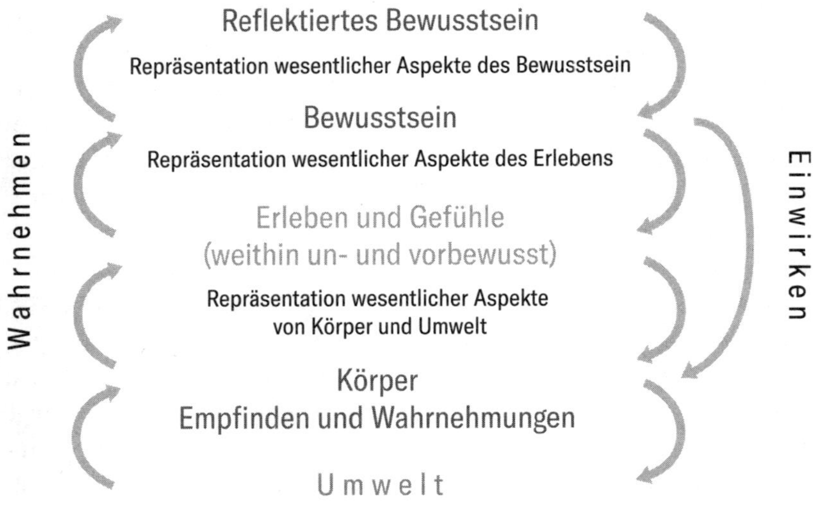

Abb. 1: Die Übergänge zwischen den verschiedenen Formen der Informationsverarbeitung im Lebendigen

be Beschreibung kann wie etwas Faktisches erscheinen. Das Feuern ist eine makroskopisch wahrnehmbare Entladung, ein kurzer elektrischer „Stromstoß". Die kurzen Spannungsspitzen haben es ermöglicht, eine Beziehung zur Informationsverarbeitung im Computer zu konstatieren. Das „Feuern" und „Nichtfeuern" kann wie eine einfache Alternative, wie ein Bit, verstanden werden. Für eine Modellierung von „an" und „aus", von auslösenden und hemmenden Einflüssen, lassen sich Schaltungen konstruieren. Damit können Geräte mit derartigen technischen Strukturen bei Eingabe geeigneter Algorithmen logische Schlussfolgerungen ziehen und ein Verhalten dieser Maschinen bewirken, das wie vernünftig erscheint.

Für das Gehirn allerdings zeigt sich, dass der Vergleich einer Nervenzelle mit einem Transistor, also einem Schalter mit nur einer An- und Aus-Stellung, der Komplexität der Vorgänge bereits an einer einzelnen Nervenzelle nicht gerecht werden kann. Er bedeutet eine viel zu starke Vereinfachung von dem, was eine Nervenzelle alles kann. So rechnet man heute bereits mit mehr als 100 Synapsen, den Verbindungsstellen zu anderen Nervenzellen, bei einem einzelnen Dendriten. Die vielen Ein- und Ausgänge für Informationen, die Rückkopplungen und die unzähligen Verbindungen zwischen den Nervenzellen führten zu der Vorstellung einer ungeheuren Komplexität der Nervennetze. Jedoch auch Milliarden von Transistoren, also von Schaltern, entwickeln kein Bewusstsein und keinen Geist, selbst die Großrechner nicht.

Was man an den Rechnern bemerkt, ist der riesige Energiebedarf und die ungeheure Hitzeentwicklung bei ihrem Betrieb. Würde das Bewusstsein nur durch klassische physikalische Schalter gebildet, dann würde das Gehirn kochen. Das Erzeugen von Fakten ist irreversibel. Dies erfordert sehr viel Energie.

Wenn wir uns verdeutlichen, dass den elektromagnetischen Effekten eine quantische Informationsverarbeitung zugrunde liegt, dann wird eine genauere Beschreibung der Hirnvorgänge möglich. Diese bleibt so lange reversibel, erzeugt also keine Wärme, solange noch keine Fakten entstanden sind und alle Information noch im System verblieben ist.

Trotzdem verbraucht das Gehirn 20 Prozent des Energiebedarfes des Menschen, denn natürlich wird auch hier Faktisches geschaffen, z. B. bei der Überführung von aktueller Information ins Gedächtnis. Die 20 Prozent sind im Verhältnis zur Masse des Gehirns, die lediglich 2 Prozent des gesamten Körpers ausmacht, ein hoher Prozentsatz. Deshalb macht Denken auch müde. Aber natürlich gibt es einen evolutionären Vorteil, sonst wäre ein so energieintensives Organ wie das Gehirn wieder ausgemendelt worden.

Der Ladungstransport (Stromfluss), der das Bild des Feuerns bewirkt, wird durch virtuelle Photonen verursacht. Daneben gibt es die Effekte der realen Photonen und weiterhin den Transport z. B. von Neurotransmittermolekülen im Blut, in der Lymphe und im sonstigen interzellulären Gewebe. Solche auch außerhalb der Axone und Dendriten bewegten Moleküle, die natürlich auch Quanteneigenschaften haben, können die Neuronen und damit die „allgemeine psychische Stimmung“ beeinflussen. Das kann beispielsweise darin bestehen, dass Neuronen stärker gehemmt oder auch stärker aktiviert auf die gleichen Reize reagieren, die über ein Feuern bei ihnen eine Reaktion auslösen. Das allgemein sehr bekannte Serotonin wurde zuerst in der Magenschleimhaut gefunden und wirkt sehr komplex auf das Blut-Kreislauf-System und kommt bei Pflanzen und Tieren vor. Als Neurotransmitter wird ihm eine wichtige Rolle bei der Behandlung von Depressionen zugeschrieben.

Das Auge – ein Tor des Lichtes zum Fühlen und Denken

Wenn man im Park eine schöne Linde sieht, dann deshalb, weil das von dort reflektierte Licht die Information in unsere Augen trägt. Natürlich auch durch die Anatomie unseres Auges und des Gehirns, die in jahrmillionenlanger Anpassung an die Umwelt sich als ein im Detail äußerst differenziertes Aufnahme- und Verarbeitungsorgan herausgebildet haben. Die Blätter der Pflanze, welche die grünen Frequenzen nicht für die Photosynthese verwerten können, werfen diese zurück.

Wir haben – in kultureller Übereinkunft mit unserer Umgebung – als Kinder gelernt, die Farbempfindung, die durch diese Frequenzen ausgelöst werden, als grün zu bezeichnen. Noch individueller ist es dann, ob das Grün als angenehm empfunden wird, ob man z. B. bestimmte Bäume liebt und welche Vorstellungen sonst mit Grün verbunden sind. So ist es für manche die Farbe der Hoffnung, für andere die eines Chakras. Das subjektive Empfinden, die Qualia, wie sie in der Philosophie bezeichnet werden, wird vor allem mitbestimmt durch die soziale und individuelle Erfahrung und Bewertung. Dies ist immer auch von der jeweiligen kulturellen Gewohnheit und Akzeptanz abhängig. Man denke beispielsweise an die ablehnende Haltung vieler Zeitgenossen gegenüber Vincent van Gogh. Dessen subjektive Sicht und seine Umsetzung des Gesehenen in Bilder wurden ignoriert oder massiv kritisiert. Heute hingegen werden seine Bilder mit höchsten Preisen gehandelt.

Auch die psychosomatischen Krankheitsbilder unterliegen einem gesellschaftlichen Einfluss. Haben wir heute vor allem Rücken- und Kopfschmerzen und eine Erschöpfung als Ausdruck von belastendem Stress und Konflikten, so waren es vor über 100 Jahren noch u. a. Ohnmachtsanfälle.

Das Auge, ein sehr wichtiges Sinnesorgan, ist entwicklungsgeschichtlich eine Ausstülpung des Gehirns. Zugleich ist es ein eigenständiges Organ mit einer intelligenten Informationsverarbeitung. Hier soll nur ein erster Einblick vermittelt werden, wie komplex jede Verarbeitung von Information verläuft.

An der Augenrückwand befinden sich die Sehzellen. Diese sind die Zapfen, die in drei Typen vorhanden sind, und die für die Farben blau, grün oder rot besonders empfindlich sind. Die sehr viel empfindlicheren Stäbchen können bereits auf ein einzelnes Photon reagieren, unterscheiden jedoch keine Farben.

Die Photonen aktivieren die verschiedenen Sehfarbstoffe, die zumeist zusammenfassend als Rhodopsin bezeichnet werden, und leiten dadurch die Wahrnehmung im Sehprozess ein. Das Rhodopsin wiederum löst durch enzymatische Reaktionen die Freisetzung von Signalmolekülen aus. Hierbei spielt das Signalmolekül Glutamat eine regulierende Rolle. Ein einziges Photon kann schlussendlich die Aktivierung von Millionen von Molekülen bewirken. Dieser Verstärkungsprozess der Information kann sogar an den Zellen makroskopisch als eine Änderung des Membranpotentials und als elektrische Erregung registriert werden.

Die erste Stufe der Informationsverarbeitung findet bereits im Auge statt. Teilinformationen aus verschiedenen Zellen werden in speziellen Neuronen zusammengefasst oder gefiltert.

Vor den Sehzellen befinden sich vier Schichten von Neuronen. In den Horizontalzellen, Bipolarzellen und Amakrinzellen werden die Informationen verglichen, zusammengefasst und dann über die Dendriten der Ganglienzellen in diese vermittelt. Über deren lange und zum Sehnerv gebündelte Axone wird diese vorverarbeitete Information ins Sehzentrum weitergeleitet.

Durch die Abstraktionsvorgänge in den Neuronen des Auges können z. B. die Nachbarn von angeregten Zellen gehemmt werden, was zu einer Kontrastverstärkung führt. Zwischen den Neuronen sorgen lichtleitende Strukturen für die Durchleitung der einlaufenden Photonen zu den Sehzellen.

Die Neuronen haben im Auge wie auch im Gehirn die Funktion, Informationen zu differenzieren und zusammenzufassen, sie weiterzuleiten sowie Wirkungen zu hemmen oder zu verstärken.

Wie gesagt finden sich bereits im Auge mit gestaffelten Neuronennetzen die ersten Verarbeitungsstufen für die mit den Photonen eingebrachte Information. Diese Vorgänge sind als chemische Reaktionen bereits gut erforscht. Bei allen chemischen Reaktionen wird Information von einem Molekül auf ein reales oder virtuelles Photon übertragen und diese dann vom Photon auf ein anderes Atom, Ion oder Molekül.

Es findet also eine ständige Übertragung und Umcodierung von bedeutungsvoller Information von materiellen auf energetische und wieder auf materielle Träger statt.

Das Gehirn – ein anatomisches und komplexes Wunderwerk der Evolution

Von berühmten Verstorbenen wurde das Gehirn gewogen, weil man glaubte, daraus allgemeine Rückschlüsse ziehen zu können: „Ein großes Gehirn bedeutet viel Intelligenz." Da Frauen im Durchschnitt ein etwas kleineres Gehirn haben, war klar, dass man damit „objektiv" begründen konnte, dass sie weniger Denkvermögen besitzen. Auch suchte man früher, u. a. nach Lenins Tod, durch genaue mikroskopische Untersuchungen des Gehirns nach einer besonders beeindruckenden Feinstruktur. Bei Einsteins Gehirn stellte man fest, dass seine Masse mit 1,23 kg eher einem Frauen- als einem Männergehirn gleicht. Die bei ihm nicht gefundene Furche im groß ausgeprägten Parietallappen (Scheitellappen) wurde allerdings auch bei anderen Gehirnen gefunden, ohne dass deren Träger sich durch besondere Fähigkeiten ausgezeichnet hätten.[16]

Ähnlich wie beim Auge findet auch im Gehirn die Verarbeitung der für den Menschen bedeutungsvollen Information vor allem in Netzen von Neuronen statt. Wie enorm dicht gepackt dort alle Zellen sind, wird mit den Begriffen Netz oder neuronale Verbindungen schwer in die Vorstellung gebracht.

Die Großhirnrinde wird von einer weniger als 5 mm dicken Schicht von Nervenzellen gebildet. In einem Stecknadelkopf, etwa 1 mm^3, befinden sich 100 000 Zellkörper und 1 Milliarde Synapsen. Im Einzelnen sind es ca. 10 000 Nervenzellen und ein Vielfaches an Gliazellen. Diesen wurde früher lediglich eine Stütz- und Schutzfunktion zugesprochen. Heute weiß man, dass sie wesentlich auch an der eigentlichen Informationsverarbeitung beteiligt sind.

Man kann nur über die Effizienz staunen, dass auf so kleinem Raum so viel untergebracht ist.

Die Gesamtzahl der Nervenzellen bei einem Menschen wird jetzt mit 86 Milliarden angegeben.[17] Das entspricht der Größenordnung der Anzahl der Sterne in der Milchstraße. Die Anzahl aller Synapsen im Gehirn liegt bei 100 Billionen. Alle Nervenfasern zusammen sollen eine Länge vom 145-Fachen des Erdumfanges haben, also 145 mal 40 000 km. Diese anatomische Feinstruktur und Komplexität wurde durch die differenzierte Verarbeitung der Uniware, also von Information, Energie, chemischen Substanzen und anatomischen Strukturen im evolutionären Prozess erreicht.

Die metastabilen Zustände des Lebendigen werden auch an den Stoffwechselprozessen im Gehirn sichtbar. So rechnet man mit einem täglichen Verlust von 50 000 bis 100 000 Nervenzellen.

Für die jeweilige über die Sinnesorgane aufgenommene Information und für bestimmte Aufgaben gibt es spezialisierte Bereiche. Hier kann nur einiges davon kurz gestreift werden.

Während für Sinnesleistungen wie Sehen und Hören vor allem lokalisierte Bereiche gefunden wurden, ist dies für die Emotionen anders. Sie werden hauptsächlich im limbischen System verarbeitet, das funktional zusammenhängende Teile und keine lokalisierte Struktur darstellt. Dazu gehört auch der Mandelkern, die Amygdala, wo z. B. Angst verarbeitet wird. Aber die Funktionen des limbischen Systems sind vielseitiger, so betreffen sie auch Antriebe und Gedächtnis. Letzteres, also das Abspeichern und Abrufen von Information, ist mit der Funktion des Hippocampus verknüpft.

Es wird verständlich, dass bei einem Ausfall bestimmter lokalisierter Teile des Gehirns auch die Funktionen eingeschränkt sind oder ausfallen, die dort normalerweise verarbeitet werden. Dies kann aber auch durch psychische Einflüsse geschehen. Besonders auffällig wird es bei bestimmten motorischen Lähmungen oder einem Verlust des Sehens oder Hörens aufgrund von schwer lösbaren Konflikten des Betroffenen.

Obwohl in solchen Fällen alle Nervenleitungen unbeschädigt sind, kann es z. B. zu Symptomen wie Lähmung und Gehverlust kommen. Beispielsweise erzählte eine Frau, dass sie den Wunsch hatte, wieder in den Norden von Deutschland zu ziehen, wo sie herkam. Sie wollte aber ebenso wenig ihre Familie verlassen, die sich aus Arbeitsgründen im Süden angesiedelt hatte. Der körperliche Ausdruck dieses für sie damals nicht lösbaren Konfliktes war eine Lähmung.

Auch, wenn die Namen der Hirnteile vielleicht vielen Lesern nichts sagen, können sie zu einem Einblick in die große Komplexität und auch in die prozesshafte Ordnung verhelfen. Während in die Projektionsfelder die von den Sinnesorganen kommende Information projiziert wird, werden in den Assoziationsfeldern die Wahrnehmungen zu einem einheitlichen Eindruck integriert. Beim Menschen ist eine besonders starke Entwicklung des Assoziationskortex zu verzeichnen. In diesem werden solche komplexe Handlungen gesteuert wie die Sprache, das Gedächtnis, die Aufmerksamkeit sowie die Planung von Verhaltensweisen. Dabei müssen viele Informationen zusammengeführt werden. Beeinflusst wird dies mit vom Thalamus. Er wird daher oft als „Tor zum Bewusstsein" bezeichnet. In ihm wird entschieden, welche Informationen für den Organismus im Moment so wichtig sind, dass sie an die Großhirnrinde weitergeleitet und bewusst werden sollen.

Für die Abstraktionsleistungen scheint es bedeutsam zu sein, dass Nervennetze z. B. im Assoziationskortex sechsschichtig sind. Dadurch kann die Information mehrstufig bearbeitet werden. Sie wird bestätigt, differenziert, bewertet usw. und schließlich unter dem aktuellen Gesichtspunkt der Wahrnehmung zusammengefasst.

> Die „Berechnungen" im Lebendigen sind weniger ein Rechnen wie wir es sonst verstehen, sondern eher ein Vergleichen. Dieses kann im Ergebnis zu einem Auslösen einer Reaktion führen, wenn ein Schwellenwert überschritten wird.

Es hat sich also evolutionär in der Verarbeitung der Information eine neuronale Struktur entwickelt, die äußerst vielfältig ist und in der letztlich alle Teile zusammenarbeiten.

Mit den Quantenbits zum Bewusstsein

Wenn wir bedenken, dass sogar die fundamentale Grundlage der Wirklichkeit als eine Informationsstruktur naturwissenschaftlich erfasst werden kann, lässt sich besser verstehen, dass die Verarbeitung von Information zur Natur gehört.

Die hohe Verknüpfung im Gehirn hilft, dass die Informationsverarbeitung so gestaltet wird, dass im Bewusstsein die in den Fokus der Aufmerksamkeit gelangte wahrgenommene Umgebung abgebildet werden kann. Diese Abbildung ist eine Interpretation der Wirklichkeit und vermittelt eine gute Annäherung an sie. Sie war und ist so gut, dass in der Regel nicht nur das Überleben ermöglicht wird, sondern auch ein guter Umgang mit der Wirklichkeit. Das Abschätzen von Geschwindigkeiten, von Entfernungen und von vielem anderen wurde durch das Schaffen von neuronalen Verbindungen und entsprechenden Molekülen als den biologischen Trägern von gespeicherter Information erlernt. Natürlich sind Täuschungen nie ausgeschlossen, denn wir erfassen wie gesagt nicht die Wirklichkeit, sondern bilden eine gute Approximation an diese. Im evolutionären, stammesgeschichtlichen und individuellen Lernprozess erfolgte eine immer bessere Zuordnung der Inhalte der äußeren Realität zu dieser inneren Informationsverarbeitung.

Eine naturwissenschaftliche Beschreibung erklärt, was Bewusstsein ist und wie ist es in der Evolution entstanden ist. Aus dieser Erklärung folgt auch – und dies ist kein Widerspruch dazu –, dass das Bewusstsein eines jeden Individuums mit seinen Inhalten verschieden ist von jedem anderen Bewusstsein.

> Jedes konkrete Bewusstsein ist subjektiv, ist somit letztlich einmalig und kann nur sehr ungefähr von außen, also „objektiv", erkannt werden.

Daher liegt die Betonung auf den naturwissenschaftlichen Voraussetzungen für das „Bewusstsein an sich" und gleichermaßen auf der Herausbildung der individuellen Psyche. Für das Erklären dieses Prozesses ist die aufgezeigte Äquivalenz von Materie, Energie und bedeutungsvoller Information notwendig. Die Materie, wie die chemischen Moleküle und anatomischen Strukturen, ist der lokale beständigere, aber trotzdem

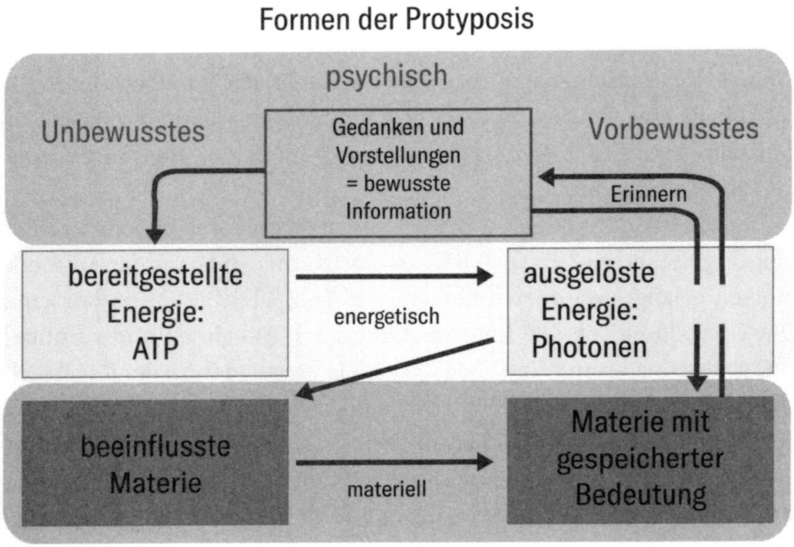

Abb. 2: Das Wechselspiel zwischen bedeutungsvoller Information und den Photonen als Energie sowie als Träger und Vermittler von Information und weiterhin dem Materiellen, wie Molekülen und anatomischen Strukturen, als Träger und Bewahrer von Information.

beeinflussbare Anteil im Prozess. Die Energie ist die Voraussetzung für Veränderungen an der Materie und die bedeutungsvolle Information kann bereitgestellte Energien auslösen.

Bewusstsein als bedeutungsvolle Quanteninformation

Für uns Menschen ist es evident, dass eine bestimmte Information starke emotionale und körperliche Auswirkungen haben kann. Der Träger der Nachricht, sei es Papier oder elektromagnetische Wellen, ist dabei nicht das Wichtige, sondern die von ihm getragene Information. Wenn wir einen Anruf bekommen oder eine E-Mail, die eine besonders freudige Nachricht enthält, dann reagieren wir mit dem ganzen Körper und mit unseren Gefühlen. Dabei ist es gleichgültig, ob die Nachricht über das Handy ans Ohr oder über das Papier eines Briefes oder den Bildschirm des Computers eintrifft. Es kommt also nicht auf den Träger der Information an, wie Papier oder Schallwellen in der Luft, es kommt auf die von diesem getragene bedeutungsvolle Information an. Diese löst Energien aus, also ATP, in bestimmten Körperzellen. Das ATP verursacht die Bewegung von Molekülen im Körper und wir können mithilfe bestimmter Muskeln vor Freude springen. In anderen Situationen wird die Energie hemmend auf die Materie wirken. ATP kann als „universelle Energiewährung" im Körper Energie speichern und bereitstellen. Die Photonen sind bewegte Energie sowie Träger und Übermittler von Information.

Solche Verarbeitungsprozesse laufen ununterbrochen unbewusst oder vorbewusst ab. Denn auch ohne bewusste reflektierende Wahrnehmung werden ständig Photonen in allen Teilen des Gehirns und des übrigen Körpers aktiviert und absorbiert.

Durch die fortlaufenden Wechselwirkungsprozesse formt sich die bedeutungsvolle Quanteninformation zum Zustand der Psyche. Dabei spielen ausgedehnte kohärente Zustände von Information eine Rolle (Abb. 2).

Im Bewusstsein als einem Anteil der Psyche wird parallel in großer Geschwindigkeit Information decodiert, die in den neuronalen Netzen codiert worden war. Die verarbeitete Information wird als Abbild in den Strom des Bewusstseins eingefügt.

In das Bewusstsein fließt das Erleben des Augenblicks ein und die Kenntnis des eigenen Selbst. „Ich bin es, der dies sieht, denkt und erlebt."

Deshalb wurde Bewusstsein definiert als Quanteninformation, die sich selbst erlebt und kennt.[18]

Die Ionen und Moleküle sind im Zusammenwirken mit den anatomischen Strukturen die Träger der als Gedächtnis gespeicherten Information.

Die Photonen sind die Träger der in der Psyche aktivierten Information.

Während die Gedanken und Bilder als bedeutungsvolle Information im Strom des Bewusstseins auch eine Weile (ca. 3 s) präsent gehalten werden können, wechseln dabei die Photonen ständig und mit großer Geschwindigkeit. Dies geschieht in den am Prozess beteiligten Zellen, die zur Gestaltung des entsprechenden Bildes beitragen, bis deren jeweiliger Energievorrat erschöpft ist und wieder aufgefrischt werden muss.

Die Quantenphysik erlaubt die Vorstellung von „ausgedehnter Information". Ein Beispiel wäre ein Text auf dem Bildschirm, dessen Worte und sogar Sätze oft als Ganzheiten wahrgenommen werden. Trotzdem sind es immer wieder neue Photonen, die sie übermitteln. Sie können ungeachtet ihres ständigen Wechsels den Text festhalten oder neue Information bringen. Die Photonen übermitteln einen ausgedehnten und sich ständig ändernden Strom von Information. Die Photonen und der Inhalt wirken aber nicht auf den Text und den Computer zurück. Im Biologischen ist es anders, hier wirkt das Gesehene und Gedachte auf die neuronalen Netze zurück. Deshalb ist dabei von einer Uniware zu sprechen.[19]

Die Uniware hat bis in alle Körperzellen zur Folge, dass jede Informationsverarbeitung in einem Lebewesen untrennbar mit Stoffwechselprozessen verbunden ist. Andererseits kann jeder Stoffwechselprozess, sogar außerhalb des Nervengewebes, schließlich auch Wirkungen auf das psychische Geschehen haben. Auch wenn es ein unteilbarer Prozess ist, der hier nur wegen der Anschaulichkeit unterteilt werden soll, so kann man feststellen:

Die psychischen Prozesse beeinflussen den Stoffwechsel ebenso wie der Stoffwechsel die Psyche.

„Wenn man die Einwirkungen von Informationen auf alle Stufen eines Organismus beachtet, von der Zelle über das Organ bis zum ganzen Organismus, dann ist die Psychosomatik als eine zwingende Konsequenz für bewusstseinsfähige Lebewesen zu verstehen."[20]

Die bedeutungsvolle Information integriert die Einflüsse aus der Umwelt, aus dem Körper samt seinen Genen, aus der Psyche und aus dem soziokulturellen Umfeld. Sie wirkt sehr individuell, weil sie bei jedem Menschen unterschiedlich verarbeitet wird. Die wirkende Information ist das einigende Band, mit der die verschiedenen Einflüsse gekennzeichnet werden können (siehe auch den Beitrag von Ralf Krüger).

Das Bewusstsein ist ausgedehnt, zwischen und um die Zellen sowie in den

Zellen. Photonen, welche die Information des Stoffwechsels, des Unbewussten und des Bewusstseins tragen, können sich durchdringen, ohne sich gegenseitig zu beeinflussen. Für eine wechselseitige Beeinflussung, d. h. für eine weitere Verarbeitung der Information, ist immer wieder die Interaktion mit den geladenen Teilchen der Materie notwendig.

Wenn wir Menschen unsere Umwelt sehen, dann realisieren wir dies nicht als psychischen Vorgang. Stattdessen „sehen wir unsere Umwelt", da wir bereits seit unserer Säuglingsentwicklung gelernt haben, das innere Bild von unserer Umwelt mit der äußeren Umwelt zu identifizieren. Unsere Alltagserfahrungen verführen uns dazu, ein gesehenes Bild und ein inneres Bild, das aus dem Gedächtnis oder im Traum erzeugt ist, als etwas Verschiedenes zu interpretieren. Dabei sind dies alles innere Bilder, die sich allerdings in ihrem Bezug zur Realität deutlich unterscheiden.

Die inneren Bilder benötigen keine Leinwand, sie sind psychische Realitäten. Diese Strukturen, die aus Quantenbits geformt sind, sind die bildhaften Vorstellungen in unserem Bewusstsein.

Diese Informationsstrukturen erlauben es, gegebenenfalls reflektierend diese Bilder wiederum zu vergegenwärtigen. Sie benötigen keinen weiteren Betrachter, keinen Homunkulus, sondern sie wirken eigenständig.

Das „real Gesehene" wird von einer sehr großen Zahl von Photonen getragen. Oftmals sind Traumbilder oder innere Vorstellungen weniger scharf und klar als das außen Gesehene. Das hat seinen Grund, weil für die aus dem Bewusstsein und aus dem Gedächtnis erzeugten Vorstellungen, also für die intern erzeugten Bilder, die momentane Anbindung an die äußere Realität fehlt. Sie werden einen geringeren Einsatz von Photonen haben, welche die Quantenbits tragen. Daher haben wir ebenfalls gelernt, diese anders zu interpretieren, nämlich in der Regel als „weniger real".

Jeder Denkvorgang, jedes psychische Geschehen – bei einem Vergleich zur Technik sozusagen die Software – verändert auch die molekulare und sogar die anatomische Feinstruktur von Gehirn und Nervensystem – im übertragenen Sinne die Hardware. Hierbei wird deutlich, dass bedeutungsvolle Information das Materielle verändern kann. Im Unterschied dazu sollen Veränderungen der Hardware bei den auf der Basis der klassischen Logik arbeitenden technischen algorithmischen Systemen nicht möglich sein und sind dort auch nicht erwünscht.

Diese Einheit, die Uniware, sorgt dafür, dass das Bewusstsein über den Körper mit der Realität verbunden bleiben kann. Somit kann es auch aus seinen von der Realität abgekoppelten „Traumphasen" wieder in die Realität zurückkehren.

Ein weiterer wichtiger Aspekt besteht darin, dass ein Teil der neuronalen Netze, die Werkzeuge der Informationsverarbeitung, in der Lage ist, bedeutungsvolle Informationen über andere Teile der Informationsverarbeitung aufzunehmen und weiterzuverarbeiten. Es wird eine Informationsstruktur als Modell erzeugt. Dabei werden wesentliche Aspekte der aktuellen Informationsverarbeitung einer vor allem unbewussten bewertenden Verarbeitung unterworfen. Diese wird zusammengeführt mit den wesentlichen Aspekten des Zustandes vom Körper und mit der bereits gespeicherten Information über ähnliche Erfahrungen sowie über die äußere Umwelt.

Die Informationsstruktur des Modells, das eine Erwartung aus der Erfahrung einschließt, kann einen Einfluss auf das ganze Lebewesen haben. Dabei können körperliche Modellierungen, z. B. von Schmerz, weiterhin aktiv bleiben, auch wenn der ursprüngliche Schmerzanlass nicht mehr vorhanden ist (z. B. nach einer Amputation). Ebenso können sehr oft gedankliche Modelle weiter Einfluss nehmen, obwohl sich die Situation geändert hat.

Die Einsicht, die mit der Protyposis möglich geworden war, erlaubt die naturwissenschaftliche Erklärung derjenigen Erscheinungen, die üblicherweise als Selbstreferentialität bezeichnet werden. Information ist die einzige physikalische Entität, die eine solche Selbstbezüglichkeit ermöglicht. Eine Verarbeitung geschieht schwerpunktmäßig im Assoziationskortex. Das Erstellen von Information über Information ist ein sinnvoller Prozess, der sonst auch als Decodierung bezeichnet wird.

Eine Verarbeitung von bedeutungsvoller Information über die Inhalte der Informationsverarbeitung in Verbindung mit dem aktuellen körperlichen Zustand ist ein Kennzeichen von Bewusstsein.

Die unbewusste und bewusste Verarbeitung benötigt ein umfangreiches

Gedächtnis und besitzt die Fähigkeit, Information auf andere Situationen zu übertragen. Bestimmte Inhalte werden eine gewisse Zeit aktiv gehalten und mit anderen Inhalten zusammengebracht. Damit werden Assoziationen gebildet. Die verarbeitete Information wird zu größeren Einheiten zusammengefasst. Absichtsvolle Ziele können gesetzt und ihr Erreichen durchdacht werden.

Die wahrgenommene Information – wie z.B. ganze Episoden – wird codiert in Molekülen und/oder Synapsenstrukturen gespeichert. Diese Abspeicherung kann auch in Teilinformationen an verschiedenen Stellen des Gehirns erfolgen.

Quantenphänomene ermöglichen genauere Vorstellungen und Beschreibungen

Wenn wir Quantenerscheinungen als grundlegend in der Natur vorfinden, müssen wir diese auch in die Beschreibung der Vorgänge im Gehirn einbeziehen. Hier ist nur Raum, um einige zu erwähnen (siehe auch Beitrag von Thomas Görnitz).

Die Weiterleitung von Information von den Sinnesorganen oder zwischen verschiedenen Arealen des Gehirns in den Nervenfasern kann heute recht genau gemessen werden. Durch reale Photonen kann außerdem unabhängig vom Faserverlauf eine spezielle Information, z.B. von bestimmten Nervenzellen oder von einem neuronalen Netz, schnell an anderen Nervenzellen oder neuronalen Netzen zur Wirkung kommen oder auch eine Wirkung vorbereiten. Hirnforscher waren verwundert, dass die Information schneller weitergeleitet wird als die Ionen in der Nervenfaser entlanglaufen. Die Vorgänge im Quantenbereich geschehen mit einer großen Geschwindigkeit. Schnell werden sich mögliche Ergebnisse zeigen. Die Wahrscheinlichkeiten dafür werden oft nahe bei eins oder null liegen. Die Ergebnisse werden also zumeist „ziemlich gewiss" oder „sehr ungewiss" eintreten. Wir können das beim Erinnern von Namen oder beim Sehen oft bemerken, wenn ein Objekt als „wahrscheinlich ist es ein …" gesehen wird. Dann wird das wahrscheinliche Ergebnis nochmals überprüft und jetzt ist man sich sicher, dass es doch kein Hund ist, sondern nur ein großer Koffer, den jemand mit sich führt.

Der Tunneleffekt beschreibt reale Vorgänge, die im Widerspruch zum Energieerhaltungssatz der klassischen Physik stehen. Der theoretische Physiker Friedrich Beck und der Hirnforscher und Nobelpreisträger John C. Eccles[21] haben gezeigt, dass die Informationsverarbeitung im Gehirn auch mit einem Tunneln von Elektronen verbunden ist.

Dass bei der Verarbeitung auf atomarer Ebene die Quantentheorie eine Rolle spielt, wird immer mehr akzeptiert. Stuart Hameroff und viele andere Forscher haben gezeigt, dass bei den kleinen Teilen der Zelle, die das Zytoskelett der Zelle mitbilden, Quanteneffekte nachweisbar sind. Die aus Proteinen gebildeten Mikrotubuli durchziehen die ganze Zelle als eine dynamische Struktur. Zum Beispiel zeigen Penrose et al.,[22] dass in den Mikrotubuli der Zelle quantische Vorgänge in bestimmter Weise ablaufen.

Mit der Superposition wird eine gleichzeitige Existenz von Möglichkeiten erfasst, die sich als Fakten ausschließen würden. Das heißt, es liegen mit einem Zustand gemeinsam mehrere weitere Zustände von Quanteninformation gleichzeitig vor. Die Superposition wird oft als die quantische Parallelität der Verarbeitung bezeichnet, die zur anatomischen Parallelität im Nervensystem hinzukommt.

Superposition berücksichtigt, dass eine Möglichkeit stets auch für andere Möglichkeiten offen ist. Die meisten Menschen kennen ambivalente Zustände von Gefühlen, die sich logisch zur gleichen Zeit ausschließen würden. Sie können aber zur selben Zeit gegenüber derselben Person oder Sache empfunden werden. Beispiele dafür können Wohlwollen und Ärger sein. Patrick Süskind hat ein ganzes Stück mit den ambivalenten Gefühlen des Kontrabassisten gegenüber seinem Instrument gefüllt, von Liebe bis Hass. Bei solchen Ambivalenzen, die auch außen als widersprüchliche Haltungen sichtbar werden können, kann sehr schnell im Wechsel die eine oder die andere die Oberhand gewinnen und diese dann zu einem Faktum werden lassen. Durch Superpositionen können sich sogar Fakten ergeben, die zu den zuvor erwogenen Möglichkeiten nur ungefähr passen.

Ambivalenz kann somit als ein Grundzug der Natur angesehen werden. Sie ist ein Kennzeichen von Möglichkeiten und ist oft bei Gefühlen zu finden.

Auch in der unbewussten Verarbeitung werden verschiedene Möglichkeiten erwogen. Dann kann eine von ihnen oder ein Kompromiss zwischen ihnen in der Psyche weiter verarbeitet und erlebt werden. Wenn die Wahrscheinlichkeit für eine Möglichkeit größer wird und ein Schwellenwert erreicht wird, dann kann die Information wie etwas Faktisches den Prozess in die entsprechende Richtung hinlenken. Eine solche Veränderung von Möglichkeiten wird beispielsweise durch einen therapeutischen Einfluss geschehen können.

Die meisten haben sich schon an einem Sonnenuntergang am Meer erfreut. Nachdem wir beim Auge den Schwerpunkt auf die physiologischen Vorgänge gelegt hatten, stellt sich jetzt die Frage, wie kann das Bewusstwerden eines solchen Ereignisses genauer beschrieben werden?

Vom Fernseher ist vielleicht bekannt, dass das Bild Punkt für Punkt und zeilenweise aufgebaut wird. Das Auge hingegen arbeitet parallel. Jede Netzhautzelle kann ein Photon absorbieren – und zwar gleichzeitig mit allen anderen Zellen. Diese Parallelität wird auch in den weiteren Verarbeitungsstufen beibehalten. Dies erlaubt eine hohe Verarbeitungsgeschwindigkeit. Dabei können aus den einzelnen Beiträgen, die jede Netzhautzelle liefert, verschränkte ausgebreitete Zustände von Quanteninformation entstehen. Zugleich wird auch aus dem Gedächtnis dazu passende Information aktiviert. Im Verlauf dieser Verarbeitung werden Bedeutungen zugeordnet. Beispielsweise wird die Grenzlinie am Meer als Horizont identifiziert.

Mit allen diesen Vorgängen der Informationsverarbeitung sind immer auch emotionale Bezüge verbunden, also eine mehr oder weniger enge Beziehung zum übrigen Körper. Man sieht ein strahlendes leuchtendes Rot des beobachteten Sonnenunterganges. Anteile vergangener Situationen verbinden sich mit den gegenwärtigen Empfindungen. Erinnerungen werden aktiviert, vielleicht an andere Sonnenuntergänge. Dabei wird Information aktiviert, die auf materiellen Trägern, beispielsweise Molekülen in Synapsen, gespeichert war. Diese Speicherung war faktisch, sie kann daher kopiert werden. Eine Aktivierung bedeutet die Übertragung der Information auf reale und virtuelle Photonen, wodurch sie für weitere Verarbeitungen zur Verfügung gestellt wird. Frühere Erfahrungen und unbewusst bleibende oder bewusst erinnerte Erlebnisse spielen mit in diesen Prozess hinein. Ähnliche Erscheinungen und Erfahrungen und damit Erwartungen werden aus dem Unbewussten dabei aktiviert, das vollständige Verschwinden der Sonne wird erwartet. Der ganze Vorgang erhält eine persönliche Note, sodass er von außen nur ungefähr erfasst werden kann. Aber natürlich wirken – beispielsweise immer bei einer sprachlichen Formulierung – auch intersubjektive Aspekte mit auf den Prozess ein. So wird in der deutschen Sprache einem bestimmten Wellenlängenbereich von Photonen fast immer der Begriff Rot zugeordnet.

Man hat in der Forschung erkannt, dass weit ausgedehnte Bereiche des Gehirns die miteinander verbundenen Bedeutungen gleichzeitig verarbeiten. Die in unterschiedlichen Orten der neuronalen Netze verarbeiteten Anteile werden zu einer Ganzheit zusammengeführt.

Mit der Bildung von kohärenten, also verschränkten Zuständen kann in Verbindung mit den möglich werdenden Superpositionen das für lange Zeit offen gewesene „Bindungsproblem" erklärt werden. Unter Bindung versteht man hier das Zusammenführen von Informationen aus verschiedenen Sinnesorganen und Verarbeitungsarealen des Gehirns zu einem einheitlichen Ganzen. Man sieht und hört einen Vogel und verbindet diese Wahrnehmungen mit dem Begriff Amsel.

Wie kann aus den hochfrequenten Stoffwechselprozessen der Teilverarbeitung des wahrgenommenen Objekts (Farbe, Gesang, Name) eine Synchronisation, eine Bindung, erfolgen?

Eine solche Zusammenführung von ausgebreiteter Informationsverarbeitung wird mit den Vorstellungen von Schwebungen erleichtert. Schwebungen kennt man aus der Musik. Wenn zwei Instrumente fast den gleichen Ton spielen, kann man die Differenz der Frequenzen als eine niederfrequente Lautstärkeänderung wahrnehmen. Analog zur Akustik können die Unterschiede von Frequenzen der Photonen als Schwebungen erkennbar werden. Durch quantische Zustandsüberlagerungen werden die Differenzen zwischen energiereichen Photonen (auch diese sind Superpositionen) zu energiearmen und somit langwelligen Photonen. (Ein Euro kann als Differenz zwischen 1 000 und 999 Euro erscheinen.)

Die langwelligen Photonen mit ihren sehr kleinen Frequenzen besitzen die Differenzfrequenz von kurzwelligen und daher hochfrequenten Photonen. Derartige kleine Frequenzunterschiede entstehen bereits, wenn – wegen der ständig vorhandenen thermischer Schwingungen – von gleichen Molekülen dann Photonen mit nur fast identischer Energie ausgesendet werden, was zu Schwebungen führt.

Somit kann aus einer quantischen Verbindung zwischen zwei kurzwelligen energiereichen Photonen im Nanometerbereich (aus chemischer Umsetzung) ein langwelliges, sehr energiearmes Photon im Kilometerbereich (im EEG nachweisbar) resultieren.

> Bei einer Bearbeitung von psychischen Inhalten wird die von unzähligen Photonen getragene bedeutungsvolle Information durch verschränkte Zustände zu einer Ganzheit synchronisiert.

Die Information wirkt hierbei „top down" auf die Materie, also von der Psyche auf die verschiedenen Areale des Gehirns. Aus diesen Arealen heraus können auch zeitlich differenzierte Anteile von Ereignissen in die kohärenten Zustände integriert werden. Die unterschiedlichen Verarbeitungszeiten werden durch die einzelnen Sinnesorgane verursacht. Dennoch wird so das Sehen, Hören und Fühlen mit der Gedächtnisinformation zu einer Ganzheit zusammengeführt und in den Strom des Bewusstseins eingefügt.

Während die Superposition die gleichzeitige Existenz von Möglichkeiten an einem Quantensystem beschreibt, erfassen die verschränkten, also kohärenten Zustände das Zusammenführen von Teilsystemen zu einem Gesamtsystem.

Bei den Vorgängen im Gehirn werden die beteiligten Moleküle miteinander verschränkt, was sich ebenfalls auf die Photonen überträgt, welche die Wechselwirkung vermitteln. Während die chemischen Prozesse normalerweise zumeist nicht so genau beschrieben werden und deshalb dabei von den Verschränkungen abgesehen wird, betonen theoretische Chemiker wie z. B. Hans Primas[23] ausdrücklich die Bedeutung der Verschränkung auch für die Chemie.

Die bedeutungsvollen Informationen der Psyche können in einem ersten Schritt als Eigenschaften der Photonen beschrieben werden. Man muss jedoch über diese erste Beschreibung hinausgehen und genauer werden. *Durch die ständige Wechselwirkung der Photonen mit den Molekülen der Zellen werden die psychischen Zustände als verschränkte Quantenzustände* begreifbar. Dies geschieht in ähnlicher Weise wie bei den EPR-Experimenten. Eine Eigenschaft des Gesamtsystems kann dabei eine weit ausgebreitete Ganzheit bilden, die keine Teile besitzt, bevor sie nicht zerlegt wird. Das kann beispielsweise der Spin eines Diphotons sein. Dabei bleibt es trotzdem möglich, für andere Systemeigenschaften eine Beschreibung zu verwenden, die näher an klassischen Vorstellungen, z. B. von „zwei verschränkten Photonen", beheimatet ist. Spricht man von „verschränkten Molekülen", so erfasst man dabei zwei Aspekte, wie sie auch in der dynamischen Schichtenstruktur deutlich werden. Die Verschränkung macht deutlich, dass eine Ganzheit ohne Teile vorliegt. Die Verwendung des Plurals bei den Molekülen lässt noch erkennen, woraus diese Ganzheit gebildet wurde.

Die verschränkten Moleküle werden Photonen aussenden, die wiederum miteinander verschränkt sind. Die Inhalte der Psyche können somit Ganzheiten von Quanteninformation bilden, die sich trotz der äußerst schnell wechselnden Trägerphotonen selbst nur relativ langsam verändern.

Zusammenfassend sei noch einmal festgestellt:

> Bewusstsein ist Quanteninformation, die sich selbst kennen und erleben kann. Die Inhalte der bewussten Information werden „getragen" von Photonen, die in einem lebenden Gehirn erzeugt und absorbiert werden. Eigenschaften dieser Photonen, also AQIs mit speziellen und kontextabhängigen Bedeutungen, formen eine relativ stabile Ganzheit, die wir als unser Bewusstsein wahrnehmen. Die Gedanken, die Vorstellungen und Bilder sowie die Emotionen verändern sich im Verhältnis zu den sehr schnell ändernden Trägerphotonen nur langsam.
>
> Das Gehirn sowie der übrige Körper sind immer in die psychischen Vorgänge eingebunden. Durch die Uniware ist es stets ein psychosomatisches Geschehen.

Anmerkungen

1 Valles-Colomer, M. et al. (2019): The neuroactive potential of the human gut microbiota in quality of life and depression. Nature Microbiology 4, 623 – 632, https://doi.org/10.1038/s41564-018-0337-x.

2 Görnitz, T.; Görnitz, B. (2002): Der kreative Kosmos – Geist und Materie aus Quanteninformation. Spektrum Akademischer Verlag, Heidelberg; (2008): Die Evolution des Geistigen – Quantenphysik - Bewusstsein – Religion. Vandenhoeck & Ruprecht, Göttingen; (2016): Von der Quantenphysik zum Bewusstsein – Kosmos, Geist und Materie. Springer, Heidelberg.

3 Garrett-Bakelman, F. E. et al. (2019): The NASA Twins Study: A multidimensional analysis of a year-long human spaceflight. Science 364, 6436, DOI: 10.1126/science.aau8650.

4 Görnitz, T. (1999): Quanten sind anders. Spektrum Akademischer Verlag, Heidelberg; Görnitz, T.; Görnitz, B. (2002).

5 „to hen – das Eine", siehe auch Görnitz, T. (1999) und Görnitz, T.; Görnitz, B. (2002).

6 Haken, H. (1977): Synergetik, eine Einführung: Nicht-Gleichgewichts-Phasenübergänge und Selbstorganisation in Physik, Chemie und Biologie. Springer, Heidelberg.

7 Siehe beispielsweise Kricheldorf, H. R. (2019): Leben durch chemische Evolution? Eine kritische Bestandsaufnahme von Experimenten und Hypothesen. Springer, Heidelberg.

8 Eigen, M.; Schuster, P. (1979): The Hypercycle. A Principle of Natural Self Organization. Springer, Berlin.
Eigen, M. (1987): Stufen des Lebens. Die frühe Evolution im Visier der Molekularbiologie. Piper, München.

9 siehe z. B. Schreiber, U. C.(2019): Das Geheimnis um die erste Zelle – Dem Ursprung des Lebens auf der Spur, Springer, Heidelberg

10 Görnitz, T. (1999); Görnitz, T. (2018): Der Alte würfelt doch! Von Quanten-Irrtümern zur Neuen Physik und zum Bewusstsein. DAS NEUE DENKEN, München.

11 Cai, D. J. et al (2016): A shared neural ensemble links distinct contextual memories encoded close in time. Nature 534(7605), 115 – 118. doi:10.1038/nature17955.

12 adaptiert von Görnitz & Görnitz (2016).

13 Heisenberg, M. (2013): The origin of freedom in animal behaviour. In: Suarez, A.; Adams, P. (Hrsg.) Is science compatible with free will?: Exploring free will and

consciousness in the light of quantum physics and neuroscience. Springer, Heidelberg. doi:10.1007/978-1-4614-5212-6_7.

14 Loukola, O. J. et al. (2017): Bumblebees show cognitive flexibility by improving on an observed complex behavior. Science, doi: 10.1126/science.aag2360.

15 Ho, B. et al (2017): Unification of Protein Abundance Datasets Yields a Quantitative Saccharomyces cerevisiae Proteome. doi: https://doi.org/10.1016/j.cels.2017.12.004.

16 Falk, D. (2009): New Information about Albert Einstein's Brain. Frontiers in Evolutionary Neuroscience 10.3889/neuro.18.003.2009.

17 Herculano-Houzel (2009): The Human Brain in Numbers: A Linearly Scaled-up Primate Brain. Frontiers in Human Neuroscience 3(31), 31, DOI: 10.3389/neuro.09.031.2009.

18 Görnitz, T.; Görnitz, B. (2002).

19 siehe Artikel Thomas Görnitz.

20 Görnitz, T.; Görnitz, B. (2016), S. 302.

21 Beck, F.; Eccles, J. C. (1998): Quantum Processes in the Brain: A Scientific Basis of Counsciousness. Cognitive Studies 5 (2), 95 – 109.

22 siehe z. B. Penrose, R.; Hameroff, S. R. (1995): What gaps? reply to Grush and Churchland. Journal of Consciousness Studies 2, 98 – 112.

23 Primas, H. (1983): Chemistry, Quantum Mechanics and Reductionism. Springer, Heidelberg.

Anwendung

Die Grundfrage der psychosomatischen Medizin

Ralf Krüger

Die Grundfrage der Psychosomatik lautet: Wie kann die menschliche Psyche die Ursache für physische Veränderungen sein?

Was geschieht, wenn die Psyche des Menschen auf seinen Körper wirkt? Und wie ist dieser Vorgang naturwissenschaftlich zu erklären? Ein Patient, der an einer Hautkrankheit leidet, erfährt infolge psychischer Belastungen eine Zunahme seiner Beschwerden: Die Hautrötungen nehmen zu. Was geschieht, wenn sich infolge psychischer Vorgänge winzige Blutgefäße erweitern und sich der Blutfluss in ihnen zu steigern vermag? Wenn ein Gedanke uns zum Lachen bringt, dann verkürzen sich Muskelzellen und verwandeln chemische in mechanische Energie. Wie geht es zu, dass ein Gedanke dafür der Anlass, der Auslöser, die Ursache ist? Diese Vorgänge, so einfach sie sich auch beschreiben lassen, enthalten ein komplexes physiologisches Geschehen und sind auch heute weit von einer vollständigen Erklärung entfernt. Fragen wir einfacher und beispielhaft für ein psychosomatisches Geschehen: Was geschieht, wenn sich infolge psychischer Vorgänge die Natriumionen in den Körperzellen mit veränderter Geschwindigkeit von A nach B bewegen? Wie ist es möglich, dass die Psyche – Gedanken, Vorstellungen, Wahrnehmungen, Gefühle – für diese Bewegungen die Ursache ist? Immerhin wird hier Materie befördert, Energie freigesetzt und es wirken Kräfte.

Ein an den klassischen Naturwissenschaften geschulter Mediziner, der nach einer Antwort auf diese Fragen sucht, kommt vielleicht zu folgenden Gedanken. Erstens: Die Psyche ist etwas anderes als der Körper; sie ist weder Materie noch Energie. Zweitens: Materie kann nur durch andere Materie und durch Energie beeinflusst werden. Seine Folgerung: Die Psyche kann Materie nicht beeinflussen, verändern, bewegen, also auch den menschlichen Körper nicht. Die Psyche ist wirkungslos. Andererseits erlebt auch er sich als wahrnehmenden, fühlenden und denkenden Menschen, der Vorstellungen hat und danach handeln kann. Wie gehören beide Wahrnehmungen zusammen?

Ein anderer Mediziner widerspricht der Auffassung womöglich und entgegnet: Psyche = Gehirn. Psychische Prozesse sind neuronale Prozesse, sonst nichts! Sämtliche psychischen Vorgänge oder Zustände lassen sich vollständig auf neuronale Prozesse zurückführen. Eine erklärende Theorie, die an naturwissenschaftliche Erfahrbarkeit appelliert, ist das freilich nicht. Schließlich sind ein sprachlich formulierter Gedanke, eine bildhafte Vorstellung oder ein Schmerzerlebnis im menschlichen Bewusstsein etwas anderes als ein Wechselwirkungsmiteinander zahlreicher Nervenzellen.

Nervenzellen – das sind in Lipidmembranen eingehüllte Flüssigkeitsräume, die zahlreiche Miniorgane, die Organellen beherbergen. Womöglich ist diese Andersartigkeit sogar ein Grund, warum manche Anhänger der These „Psyche = Gehirn" diese noch weiter zuspitzen: Das Gehirn ist ein vorhandenes Organ, die Psyche ist nur ein Wort. Neuronale Prozesse existieren, psychische Prozesse nicht. Auch sie erleben sich als wahrnehmende, fühlende und denkende Menschen, die Vorstellungen haben und danach handeln können. Sie behaupten aber, dass dies nur leere Worte seien, denn in Wahrheit gäbe es kein Erleben, kein Bewusstsein, keine Psyche, sondern nur neuronale Prozesse, Gehirnvorgänge. In ferner Zukunft, so vermutet mancher ihrer Anhänger vielleicht, werden Wissenschaftler ein neuropsychisches Wörterbuch vorlegen, worin minutiös eingetragen ist, welche neuronalen Prozesse zugleich auch als psychische Vorgänge oder Zustände bezeichnet werden, obgleich sie nichts anderes als neuronale Prozesse sind.

Im Februar 2019 erschien in einer Wochenzeitung ein Artikel über mögliche Einflüsse der Darmflora auf die Entstehung von Depressionen. Der Verfasser schrieb darin von einer „Grundidee Psychosomatik, die schon im Wort eher von der Wirkung des Gehirns auf den Körper ausgeht".[1] Das Wort Psychosomatik geht freilich Buchstabe für Buchstabe von einer Verbindung der Psyche mit dem Körper aus. Die Auswechslung der Worte – Psycho gegen Gehirn – vollzog der Verfasser.

Die hier geschilderten Auffassungen sind keine Seltenheit. Ich vermute sogar, dass die Auffassung „Psyche = Gehirn" die heute vorherrschende ist; jedenfalls gehört sie zum Mainstream der akademischen Gegenwart.

Es sollen deshalb einige der mit ihr verbundenen Konsequenzen aufgeführt werden. Sollte diese These zutreffen, dann wäre es hinreichend, sich allein mit den neuronalen Vorgängen zu beschäftigen und die psychischen Vorgänge als wirkungs- und bedeutungslos abzutun. Von psychosomatischen Zusammenhängen kann dann in keiner ernstzunehmenden Weise die Rede sein. Psychosomatik wäre Somasomatik!

Wäre diese Vorstellung wahr, dann wären alle psychischen Vorgänge wirkungs- und bedeutungslos, denn es gäbe lediglich neuronale Prozesse. Das ist grundlegend, denn die Null- und Nichtigkeit der Psyche beträfe ausnahmslos alle psychischen Inhalte, also auch alle Begründungen, Argumentationen, Schlüsse, Überzeugungen, alle Gefühls- und Gedankengänge. Auch der Gedanke „alle psychischen Vorgänge sind neuronale Prozesse", wäre dann von dieser Inhaltsleere, von dieser Wirkungs- und Bedeutungslosigkeit betroffen.

Die bisherigen Überlegungen beantworten die psychosomatische Grundfrage nicht. Sie behaupten im Grunde, dass diese Frage sinnlos ist. Entweder beinhaltet die Psyche eine zweite Wirklichkeit, die keine Verbindungen zum menschlichen Körper unterhält, oder die Psyche ist das Gehirn, ist also Körper, sonst nichts. Dann handelt es sich um eine Art Etikettenschwindel, der noch der neuronalen Aufklärung bedarf. Die bisher geschilderten Auffassungen widersprechen einander und sind doch durch eine entscheidende Gemeinsamkeit vereint: Sie setzen voraus, dass Psyche und Naturwissenschaft unvereinbar sind, dass nur das Gehirn, nicht aber die Psyche ein Gegenstand naturwissenschaftlicher Betrachtungen sein kann. Doch nur umgekehrt wird Psychosomatik draus:

> Die Einbindung der Psyche in die Naturwissenschaften ist die Voraussetzung dafür, dass die psychosomatische Grundfrage beantwortet werden kann.

Betrachten wir noch einmal die Bewegung der Natriumionen in den Körperzellen als einfaches Beispiel für ein durch die Psyche verändertes physisches Geschehen. Alle Ionen und Moleküle bewegen sich fortwährend, zum Beispiel infolge von Wechselwirkungen mit anderen Ionen und Molekülen oder aufgrund von Konzentrations- und Ladungsverschiebungen in und zwischen den Körperzellen. Doch dieses Mal soll ein psychisches Geschehen – bewusst oder unbewusst – in der Lage sein, die in den Körperzellen gespeicherte Energie auszulösen, welche die Bewegung der Ionen „von A nach B" ermöglicht hat. Wie geht das zu? An diesem Punkt – der Punkt, an dem die Psyche auf den Körper wirkt – fragen wir nach einer naturwissenschaftlichen Erklärung. Dass es eine solche Erklärung überhaupt geben kann, wird vielfach bezweifelt oder sogar zu einer Unmöglichkeit erklärt.[2]

Wir versprechen uns Aufklärung durch die Wissenschaft, insbesondere durch jene Naturwissenschaft, die auch die Wechselwirkungen zwischen den Ionen und Molekülen sowie das Verständnis von elektrischen Ladungen und ihren Wirkungen genauestens untersucht und weitgehend aufgeklärt hat: die Quantenphysik.

Naturwissenschaft und Medizin

Die Beziehung zwischen Arzt und Patient ist keine Wissenschaft. Und auch dort, wo Ärzte und Therapeuten über wissenschaftliche Kenntnisse verfügen und in Diagnostik und Therapie davon geleitet werden, besteht ein natürliches Spannungsverhältnis, das überall vorhanden ist, wo die in der Wissenschaft gefundenen Regeln und Gesetze den Einzelfällen gegenüberstehen. Regeln und Gesetze ergeben nur für viel des Gleichen einen Sinn. Ihre Anwendung setzt daher das Vorhandensein vieler gleicher Fälle voraus. Gleiche Fälle kommen in der Natur aber nur in Näherungen vor. In der Wissenschaft werden sie durch Abstraktion erzeugt: Bestimmte Merkmale werden berücksichtigt, alle übrigen ignoriert.

So ist ein Patient, je genauer er untersucht wird, zum Beispiel der einmalige Herr Müller mit seiner nur ihn kennzeichnenden Biografie, einschließlich seiner Psyche, seinen Gedanken und Gefühlen, seinen Herzkranzgefäßen und Kaliumwerten – jetzt und hier. Einen zweiten Herrn Müller mit genau diesen Eigenschaften gibt es nicht. Die Anwendung von Regeln und Gesetzen verliert, je genauer Herr Müller untersucht und je weniger seiner Eigenschaften ignoriert werden, zunehmend ihren Sinn. Wenn ausnahmslos alle Eigenschaften berücksichtigt werden, dann ist die genaueste Beschreibung, nämlich die eines Einzelfalls, erreicht und Regeln und Gesetze lassen sich auf das Ganze dieser Einmaligkeit – auf den ganzen Herrn Müller – nicht anwenden.

In der Praxis des Arztes ist auch die folgende Erfahrung keine Seltenheit: Je genauer der Arzt einen Patienten kennenlernt, zum Beispiel unseren Herrn Müller mit einer „depressiven Episode mittleren Schweregrades“, desto mehr „entfernt“ sich der Patient aus der die Diagnose erzeugenden Schablone, also dem diagnostischen Regelwerk, das der Arzt zuvor auf das psychische Geschehen des Patienten angewendet hat. Er hat zugleich Erfahrungen mit anderen Patienten vor Augen, deren Symptomatik die gleiche Diagnose ergeben hat und doch waren diese „Fälle“ vollkommen verschieden. Dabei hat der Arzt die jeweilige Psychopathologie, die immer eine aus der Abstraktion geborene Schematisierung darstellt, durchaus zutreffend erfasst, freilich vorausgesetzt, es handelt sich nicht um eine falsche Diagnose.

Kurzum: Bei einem diagnostischen und therapeutischen Vorgehen, das sich auf die Wissenschaft allein, also auf das in Regeln und Gesetzen Erfassbare beschränkt, bleiben immer Eigenschaften unberücksichtigt. Darunter können auch wesentliche Eigenschaften sein.

Das Verhältnis zu den Naturwissenschaften ist seitens der mit „Psych“ beginnenden Fachbereiche nicht einheitlich und schon immer spannungsreicher als in den übrigen Disziplinen, zum Beispiel in der Inneren Medizin oder der Chirurgie. Einige Ärzte und Therapeuten, die ihre naturwissenschaftliche Sicht auf psychische Störungen und Krankheiten betonen, haben diese mit einem eigenen Namen versehen: „biologische Psychiatrie“. Seitens der psychosomatischen Medizin und Psychotherapie finden sich nicht selten Vorbehalte gegen eine naturwissenschaftliche Einbindung des psychischen Geschehens.

In Abgrenzung zu einer Medizin, die sich als angewandte Naturwissenschaft versteht, ist heute oft von einer biopsychosozialen oder integrierten Medizin die Rede. Damit ist eine Medizin gemeint, die neben der biologischen Ebene noch die psychologische und die soziale Ebene erfasst, die nicht isoliert, sondern integriert und verknüpft werden müssten, weil sie erst gemeinsam das menschliche Ganze erfassen, das für den Behandlungsprozess notwendig ist.

Wenn sich bei einer Person ein internalisierter psychischer Konflikt in einer bestimmten Lebenssituation aktualisiert, in deren Folge auch eine körperliche Symptomatik entsteht, zum Beispiel Schwindelattacken oder Verdauungsstörungen, dann sind die psychosozialen Aspekte bedeutsam und für Diagnostik und Therapie entscheidend. Denken wir an die Bedeutung der Biografie, an interkulturelle Unterschiede, die Einflüsse der Partnerschaft und der beruflichen Situation. Sie sind wichtige diagnostische Wegweiser und zum grundlegenden Verständnis des Geschehens sowie für eine psychotherapeutische Behandlung wesentlich.

Allerdings verschwindet durch diese Betrachtungen die psychosomatische Grundfrage nicht, wie eine psychische Belastung zu diesen körperlichen Veränderungen führen kann.

Wie so oft, wenn es um Für und Wider geht, sind die Gegensätze kleiner als die zugrundeliegende Gemeinsamkeit, an der sich Für und Wider orientieren. In diesem Falle ist es die Vorstellung davon, was Naturwissenschaft ist und was sie vermag. Eine verbreitete Ansicht geht dahin, dass naturwissenschaftliche Erkenntnis eine durchgehend objektivierbare Wirklichkeit beschreibt und auf etwas vollständig Berechenbares zielt. Eine Neigung zu plastischen Vorstellungen begünstigt womöglich diese Sicht: etwa die von den „winzigsten Kügelchen" als letzten Grund der Wirklichkeit. Letztlich sei es das Ziel jeder Naturwissenschaft, einen Formalismus zu enthüllen, durch den die Entwicklung einer vorbestimmten Wirklichkeit lückenlos beschrieben werden kann. Diese Sichtweise entspricht am ehesten der der klassischen Physik und hier der Mechanik. Sie wird dadurch beflügelt, dass sie in Form eines biologischen Determinismus auch den gegenwärtigen Kurs in der akademischen Psychiatrie und psychosomatischen Medizin bestimmt. Dass gerade die Physik, vor allem die Quantenphysik, dieses Bild der Naturwissenschaft seit Langem korrigiert hat, bleibt meist im Hintergrund oder ist unbekannt.

Das eher schwierige Verhältnis zur Quantenphysik betrifft allerdings die Psychosomatik und Psychiatrie nicht allein. Das gegenwärtige medizinische Denken orientiert sich ganz überwiegend an der durch die klassische Physik geprägten Naturwissenschaft. Wenn überhaupt quantentheoretische Überlegungen die medizinische Praxis und Forschung beeinflussen, dann meist über einen einzigen Weg: Die Quantentheorie wird allein an den empirisch zugänglichen Gehirnprozessen akzeptiert. Dazu hat beigetragen, dass heute Quantenprozesse bei allen technischen Untersuchungen am lebenden Gehirn angewendet werden. Die Positronen-Emissions-Tomographie (PET) beruht auf der Positronenfreisetzung eines radioaktiv markierten Zuckers; die Magnet-Resonanz-Tomographie

(MRT) misst die unterschiedliche Magnetisierung von Protonen in verschiedenen Gewebesituationen. Dabei werden allerdings die quantischen Prozesse auf klassische Messresultate eingeschränkt; die Bedeutung quantenphysikalischer Zusammenhänge bleibt meist unbeachtet.

Die Wirklichkeit des Menschen endet nicht am Horizont seiner naturwissenschaftlichen Erfahrungen. Es ist nicht erforderlich, Naturwissenschaft als umfassend anzusehen. Aber wenn wir nach einer Erklärung fragen inmitten der naturwissenschaftlich erfahrbaren Welt, dann werden nur Antworten inmitten dieser Erfahrbarkeit zugelassen.

Erkenntnis- und Erklärungslücken innerhalb der Naturwissenschaft können nur durch andere, durch bessere naturwissenschaftliche Erkenntnisse und Erklärungen gefüllt werden.

Zwei Thesen

Zwei Thesen stehen am Anfang, wenn wir nach einer naturwissenschaftlichen Erklärung fragen, nach einer Einbindung des Psychischen in die naturwissenschaftlich erfassbare Welt.

Erstens: Die Psyche und der Körper gehören zu einer naturwissenschaftlich erfassbaren Wirklichkeit. Monismus statt Dualismus.

Zweitens: Psychische Vorgänge oder Zustände sind etwas anderes als neuronale Prozesse. Dies gilt auch dann, wenn psychische Vorgänge oder Zustände immer an das Vorhandensein von neuronalen Prozessen gebunden sein sollten.

Daraus ergibt sich die Frage: Von welcher physikalischen Struktur ist auszugehen, wenn vom Psychischen die Rede ist? Wenn diese Frage beantwortet ist, dann dürfen wir auch auf eine Beantwortung der psychosomatischen Grundfrage hoffen: Wie kann die menschliche Psyche die Ursache für physische Veränderungen sein?

Psyche und Wirklichkeit

Wann bezeichnen wir einen Gegenstand als physikalisch real? Wann ist er ein Gegenstand der Naturwissenschaft?

Antwort: Wenn ihm die Möglichkeiten innewohnen, Wirkungen auszuüben oder zu empfangen. Gegenstände oder Phänomene, die weder faktisch noch der Möglichkeit nach Wirkungen ausüben oder empfangen können, besitzen keine Eigenschaften, um von den Naturgesetzen „bemerkt" und „gesehen" zu werden. Sie können nicht in naturgesetzliche Erklärungsmodelle eingebunden werden und sich auch keiner empirischen Beurteilung unterziehen.

So gehören mathematische Strukturen genau dann zur physikalischen Welt, wenn ihnen autonome Wirkmöglichkeiten angehören. Mit dem Ausdruck „autonome Wirkmöglichkeiten"[3] werden alle Zustände der bisher bekannten Physik erfasst, sowohl Zustände, die durch die klassische Physik beschrieben werden und die durch eine deterministische Entwicklung der Fakten charakterisiert sind, als auch Quantenzustände, deren deterministische Gesetzmäßigkeiten nur für die Entwicklung der Möglichkeiten gilt.

Die Vorstellung, dass auch Phänomene oder Gegenstände ohne Wirkmöglichkeiten naturwissenschaftlich erfasst und untersucht werden können, ist mit der Überzeugung vergleichbar, dass alle Menschen von ihrer Geburt bis zum Tod unsichtbare Hüte tragen, die weder wärmen noch vor Sonne oder Regen schützen, ja die nicht einmal der Möglichkeit nach irgendeine Wirkung ausüben oder empfangen können. Sie sind nicht und durch nichts zu identifizieren.

> Wenn wir die Psyche als Realität auffassen und naturgesetzlich identifizieren wollen, fordern wir mit der Psyche eine Struktur, die (autonome) Wirkmöglichkeiten besitzt.

Mit der Ergänzung „autonom" hat es folgende Bewandtnis: Seit einigen Jahren taucht immer häufiger die Formulierung von der „Naturalisierung des Bewusstseins" auf, was auf eine Nähe des Bewusstseins zur Natur und auf seine Erforschung durch die Naturwissenschaften verweisen soll. Allerdings wird dies von einigen Forschern auf eine Weise angegangen, die gerade aus naturwissenschaftlicher Sicht als unbefriedigend anzusehen ist. Ihre „Naturalisierung“ folgt der Idee, dass psychische Vorgänge oder Bewusstseinszustände *deshalb* ein Gegenstand der Naturwissenschaft seien, *weil* ihre Träger – nämlich die neuronalen Prozesse im Gehirn – Gegenstände der Naturwissenschaft sind.[4] Das ist unzureichend. Wenn ein Bewusstseinszustand oder ein sonstiger psychischer Vorgang mit den Mitteln der Naturwissenschaft untersucht werden kann, dann deshalb, weil ihm selbst (autonom) und nicht nur seinem Träger die Eigenschaften dazu innewohnen. Gleiches gilt im Übrigen auch für den Begriff der Information. Wenn Information ein Gegenstand der Naturwissenschaft ist, dann weil ihr selbst und nicht dem Träger (dem Papier, einer Festplatte oder den elektromagnetischen Wellen) die Eigenschaften dazu innewohnen. Metaphorisch zugespitzt: Eine Strumpfhose ist nicht lebendig. Sie wird es auch nicht, weil ihr Träger ein Lebewesen ist.

Psychische Objekte

In einer durch Technik und klassische Naturwissenschaft geprägten Welt ist die Frage nach Objekten und Untersuchungsgegenständen zentral. Das Gehirn und seine Zellen können als Objekte vorgeführt und so zum Gegenstand der Untersuchung werden. Doch wie sieht es mit der Psyche aus, den psychischen Objekten?

Ein Patient mit paranoider Schizophrenie schildert wiederholt die folgenden Gedanken: Er werde verfolgt. Eine unbekannte Organisation habe es auf ihn abgesehen. Nachbarn seien darin verstrickt, einzelne Familienglieder eingeschlossen. Vermutlich gehöre auch die Arzthelferin in der Praxis des Arztes dazu, was er aus ihren Blicken und Bewegungen geschlossen habe, die er im Wartezimmer beobachten konnte. Die Untersuchung des Arztes fördert Vorstellungen und Gedanken eines Verfolgungswahns zutage. Das sind psychische Objekte dieser Person.

Ein anderer Patient ist von verzweifelt grüblerischen Gedanken erfüllt, die ihn seine Welt als ausweglos erleben lassen. Er sehe keinen Sinn mehr im Leben, fühle sich fern aller Freude, ohne Elan, lebensmüde. Zunehmend sei er von Gedanken an den eigenen Tod erfüllt. Abermals werden Gedanken und auch Gefühle als Objekte der Psyche exploriert, diesmal im Rahmen einer Depression.

Nicht zuletzt erlebt, fühlt, denkt auch der Arzt. Er macht sich Gedanken zum Beispiel über eine Therapie. Diese Gedanken gehören zu den psychischen Objekten seiner Person.

In allen Beispielen wurden Gedanken exploriert und als psychische Objekte identifiziert. Und doch liegt darin eine Schwierigkeit. Zweifellos verstehen wir, was es heißt, wenn jemand sich Gedanken „macht", einen Gedanken „mit sich herumträgt" oder diesen „loszuwerden sucht". Sagen wir doch auch, dass uns Gedanken „vorschweben" oder „durch den Kopf gehen". Wir wissen aber ebenso, dass Gedanken dies nicht in einer gesondert vorführbaren Weise tun. Gedanken können nicht aus dem Bewusstsein einer Person herausgelöst, als Einzelobjekte separiert, auf einen Untersuchungstisch oder Objektträger platziert und so von außen – objektiv – untersucht, beobachtet, gemessen werden.

Psychische Vorgänge sind subjektiv und können allein der sie erlebenden Person bekannt sein.

An diese Tatsache wird oft der Einwand geknüpft, dass etwas, das „von außen" nicht unmittelbar zugänglich ist, auch kein Objekt einer naturwissenschaftlichen Untersuchung sein kann. Es könne daher auch nicht zum Erklärungsziel einer naturwissenschaftlichen Theorie bestimmt werden.

Dieser Einwand ist ungültig. In vielen Bereichen der Naturwissenschaft werden immer wieder erfolgreich Untersuchungen durchgeführt und Theorien entwickelt, obgleich das zu erklärende Phänomen oder der zu untersuchende Gegenstand einer empirischen Prüfung nicht unmittelbar zugänglich ist. Denken wir beispielsweise an die Theorien zur Energieerzeugung in der Sonne. Weder der Mensch noch seine technischen Geräte haben sich je in ihrer Nähe oder gar in der Sonne aufgehalten, um etwa die Temperatur und andere physikalische Größen vor Ort zu bestimmen und doch haben sich die Theorien über die erzeugte Sonnenenergie bewährt. Oder die Theorien über die Quarks, den Strukturen innerhalb der Atomkerne. Auch sie können nicht aus den Protonen oder Neutronen herausgelöst, als Einzelobjekte separiert, auf einen Untersuchungstisch oder Objektträger platziert und so von außen – objektiv – untersucht, beobachtet, gemessen werden. Dennoch haben sich die Theorien bewährt und fügen sich in konsistenter Weise in das etablierte Gefüge der Physik.

Im weiteren Text greifen wir ein einziges psychisches Objekt heraus, das beispielhaft für das gesamte Geist-Psyche-Bewusstsein-Spektrum verwendet werden soll: den sprachlich formulierten bewussten Gedanken des menschlichen Bewusstseins. Natürlich werden alle anderen psychischen Objekte – Vorstellungen, Affekte, Gefühle, bewusste und unbewusste – dabei stets mitgedacht. Auch trifft es zu, dass den Begriffen Bewusstsein, Psyche und Geist eine jeweils eigene Bedeutungsgeschichte innewohnt und dass ihre Unterscheidung sinnvoll ist; nur ist diese für die psychosomatische Fragestellung nicht von Belang.

Ein Ziel ist es, Missverständnisse, die sich aus dem unterschiedlichen Gebrauch von Worten ergeben können, möglichst zu vermeiden. Und diese Gefahr ist bei der Wort- und Bedeutungsvielfalt im Umkreis der Psyche recht groß. Denken wir an die Worte Seele, Geist, Bewusstsein, Wille, Gefühl und Emotion, um einige zu nennen. So wird in der heutigen akademischen Philosophie das Bewusstsein im Sinne von Subjektivität und Erleben meist „phänomenales Bewusstsein" genannt. Jetzt wäre zusätzlich eine Bestimmung des Wortes „phänomenal" und seine Abgrenzung zu anderen Verwendungen des Wortes erforderlich. Wer in dieser Sprachwelt nicht heimisch ist, hat es schwer. Ein anderer häufig verwendeter Ausdruck, der hier vermieden wird, ist das Wort Epiphänomen. Ein Epiphänomen bezeichnet ein Phänomen oder einen Gegenstand der Betrachtung, der keine Wirkungen empfangen und ausüben kann. Ein Epiphänomen ist wirkungs- und bedeutungslos. Mitunter findet sich in Fach- und Sachbüchern der ausdrückliche Hinweis, dass darin die Psyche nicht als ein Epiphänomen angesehen wird. Im weiteren Text ist dennoch nicht selten von einer Psyche die Rede, die weder Wirkungen ausüben noch empfangen kann. Das ist verwirrend.

Der Ausdruck „sprachlich formulierte bewusste Gedanken des Bewusstseins" ist hinreichend klar. Zudem ist der Gedanke, den wir im Bewusstsein sprachlich formulieren, uns unmittelbar gegeben und ohne äußere Umwege bekannt. Mehr Gewissheit geht nicht. Vergleichen wir diese Gewissheit mit der Kenntnis des eigenen Gehirns. Ich zum Beispiel habe mein Gehirn noch nicht gesehen. Ich hatte bisher auch keine indirekte Kenntnis mittels bildgebender Verfahren. Aber ich habe im Anatomiestudium menschliche Gehirne gesehen und ich vertraue den Wissenschaftlern, die vom Gehirn und seinen neuronalen Prozessen reden.

Aus Gründen der praktischen Kommunikation wird im weiteren Text meist nur das Wort „Gedanke" verwendet, aber mit exakt derselben Bedeutung. Aus ebenfalls praktischen Gründen werden die Ausdrücke mental, seelisch, geistig und psychisch mit übereinstimmender Bedeutung, also synonym, verwendet. Sie sind dann Abkürzungen oder Stellvertreter, deren Bedeutung mit dem Ausdruck „die sprachlich formulierten bewussten Gedanken des menschlichen Bewusstseins betreffend" identisch ist.

Hirnforschung und Neurobiologie

Die folgenden Auffassungen der Hirnforschung und Neurobiologie gehören zum einflussreichen Mainstream der akademischen Gegenwart. Sie prägen entscheidend die wissenschaftliche Forschung und auch ihr öffentliches Bild. Einige Forscher haben daraus die Beseitigung der Willens- und Entscheidungsfreiheit destilliert und sogar eine Änderung des Strafrechts angemahnt. Zudem wirken sie auch auf medizinische Fachbereiche, vor allem auf die psychosomatische Medizin und Psychiatrie. Und obgleich Neurobiologie und Hirnforschung die Grundfrage der Psychosomatik nicht beantworten, scheint es wie ausgemacht, dass nur auf dem Weg „neuronaler Netzwerke plus klassische Physik" eine Antwort gefunden werden wird. Die folgende Analyse zeigt, dass das ein Irrtum ist.

Die Psyche ist nicht das Gehirn

An einem neuronalen Prozess sind zahlreiche Nervenzellen beteiligt. Die Funktionsweise einer einzelnen Nervenzelle wird innerhalb einer sich an den Theorien der klassischen Physik ausrichtenden Neurobiologie mit einem Transistor oder Schalter verglichen, der entweder ein- oder ausgeschaltet ist. In der Sprache der Neurophysiologie ausgedrückt: Die Nervenzelle feuert oder sie feuert nicht. Zwar wird die durch diesen Vergleich angedeutete Einfachheit der Arbeitsweise einer einzelnen Nervenzelle durch die Vielzahl, die synaptische Variabilität und die große Fülle elektrochemischer Prozesse (zum Beispiel durch Wirkungen der Neurotransmitter und Neuromodulatoren) erheblich komplizierter, doch wird in der großen Zahl von Nervenzellen und der noch größeren Zahl ihrer Verknüpfungen – einem „Mehr des Gleichen"[5] – tatsächlich eine entscheidende Ursache für die Herausbildung bewusstseinsfähiger Nervensysteme gesehen.

Milliarden dieser Neurone sind durch eine noch größere Zahl synaptischer Verbindungen auf vielfältige Weise – erregend oder hemmend, stark oder schwach – miteinander verbunden. Hirnvorgänge, die psychischen Vorgängen zugrunde liegen, werden als in neuronalen Netzwerken organisierte Aktivierungsmuster beschrieben, die ausschließlich den Gesetzen der klassischen Physik genügen. Diese elektromagnetischen Muster entstehen, indem Millionen von Nervenzellen, die in den verschiedensten Hirnregionen lokalisiert sein können (zum Beispiel in der Großhirnrinde oder dem limbischen System), in einer spezifisch miteinander verknüpften und zeitlich aufeinander abgestimmten Weise elektromagnetische Aktivität zeigen. Dabei handelt es sich um ein komplex organisiertes Neuronen-Miteinander, das zumindest im Prinzip „von außen" dargestellt und aus der Dritte-Person-Perspektive objektiv erfasst werden kann.

Was die Beziehung von Gehirn und Psyche, Körper und Geist, Leib und Seele, Materie und Bewusstsein (um auch die anderen traditionellen Begriffspaare einmal zu nennen) anbelangt, besteht seitens der Hirnforschung und Neurobiologie in den zentralen Punkten Einigkeit, vor allem darin, dass die Entstehung des Bewusstseins, der Psyche, des Geistes naturwissenschaftlich erklärt werden kann. Zugleich stimmen viele der heute publizierenden Hirnforscher darin überein, dass die Quantenphysik zur Erklärung der Psyche und ihrer Beziehung zum Gehirn keine Rolle spielt. Daraus ergeben sich drei zentrale Punkte, die für ein Verständnis der gegenwärtigen Hirnforschung und Neurobiologie wegweisend sind:

- Die Psyche wird als Produkt des Gehirns verstanden
- Wissenschaftlicher Determinismus
- Die Psyche ist nicht das Gehirn: Gehirn ≠ Psyche

Ist die Psyche ein Produkt des Gehirns?

Der Hirnforscher Dick Swaab beschreibt es prägnant: „Das Produkt der Interaktion dieser Milliarden von Nervenzellen ist unser ‚Geist'".[6] Die Produktvorstellung ist heute sogar an einigen Buchtiteln ablesbar. Beispielsweise wurde die deutsche Ausgabe von Benjamin Libets Buch „Mind Time“ mit dem Untertitel versehen: „Wie das Gehirn Bewusstsein produziert“. Gerhard Roth und Nicole Strüber nennen ein gemeinsam verfasstes Buch: „Wie das Gehirn die Seele macht“.

Dick Swaab knüpft seine Produktvorstellungen an folgenden Vergleich: „So wie die Niere den Urin produziert, produziert das Gehirn den Geist.“[6] Der Hirnforscher Wolf Singer wurde gebeten, dieses Zitat zu kommentieren. Er bemerkte, dass der Kollege, von dem dieser Satz stamme, zwar einen unappetitlichen Vergleich gewählt habe, doch habe er „im Grunde recht!“[7]

Prüfen wir den Drüsen-Sekret-Vergleich: Ist das Drüsensekret einmal produziert, löst es sich von seiner Drüse und kann nun unabhängig von der Erzeugerdrüse Wirkungen ausüben und empfangen. Würden sich die psychischen Vorgänge zu ihren neuronalen Erzeugern ebenso verhalten, dann bedeutete dies für die Psyche, zum Beispiel für einen Gedanken: Ist er einmal erzeugt worden, kann der Gedanke sich von seinen neuronalen Erzeugern lösen und unabhängig von ihnen Wirkungen ausüben und empfangen. Der Gedanke besäße damit die Fähigkeit, eigene Wirkungen auszuüben und zu empfangen, zum Beispiel auf Nervenzellen oder auch auf andere Gedanken. Die Psyche wäre damit als eine physikalische Realität anerkannt, eine Vorstellung, die nur von sehr wenigen Neurowissenschaftlern akzeptiert wird.

Bilder und Vergleiche sind Annäherungen. Sie sollen das Verständnis erleichtern und nicht spitzfindig interpretiert werden. Jedes Bild und jeder Vergleich können missverstanden werden. Was allerdings von einem Vergleich des Gehirns mit der Niere oder einer anderen Drüse dann noch übrig bleibt, ist lediglich die angenommene zeitliche Nachfolgestruktur des Psychischen, also dass die psychischen Vorgänge die zeitlichen Nachfolger von *ihren* neuronalen Prozessen sind. Doch es sollte erklärt werden, dass und wie psychische Prozesse durch neuronale Prozesse hergestellt, erzeugt, produziert werden. Um ein schlichtes Früher oder Später zu kennzeichnen, ist jeder beliebige zeitliche Vorgang gleich gut gewählt, also etwa, dass das Anrühren eines Kuchenteigs *vor* dem Backen geschieht und dass ein Haus erst *nach* seinem Bau betreten werden kann.

Die Produktvorstellung wird heute überwiegend mit dem Begriff der

Emergenz verbunden. Das Wort Emergenz stammt von dem lateinischen Wort „emergere", was mit „auftauchen" übersetzt wird. Viele Hirnforscher und Neurobiologen beschreiben die Psyche (bzw. den Geist oder das Bewusstsein) als eine emergente Eigenschaft von Hirnprozessen.[8, 9] Damit ist folgende Vorstellung verbunden: Wenn eine große Zahl der in bestimmten neuronalen Netzwerken organisierten Nervenzellen auf spezifische Weise miteinander interagiert, dann emergieren psychische Zustände oder Vorgänge; das heißt, sie tauchen auf, sind da. Sie werden in dieser Version der Produktvorstellung also nicht mehr aus den neuronalen Prozessen herausgepresst wie der Saft aus der Orange oder abgesondert wie das Sekret aus einer Drüse, sondern sie emergieren. Dabei wird hervorgehoben, dass es sich um hochkomplexe dynamische Vorgänge handelt, die die Eigenschaft „psychisch" hervorbringen, die den einzelnen Nervenzellen oder weniger komplexen neuronalen Prozessen nicht zukommt.

Bis hierher handelt es sich um die Beschreibung einer Situation. Irritierend ist, dass dieser Beschreibung häufig die Bedeutung einer letztmöglichen Erklärung zugemessen wird. Das ist sie nicht. Vielmehr ist das Wort „unerklärt" sogar ein geeignetes Synonym für „emergent", weil es zudem den Ort markiert, wo nach einer Erklärung zu suchen ist.[10] Hier ist ein Problem. Wie lautet die Lösung? Hier muss etwas erklärt werden. Wie sieht eine Theorie aus, die das leisten kann?

Um dies zu veranschaulichen, wählen wir folgendes Beispiel: Natriumchlorid hat andere Eigenschaften als Natrium und Chlor, was schon in den geläufigen Namen Kochsalz und Speisesalz zum Ausdruck kommt. Wir könnten nun sagen, dass die Eigenschaft „genießbare Salzigkeit" ein emergentes Produkt ist, das den Elementen Natrium und Chlor allein nicht zukommt, *weil* es erst aus ihrem Zusammenwirken entsteht, auftaucht, emergiert. Das ist die Beschreibung der Situation.

Die naturwissenschaftliche Erklärung, wie Speisesalz entsteht, liefert die Chemie, genau genommen die Quantenchemie. Die mathematischen Strukturen, mit denen die physikochemischen Vorgänge erfasst werden, die zum Kochsalz führen, sind heute vollständig aufgeklärt. Die Forscher haben sich nicht mit dem Auftauchen einer neuen Eigenschaft begnügt und ihr Auftauchen als eine von Erklärung befreite Tatsache angesehen; sondern sie haben herausgefunden, welche physikalischen Strukturen der chemischen Verbindung, die die Eigenschaft „genießbare Salzigkeit" besitzt, und ihrer Entstehung tatsächlich entsprechen. Das ist es auch, was als eine naturwissenschaftliche Erklärung aufgefasst wird.

Analog dazu hat die Naturwissenschaft die Aufgabe, die physikalischen Strukturen des Bewusstseins bzw. der Psyche und die ihrer Entstehung aufzuklären.

Was sagt die Naturwissenschaft zum Determinismus?

Die Auffassung des wissenschaftlichen Determinismus kann in folgender Weise formuliert werden: Der Zustand eines Systems ist zu jedem Zeitpunkt vollständig festgelegt. Der gegenwärtige Zustand, der den nächsten Zustand festlegt, ist selbst durch den vergangenen Zustand festgelegt. Wichtig dabei ist, dass der wissenschaftliche Determinismus keine Ausnahme zulässt. Sollte sich ein Ereignis finden, das nicht festgelegt ist, handelt es sich bereits um einen nicht deterministischen Vorgang, der deshalb als Indeterminismus bezeichnet wird. Daraus folgt: Nur der Indeterminismus kann mit *ziemlich* stark festgelegten oder mit *fast* vollständig bestimmten Vorgängen verbunden sein; der wissenschaftliche Determinismus, der Ausnahmen nicht duldet, jedoch nicht. Um auch hier Missverständnisse, die sich aus der Verwendung von Worten ergeben können, zu vermeiden, werden die folgenden Begriffe synonym verwandt: festgelegt = (vor)bestimmt = determiniert.

Mit der logischen Verknüpfung von Determinismus und Naturgesetz hatte die Idee des Determinismus Einzug in die Wissenschaft gehalten. Die Auffassung, dass der Determinismus die notwendige Folge der Gültigkeit mathematisch formulierbarer Naturgesetze ist, hatte sich zum ersten Mal im Anschluss an die von Isaac Newton gefundenen physikalischen Gesetze herausgebildet. Der physikalische Determinismus ist der erste und *der* wissenschaftliche Determinismus schlechthin. Erst in der jüngeren Vergangenheit sind seitens der Hirnforschung zwei weitere Formulierungen des wissenschaftlichen Determinismus hinzugetreten. Sie werden hier als neuronaler und neuropsychologischer Determinismus unterschieden. Ihre Kenntnis und Unterscheidung sind vor allem aus zwei Gründen von Belang: Sie liefern Einblicke in das gegenwärtige Wissenschaftsverständnis der Hirnforschung und Neurobiologie und sie zeigen den argumentativen Hintergrund für die noch immer lebhaft geführten Debatten zur Freiheit des Willens, die freilich mit allen Formen des wissenschaftlichen Determinismus unvereinbar ist.

Physikalischer Determinismus: Der physikalische Determinismus, den wir auch als den ersten wissenschaftlichen Determinismus bezeichnen können, liegt in der mathematischen Struktur von Differentialgleichungen begründet, in der physikalische Gesetze formuliert werden. Differentialgleichungen symbolisieren eine Art deterministisches Ideal: Mit mathematischer Strenge wird darin Vorbestimmung wissenschaftlich formuliert.

Die Situation änderte sich grundlegend mit der Entdeckung der Quantentheorie zu Beginn des 20. Jahrhunderts. Allerdings beschreibt auch die Quantentheorie eine deterministische Entwicklung und entspricht damit vollgültig dem Charakter eines Gesetzes der Physik. Nur beschreibt die Quantentheorie die deterministische Entwicklung der Möglichkeiten und nicht, wie die klassische Physik, die deterministische Entwicklung der Fakten. Der Indeterminismus tritt beim Übergang der Möglichkeiten in ein Faktum auf, was in der Physik traditionell als Messprozess bezeichnet wird. Welche der Möglichkeiten in ein Faktum übergeht, ist unbestimmt und geschieht absolut zufällig. Die Frage, warum gerade diese Quantenmöglichkeit und nicht eine der zahlreichen anderen zu einem Faktum geworden ist, wird von der Natur nicht mehr in einer Weise beantwortet, die das klassische Kausalbedürfnis befriedigt. Eine angemessene Begründung müsse doch vorhanden sein, so könnte aus klassischer Perspektive gefragt werden, die letztlich in gerader „Linie" oder „Bahn" schlüssig nachzeichnet, was die eine vor der anderen Möglichkeit auszeichnete und eben diese und keine andere zum Faktum werden ließ. An diesem Punkt – dem Übergang vom Möglichen zum Faktischen – enthüllt das Naturgeschehen seine Struktur der Unbestimmtheit und des absoluten Zufalls, die sich dem klassischen Kausalverständnis entzieht. Die Warum-Frage, die eine solche Antwort dennoch erwartet, ja womöglich zu erzwingen sucht, verliert ihren Sinn und verlässt eindeutig den Rahmen der Naturwissenschaft. Wenn denn schon an dieser Stelle etwas entgegnet werden soll, dann bleibt nur die Auskunft, „Quanten sind anders", und vielleicht der Verweis auf die entsprechende Literatur.[11]

Die Physiker begannen den grundlegend anderen Charakter der neuen Theorie in der Sprache kenntlich zu machen, indem sie die bisher vorhandenen Theorien von nun an als „klassische Physik“ bezeichneten, um sie von der Quantenphysik zu unterscheiden. Diese Unterscheidung – Quantenphysik und klassische Physik – hat sich bis heute erhalten.

Als Konsequenz dieser Entwicklung wurde der physikalische Determinismus durch den physikalischen Indeterminismus abgelöst.

Daraus folgt, dass Hirnforscher und Neurobiologen, welche die Relevanz der Quantenphysik für ihren Forschungsbereich ausschließen, damit immer auch den physikalischen Determinismus vertreten.

Neuronaler Determinismus: Der zweite wissenschaftliche Determinismus, der seine Gültigkeit auf naturwissenschaftliche Erkenntnis zu gründen versucht, ist der neuronale Determinismus; eine Auffassung, die seit dem ausgehenden 20. Jahrhundert von Neurobiologen und Hirnforschern formuliert wird.

Der neuronale Determinismus besteht in der Auffassung, dass alle psychischen Vorgänge durch neuronale Vorgänge determiniert sind. Genauer: Alle psychischen Vorgänge – ob bewusst, vor- oder unbewusst – sind vollständig und in allen Einzelheiten durch neuronale Prozesse bestimmt.

Der neuronale Determinismus wird zugleich mit der Produktvorstellung verbunden. Diese Verbindung lässt sich in einem Satz zusammenfassen: Zuerst findet ein Gehirnvorgang statt, dem anschließend der durch diesen Hirnprozess erzeugte und vollständig determinierte psychische Vorgang folgt.

Nehmen wir an, dass im Bewusstsein einer Person zwei Gedanken aufeinander folgen, die wir als G1 und G2 bezeichnen. G1: „Was für ein herrliches Sonnenwetter“, und G2: „Da könnten wir doch spazieren gehen“. Eine allgemeine Erfahrung dürfte es sein, dass beide Gedanken in ihrer Verbundenheit erfahren werden und dass vielen von uns diese Verbundenheit (sonniges Wetter – möglicher Spaziergang) einleuchtend ist; obgleich es natürlich Wetterfreunde geben mag, die eher bei stürmischem Regenwetter oder Hagelschauern spazieren gehen. Wie müssen die Beziehungen der im Bewusstsein der Person aufeinander folgenden Gedanken G1 und G2 innerhalb des neuronalen Determinismus interpretiert werden? Das Entscheidende ist: Die Gedanken haben keine Beziehung zueinander. Sie berühren, begegnen, kennen sich nicht! Hier ist nicht aus einer Schönwetter-Wahrnehmung die Idee zu einem Spaziergang geboren. Nein: In dieser Konzeption determinieren neuronale Prozesse die Gedanken. Der neuronale Zustand N1 determiniert den Gedanken G1 und der neuronale Zustand N2 determiniert den Gedanken G2. Die neuronal determinierten Gedanken emergieren aus einem hochkomplexen Neuronen-Miteinander. Die Gedanken selbst sind einander unbekannt. Innergedankliche oder intrapsychische „Berührungen" finden nicht statt. Als Gedanken wirken sie nicht, nicht auf Nervenzellen und nicht auf andere Gedanken. Was wirkt, sind allein die neuronalen Erzeugerprozesse N1 und N2. Das klingt zweifellos absurd, ist aber eine notwendige Konsequenz des neuronalen Determinismus.

Was heißt das alles im Hinblick auf die Beantwortung der psychosomatischen Grundfrage? Der neuronale Determinismus kennt nur neuronale Wirkungen und schließt autonome Wirkmöglichkeiten der Psyche aus. Wo Psychosomatik draufsteht, wäre Somasomatik drin.

Neuropsychologischer Determinismus: Der dritte wissenschaftliche Determinismus, der seine Gültigkeit auf naturwissenschaftliche Erkenntnis zu gründen versucht, wird hier als neuropsychologischer Determinismus bezeichnet, weil er sich aus der Unterscheidung von unbewussten und bewussten Prozessen sowie aus ihren zeitlichen Beziehungen herleitet und begründet.

Der neuropsychologische Determinismus besteht in der Auffassung, dass das menschliche Verhalten – alle Handlungen, Entscheidungen und sonstigen Lebensäußerungen – durch jene neuronalen Prozesse bestimmt sind, die einer unbewussten psychischen Verarbeitung zugeordnet sind.

Der neuropsychologische Determinismus stützt seine Argumentation auf die Unterscheidung von unbewussten, im limbischen System verankerten, und von bewussten, unter maßgeblicher Beteiligung der Hirnrinde erzeugten psychischen Vorgängen.[14] Die Begründung: Am Anfang und am Ende eines jeden Entscheidungsprozesses sind ausschließlich unbewusst wirksame neuronale Prozesse des limbischen Systems ausschlaggebend und nur sie legen fest, welche Handlung tatsächlich ausgeführt und unterlassen wird. Kurzum: Das „erste und das letzte Wort" hat das limbische System![12]

Nehmen wir an, die Entscheidung „Vanille- oder Erdbeereis" ist das Ergebnis eines langen Erwägungs- und Überlegungsvorgangs, der mit dem Appetit, dem Verlangen, dem Wunsch, der uns zum Eismann führt, beginnt und mit der entsprechenden Eiswaffel in der Hand endet. Ein Vorgang hat, als zeitliches Geschehen, einen Anfang und ein Ende. Das „erste Wort" hat das unbewusst agierende limbische System. Wenn nun auf dem Wege der Entscheidung auch bewusste Abwägungen oder Auswahlüberlegungen eine Rolle spielen sollten, dann geschehen diese lediglich in der Zwischenzeit, bevor das unbewusst wirksame limbische System die Letztentscheidung trifft. Jeder bewusst erlebte Erdbeerwunschgedanke kann zugunsten einer unbewussten, durch das limbische System getroffenen Vanilleentscheidung umgeworfen werden, und zwar, ohne dass uns die Vorgänge, die diesen Entscheidungswechsel tatsächlich herbeiführen, in irgendeiner Form bewusst oder einsichtig werden. Dabei kann die „Erste-und-letzte-Wort-Argumentation" durchaus den Eindruck erwecken, dass eine Einschränkung des Determinismus durch bewusste psychische Vorgänge für möglich gehalten werde, wenn nur die bewussten Anteile an den Entscheidungsprozessen spät genug auftauchten, wenn auch sie einmal „das letzte Wort" haben könnten. Doch sei eben dies niemals der Fall. Hier zeigt sich ein Unterschied zum neuronalen Determinismus. Nach diesem wäre auch jede im letzten Augenblick bewusst getroffene Entscheidung vollständig durch neuronale Prozesse festgelegt.

Bei allen Unterschieden zwischen dem neuronalen und dem neuropsychologischen Determinismus, ein gemeinsamer Kern ist überall dort anzutreffen, wo aus den Resultaten neurowissenschaftlicher Forschung der Determinismus aller psychischen Vorgänge und des menschlichen Verhaltens gefolgert wird. Beide Auffassungen stimmen in dem überein, was die Formulierungen „Verschaltungen legen uns fest"[13] oder „Wir sind determiniert"[14] als konsequente Kurzformeln zum Ausdruck bringen.

Konsequenzen und Folgerungen: Mit allen Formen des wissenschaftlichen Determinismus sind weitreichende Konsequenzen für das Verständnis und das Selbstverständnis des Menschen verbunden, die deshalb etwas näher ausgeführt werden sollen. Diese Folgen werden meist nicht genannt, wenn der wissenschaftliche Determinismus und die aus ihm gefolgerte Unfreiheit des Willens publikumswirksam beschworen werden; vielleicht weil sie mit dem menschlichen Selbstverständnis zu oft kollidieren und aufgrund ihrer teilweise absurden Undenkbarkeiten.

Es folgen einige Stichsätze: Sämtliche psychischen Vorgänge und sämtliches Verhalten aller Menschen zu allen Zeiten wären determiniert. Argumentationen, Abwägungen, Begründungen – auch die für oder gegen den wissenschaftlichen Determinismus – sind psychische Vorgänge und wären die Folge determinierter Gehirnprozesse. Sie wären also nicht der logischen Kraft eines Argumentes oder schlüssiger Erklärungen zu verdanken. Vielmehr wären die Überzeugungen, dass Argumente logisch und Erklärungen schlüssig seien, selbst psychische Vorgänge und als solche durch neuronale Prozesse determiniert. Denken wir an einen Wissenschaftler, der nach Argumenten für oder gegen den wissenschaftlichen Determinismus sucht. Diese Person wäre in mehrfacher Hinsicht ein sich selbst narrendes Opfer neuronaler Determinationen: Argumente entwickeln sich in Gedanken und diese wären, so der neuronale Determinismus, neuronal determiniert.

Sollte dies jemand lesen oder nicht lesen, einleuchtend oder unsinnig finden – alle diese Überlegungen und Entschlüsse und damit verbundenen Stimmungen und Gefühle wären die notwendige Folge determinierter Gehirnvorgänge. Alle je hervorgebrachten Gedanken, Gefühle und Vorstellungen sowie alle logischen Folgerungen, Zustimmungen, Widerlegungen, Begründungen, kurzum sämtliche Gemütsbewegungen wären determiniert.

Auch die „Entdeckung“ des Determinismus und der Gedanke, dass vielleicht ein Wissenschaftler bessere Argumente als ein anderer habe, alles das wären ebenso determinierte Prozesse wie sämtliche gegenteiligen Empfindungen oder Gedanken, denn, so sagen uns Hirnforscher: „Wie jemand rational abwägt, ist seinerseits wieder neuronal determiniert.“[15]

Hirnforscher und Philosophen, die für eine Änderung des Strafrechts plädieren, weil nach ihrer Überzeugung alle Täter und Straftäter gar nicht anders hätten handeln können und dies mit Argumenten zu verteidigen suchen, täten dies, weil sie in diesem Moment zum Plädieren und Aussprechen dieser als Argumentation bezeichneten Wortfolge determiniert waren. Zum Beispiel Singer: „Jemand hat so entschieden, weil er mit einem Gehirn ausgestattet ist, das in diesem Moment so entscheiden konnte und nicht anders."[18] Übrigens wären dann die zur Behandlung ausgesandten Psychotherapeuten, wie auch die Richter, die Opfer, die Zuschauer, genauso determiniert wie die Täter. Auch ihre Entscheidungen und ihr Verhalten – während, vor und nach einer Tat – wären determiniert, vollständig und ausnahmslos.

Alles das ließe sich endlos fortführen. Entscheidend ist: Die Zukunft wäre vorbestimmt, „geschlossen". Nichts wäre schöpferisch, alles determiniert.

Noch eine Bemerkung zur menschlichen Kreativität, die einige Forscher mit dem wissenschaftlichen Determinismus zu harmonisieren versuchen: „[...] unsere Gehirne funktionieren nach deterministischen Naturgesetzen. Aber auch deterministische Systeme sind offen und kreativ, können Neues in die Welt bringen."[16] Dass darin Widersprüche enthalten sein müssen, liegt auf der Hand. Eine Entwicklung als offen zu charakterisieren bedeutet immer, dass es sich um eine nicht vorbestimmte Entwicklung handeln muss. Eine deterministische Entwicklung kann unbekannt und nicht berechenbar, doch niemals offen sein. Der wissenschaftliche Determinismus schließt echte Kreativität und schöpferisches Handeln aus.

Gemäß den Thesen des wissenschaftlichen Determinismus, deren Widersprüchlichkeit ich hier aufzeige, ist alles vorbestimmt. Diese Vorbestimmung wäre unabhängig davon, ob wir von dieser Bestimmung Kenntnis haben, sie prognostizieren können oder nicht. Kenntnisnahmen und Prognosen wären ebenfalls vorbestimmt. Und Neuheit gäbe es nur in einer Weise, wie wir von der neuen Ausgabe einer Zeitung sprechen. Für den Leser ist sie neu – freilich wäre auch diese Empfindung der Neuheit im Leser determiniert und die Sekunde des Erscheinens wäre vorbestimmt. Die Tatsachen, über die berichtet wird, wären determiniert. Fake News wären determiniert, freilich auch ihr Gegenteil.

Gehirn ≠ Psyche

Den ersten beiden Punkten – der Produktvorstellung und dem Determinismus – wird hier widersprochen. Bei dem dritten Punkt – Gehirn ≠ Psyche – besteht Einigkeit. Auch in der Neurobiologie und Hirnforschung wird heute überwiegend davon gesprochen, dass neuronale Prozesse etwas anderes als psychische Vorgänge oder Zustände sind. Dass dies keineswegs selbstverständlich ist, wurde in den ersten Abschnitten bereits angedeutet.

Die Hirnforscher Gerhard Roth und Nicole Strüber betonen, dass es „logisch und erkenntnistheoretisch zwingend" sei, „Bewusstsein *nicht* als identisch mit neuronalen Zuständen des Gehirns oder mit elektromagnetischen Wellenmustern anzusehen. Diese haben nun einmal nichts an sich, was den Bewusstseinszuständen zukommt."[17] Konkret bekennt sich auch Wolf Singer, wenn er sagt: „Da der Gedanke Folge neuronaler Prozesse ist, unterscheidet er sich natürlich von diesen."[18] Darin sind sogar zwei Behauptungen enthalten. Erstens: Gedanken sind etwas. Zweitens: Gedanken sind keine neuronalen Prozesse.

Diese Verschiedenheit vor Augen lassen sich die entscheidenden Fragen noch einmal präzisieren: Was sind die Gedanken inmitten einer sich als Naturwissenschaft verstehenden Konzeption? Was ist das Psychische, das womöglich eine neuronale Basis oder Grundlage besitzt, aber etwas anderes als diese Grundlage oder Basis ist? Kurzum es beginnt die Suche nach physikalischen Strukturen, die in den psychischen Vorgängen und Zuständen identifiziert werden.

Die Identifikation einer physikalischen Struktur innerhalb des psychischen Geschehens ist die erste und wichtigste Forderung. Die zweite Forderung besteht darin, die Verbindung dieser Struktur mit den neuronalen und anderen körperlichen Prozessen aufzuzeigen. Dabei handelt es sich um eine direkte Verknüpfung physikalischer Strukturen und nicht um das Auffinden „statistischer Korrelationen". Auch reicht es nicht hin, Naturwissenschaft verheißende Begriffe einzuführen, denen eine physikalische Entsprechung jedoch fehlt.[19]

Wenn innerhalb der Psyche keine physikalische Struktur identifiziert wird, dann ist die Psyche im Rahmen einer naturwissenschaftlichen Konzeption auch nicht existent. Das Label Emergenz klebt dann auf dem „Nichts". Die Rede von psychischen Vorgängen, die naturwissenschaftlich untersucht würden, ist in diesem Falle von derselben Qualität wie die Überzeugung, dass alle Menschen unsichtbare Hüte tragen, die durch nichts zu identifizieren sind.

Halten wir fest: Das Wissen über die Struktur und Funktion des menschlichen Gehirns ist in den letzten Jahrzehnten eindrucksvoll gewachsen; im Hinblick auf die Psyche sieht es anders aus. Die gegenwärtig verfügbaren Theorien der Hirnforschung und Neurobiologie erlauben keine Darstellung der Psyche, des Bewusstseins, der Gedanken inmitten der naturwissenschaftlich erfassbaren Welt. Kein einziges neurobiologisches Modell erfasst „in" der Psyche und ihren Objekten eine physikalische Struktur! Fazit:

Hirnforschung und Neurobiologie beantworten die psychosomatische Grundfrage nicht.

Das Licht, die Psyche und das Gehirn

Die neuronalen Wechselwirkungen, die auf der Grundlage der klassischen Physik beschrieben werden, sind nicht die physikalischen Strukturen, auf welche sich die menschliche Psyche zurückführen lässt. Das jahrzehntealte Paradigma – die Reduktion der Psyche auf die Materie des Gehirns – ist gescheitert. Dabei gehört die Reduktion, also die Zurückführung von komplexen auf einfache Strukturen, zum Kern jeder naturwissenschaftlichen Erklärung. Die Frage lautet nicht, „Ob?", sondern „Worauf?" sich eine komplexe Struktur wie die Psyche zurückführen lässt. Das wiederum setzt in den Naturwissenschaften die Beschreibung der Entwicklung von den einfachen zu den komplexen Strukturen, einschließlich ihrer mathematischen Grenzübergänge, voraus.

Protyposis – Information ohne Eigenschaften

Was sind die einfachen physikalischen Strukturen, auf die sich die Psyche zurückführen lässt? Mit dieser Fragestellung gelangen wir schließlich zu der Theorie, durch die die Entstehung des Bewusstseins auf quantenphysikalischer Grundlage erklärt werden kann: die Theorie der Protyposis von Thomas Görnitz.[20] Was folgt aus der Theorie?

Wer mit dem Kopf an einen Holzpfeiler stößt, erfährt die Realität des Holzes unmittelbar. Die physikalische Realität des Holzes wird auf die dem Holz zugrunde liegenden mathematisch erfassten physikalischen Strukturen – die AQIs – zurückgeführt.

Wer sich an einem Gedanken stößt, erfährt auch die Realität des Gedankens unmittelbar. Die physikalische Realität des Gedankens wird auf die dem Gedanken zugrunde liegenden mathematisch erfassten physikalischen Strukturen – die AQIs – zurückgeführt.

Der Holzpfeiler steht hier stellvertretend für die Materie, den Körper, das Gehirn und seine neuronalen Prozesse; der Gedanke für Immaterielles, das Bewusstsein, den Geist und die psychischen Prozesse.

Was sind AQIs? AQI ist die Abkürzung für Absolutes Bit von Quanteninformation. Die Gesamtheit aller AQIs wird als Protyposis bezeichnet. Das Wort ist griechischen Ursprungs und dem Wortstamm τυπόω verwandt, was unter anderem „formen" und „gestalten" bedeutet.

Die AQIs erweisen sich als *die* Vorform der Materie, sowohl der kleinsten Teilchen und Elemente als auch der Sterne und Planeten, der Einzeller, Pflanzen, Pilze, Tiere und auch des Menschen mit seiner Psyche und seinem Bewusstsein. Die Objekte im Kosmos – auch die Holzpfeiler und Gedanken – sind Formen der AQIs.

Die mathematisch erfassten physikalischen Strukturen der Psyche sind die AQIs.

Die AQIs haben primär weder geistige, seelische, psychische noch materielle oder energetische Eigenschaften. Alle diese Eigenschaften sind sekundär, denn die Entitäten, denen diese Eigenschaften zukommen – Materie, Energie und bedeutungsvolle Information (Psyche) –, entstehen erst aus den ungeformten, „nackten" AQIs.

Der physikalische Weg zu den AQIs

Die Physik ist die grundlegende Naturwissenschaft und die Quantentheorie ist die fundamentale Theorie der Physik. Die einfachste Struktur der Quantentheorie besitzt einen zweidimensionalen komplexwertigen Zustandsraum. Dieser erfasst die Struktur der AQIs. Die Theorie der Protyposis beginnt also mit der einfachsten Quantenstruktur. Und es ist eine Pointe der Theorie, dass die Entwicklung des Kosmos mit eben dieser einfachsten Struktur beginnt. „Am Anfang waren AQIs", so könnte ein kosmologischer Entwicklungsbericht beginnen.

Die heutige Naturwissenschaft geht davon aus, dass der Kosmos, in dem wir leben und in dem sich alles befindet, was unserer Erfahrung zugänglich ist, vor etwa 13,8 Milliarden Jahren entstanden ist. Das Bild dafür, eine Metapher des 20. Jahrhunderts, ist der Urknall, der Big Bang. Alle Objekte im Kosmos sind aus einem „Anfangsetwas" hervorgegangen. Dieses Anfangsetwas, der Urstoff sozusagen, sind die AQIs.

Der physikalische Weg zu den AQIs soll hier nur in Umrissen und mit breitem Pinsel entlang der physikalischen Grundfrage „Was ist Materie?" skizziert werden. Die Antworten, die durch das Prinzip der Zerlegung gefunden werden, gehen von Alltagsgegenständen aus und orientieren sich an einer durch fortgesetzte Teilung gewonnenen Abfolge immer kleiner werdender Teile. Bei immer weiterer Zerkleinerung erhalten wir schließlich das kleinste erkennbare Teilchen, das in der Vorstellung als eben noch sehr viel kleiner und noch weiter teilbar gedacht wird. Die physikalische Forschung führte so ins räumlich Kleine und ließ immer kleinere Teile der Materie, fortgesetzte Teilbarkeit und dazwischen wirkende Kräfte erkennen. Das Holz besteht aus Molekülen, aus Cellulose und Lignin. Die Moleküle bestehen aus Atomen und diese werden aus einem Kern und einer Hülle aufgebaut. Die Hülle besteht aus Elektronen, der Kern aus Protonen und Neutronen. Und so geht es weiter: Materielle Objekte bestehen aus kleineren materiellen Objekten. Bei dem Versuch, auch die Atome und ihre Beschaffenheit zu erklären, war erstmals deutlich geworden, dass die bis dahin bekannte Physik, die später als die klassische bezeichnet wurde, an ihre Grenzen gelangt war. Die Quantenmechanik wurde entdeckt und der Bausteincharakter der Wirklichkeit begann sich aufzulösen. Damit nahm eine andere, eine neue Entwicklung ihren Lauf.

Die materiellen Objekte sollen ja erklärt, das heißt auf die ihnen zugrunde liegenden nichtmateriellen Objekte zurückgeführt werden. Carl Friedrich von Weizsäckers Überlegungen setzen hier an. Er fragt: „Was ist ein elementares Objekt? Wir möchten doch gerne Objekte haben, die, sagen wir einmal vorsichtig, so elementar wie möglich sind, bei denen man Grund hat zu vermuten, dass sie noch weiter unterteilt gar nicht werden können.“[21] Weizsäcker kommt zu dem Ergebnis: „Alle Objekte bestehen aus letzten Objekten [...] Ich nenne diese letzten Objekte Urobjekte [...] und ihre Alternativen Uralternativen.“[22] Davon abgeleitet entwickelte von Weizsäcker die Bezeichnung „Ure“ und Ur-Theorie.

Thomas Görnitz hat an dieser Arbeit viele Jahre mitgewirkt und eine Erweiterung der von Weizsäcker'schen Ideen vorgeschlagen. Er greift die Theorie der Ure auf, doch unterscheidet sich das Protyposiskonzept von der Ur-Theorie in einem wichtigen Punkt. In der Theorie der AQIs wird Quanteninformation zu einer absoluten Größe der Physik wie Masse und Energie. Bei Carl Friedrich von Weizsäcker ist Information eine relative Größe und mit Bedeutung, Verstehen und Wissen verknüpft. Weizsäcker schreibt: „Information ist nur, was verstanden wird“[23] und „ein ‚absoluter‘ Begriff der Information hat keinen Sinn“.[24]

Die AQIs sind primär bedeutungsfrei. Ihr Vorhandensein ist nicht an die Existenz von wissenden und verstehenden Subjekten gebunden. Die AQIs sind dennoch bedeutungsoffen, das heißt, sie sind in der Lage, unter geeigneten Bedingungen Bedeutung tragen zu können. Mit der Entstehung des Lebens sind diese Bedingungen erfüllt.

Wer fragt, was denn nun die letzten, nicht mehr teilbaren Objekte sind, aus denen die Materie, zum Beispiel ein Proton besteht, erhält die Antwort: Es sind die AQIs, genauer etwa 10^{41} Quantenbits, wie die Berechnungen ergeben haben. Ein Elektron beispielsweise formt sich aus etwa 10^{38} AQIs. Und ein masseloses Photon sind circa 10^{32} AQIs.

AQIs sind keine Teilchen, Korpuskeln oder Partikel. Ein einziges AQI hat die Größe des Kosmos. Es ist also nicht klein oder winzig. Erst viel Information, also eine große Zahl von AQIs, führt zu Lokalisierung und räumlicher Kleinheit. Je kleiner und genauer, desto mehr Information ist erforderlich. 10^{41} AQIs formen ein Proton mit einem Durchmesser von etwas mehr als 10^{-15} Metern.

Hinter dem bisher skizzierten Weg zu den Uren und den AQIs verbirgt sich eine jahrzehntelange Forschungsarbeit. Es musste schließlich gezeigt werden, wie sich aus den AQIs tatsächlich materielle Objekte formen können. Dazu wurden die entsprechenden mathematischen Strukturen herausgearbeitet.[25, 26] Die Identifizierung der AQIs als absolute Größe der Physik gelang durch einen Anschluss an Jakob Bekensteins und Stephen Hawkings Theorie zur Entropie Schwarzer Löcher.[27, 28] Die jüngsten Forschungsergebnisse haben gezeigt, dass aus der Konzeption der Protyposis eine Begründung der drei fundamentalen Quantenwechselwirkungen – die elektromagnetische, die schwache und die starke – hergeleitet werden kann.[29, 30]

Schließen wir den Kreis: Mit den AQIs wurde die Quanteninformation als absolute physikalische Größe eingeführt und ihre Äquivalenz zu den Größen Masse und Energie aufgezeigt. Die entsprechende Gleichung wird hier nur genannt:

$$E = N h / t_{KOSMOS}$$

Wichtig ist die neue Erkenntnis, dass die Energie *E* einer Anzahl *N* von Quantenbits, den AQIs entspricht. Dabei verringert sich die Energie eines einzigen AQIs proportional zum Weltalter.

Mit dem Leben werden die AQIs zum Träger von Bedeutung. Informationsverarbeitung entsteht. Die Komplexität der Informationsverarbeitung nimmt im Laufe der biologischen Evolution zu. Nervensysteme entstehen. Gehirne und neuronale Strukturen differenzieren sich. Zu jedem Zeitpunkt der biologischen Entwicklung existieren einige Lebewesen, die über eine höhere Komplexität der Informationsverarbeitung verfügen als die Lebewesen, die es vor ihnen bereits gegeben hat. Einige Tierarten entwickelten ein Bewusstsein, andere zudem ein Selbstbewusstsein. Sie sind, wie der Mensch, in der Lage sich in einem Spiegel zu erkennen. Mit dem Menschen entstand die bisher komplexeste Stufe der biologischen Informationsverarbeitung, die der bewussten, auch sprachlichen Reflektion. Der Mensch schafft Fakten im Bewusstsein und kann über diese – Gedanken, Vorstellungen, Gefühle etc. – noch einmal reflektieren. Er verarbeitet Information über Information.

Die Psyche und ihre physikalische Struktur

Die wichtigste Voraussetzung zur Beantwortung der psychosomatischen Grundfrage ist mit der Identifikation der Psyche als mathematisch erfasste physikalische Struktur erfüllt.

Psyche ist Quanteninformation.

Die Psyche wirkt auf den Körper, zum Beispiel, wenn ein Gedanke uns zum Lachen bringt. Dabei wirken AQIs in der Form unserer Gedanken durch Vermittlung von AQIs zum Beispiel in der Form von Nervenzellen auf weitere AQIs von anderen Gedanken. Ein Dualismus, der hinter der Psyche und dem Körper zwei verschiedene Substanzen wähnt, kommt nicht in Betracht.

Da die Theorie der Protyposis die Einheit und die Äquivalenz von Masse, Energie und Quanteninformation begründet, lässt sich daraus die Antwort, wie die Psyche auf den Körper wirkt, Schritt für Schritt herleiten. Dazu bedarf es einer naturwissenschaftlichen Analyse, welche die Wirklichkeit so genau wie nötig zu erfassen versteht, also keiner auf den Spezialfall der klassischen Physik eingeschränkten Sicht. Diese Analyse erlaubt die dynamische Schichtenstruktur aus klassischer Physik und Quantenphysik.[31] Daraus folgt, dass ein naturwissenschaftliches Verständnis psychosomatischer Zusammenhänge ohne Quantentheorie unmöglich ist.

Nervenzellen und Synapsen – die Materie der Informationsverarbeitung

Zur Materie des Gehirns, die für die Informationsverarbeitung entscheidend ist, gehören die Nervenzellen mit ihren Synapsen und Molekülen. Das etwa 1,3 Kilogramm schwere Gehirn besteht aus circa 90 Milliarden Nervenzellen. Die Energie, die für sämtliche neuronalen Vorgänge Voraussetzung ist, wird in den Nervenzellen, wie in allen anderen Körperzellen auch, in Form von Adenosintriphosphat (ATP) und seltener auch als Guanosintriphosphat (GTP) bereitgestellt. Aktiv ist die Energie in Form von Photonen. ATP ist der universelle Energieträger, eine „Einheitswährung“ für alle Lebewesen. Sämtliche Ernährungswege, ob über Kohlenhydrate, Fette oder Eiweiße, führen hinsichtlich der Energie zum ATP. Auch die in den Pflanzen durch Photosynthese gewonnene Energie wird als ATP aufbewahrt. Durch eine Aufspaltung des ATP-Moleküls in Adenosindiphosphat (ADP) und ein Phosphat wird Energie „frei“, das heißt, es werden Photonen ausgesendet: Diese (für das menschliche Auge nicht sichtbaren) Photonen sind die freie oder aktive Energie.

Zu einer Nervenzelle gehören der Zellkörper mit vielen verzweigten Fortsätzen: zahlreiche Dendriten und mindestens ein Axon. Über die Dendriten werden die elektrischen Impulse anderer Nervenzellen aufgenommen. Über das Axon werden die Signale an andere Zellen weitergeleitet. Eine Nervenzelle ist mit tausenden anderen Nervenzellen verbunden. Die Kontaktstellen heißen Synapsen, wobei der Teil der Synapse, der zu der übertragenden Zelle gehört, Präsynapse genannt wird, derjenige, der zur Empfängerzelle gehört, heißt Postsynapse. Zwischen Prä- und Postsynapse ist ein winziger Spalt. Bei der Übertragung der Impulse spielen Überträgermoleküle, sogenannte Neurotransmitter, eine entscheidende Rolle. Nach Ankunft des elektrischen Impulses an der Präsynapse werden elektrochemische Prozesse ausgelöst, in deren Folge die in kleinen Bläschen gespeicherten Überträgermoleküle in den synaptischen Spalt ausgeschüttet werden. Diese Moleküle reagieren an spezifischen Rezeptoren, die sich in der postsynaptischen Membran befinden. Dadurch werden erregende oder auch hemmende elektrische Impulse erzeugt und anschließend in der Empfängerzelle weitergeleitet.

Diese vereinfachte Beschreibung soll hier nicht weiter in ihren Einzelheiten vertieft, doch auf ihre wesentliche Gemeinsamkeit hin betrachtet werden.

Alle neuronalen Prozesse – die Weiterleitung von elektrischen Impulsen, die Bewegung von Ionen, die elektrochemische Kopplung an den Synapsen, die Ausschüttung von Molekülen in den synaptischen Spalt, die Reaktion der Moleküle mit den Rezeptoren der Zellmembranen sowie die Erzeugung erregender oder hemmender Impulse an der Postsynapse sowie deren Weiterleitung in der Nervenzelle – *beruhen auf Elektromagnetismus.*

Dies ist freilich nicht verwunderlich, weil alle Stoffwechselvorgänge in allen Lebewesen auf Elektromagnetismus beruhen. In der Sprache der Quantenphysik heißt dies:

> Alle Lebensprozesse werden durch die Quanten der elektromagnetischen Kraft vermittelt, das heißt durch unzählige reale und virtuelle Photonen, die in den Lebewesen erzeugt und auch absorbiert werden.

Das Licht und die Psyche

Der größte Teil des Lichts ist unsichtbar! Dieser Satz ist heute eine Binsenwahrheit. Und doch war lange Zeit die praktische Verwendung des Wortes Licht mit der Vorstellung verknüpft, dass der Mensch mit seinen Augen dabei etwas sehen kann. Licht bedeutete Sichtbarkeit – Sichtbarkeit für uns, für die Augen des Menschen. Allein der Ausdruck sichtbares Licht galt wohl, etwa wie Grundtenor oder auch bedeutungsvolle Information, als überzählig, entbehrlich, redundant. Wenn etwas nicht sichtbar ist, dann ist auch kein Licht vorhanden. Wenn etwas keine Bedeutung hat, dann ist es auch keine Information. Lange Zeit galt es als ausgemacht: Licht ist das, was der Mensch mit Augen sehen kann, und Information ist notwendig mit Bedeutung verknüpft. Die Schwierigkeit, auch die Information allgemeiner und abstrakter zu fassen, hatte unter anderem zu dem Begriff Protyposis geführt.

Wie steht es mit dem Licht? In der zweiten Hälfte des 19. Jahrhunderts bestätigten die Experimente von Heinrich Hertz die Vermutung, dass auch das sichtbare Licht eine elektromagnetische Erscheinung ist. Seither besteht kein Zweifel mehr, dass das für uns Menschen sichtbare Licht nur ein winziger Ausschnitt des riesigen elektromagnetischen Spektrums darstellt und dass der sehr viel größere und für das menschliche Auge unsichtbare „Rest“ auch als Licht bezeichnet werden kann. Allerdings wurde seit dieser Zeit zunächst nur die Vorstellung akzeptiert, dass dieses Spektrum sich aus elektromagnetischen Wellen zusammensetzt. Erst Albert Einstein zeigte im Jahre 1905, dass elektromagnetische Vorgänge auch als Teilchen, das heißt als Lichtquanten oder Photonen zu verstehen sind. Halten wir fest:

Die Photonen sind die Träger der elektromagnetischen Wechselwirkung aller Lebewesen.

Von den Nervenzellen erzeugte reale Photonen tragen ihre Informationen auch außerhalb der Nervenzellen. Ein geringer Teil dieser unzähligen, fortwährend von den Nervenzellen ausgesendeten Photonen kann beispielsweise von an der Kopfhaut befestigten Elektroden aufgenommen und als Elektroenzephalogramm (EEG) registriert werden. Virtuelle Photonen (die quantentheoretische Bezeichnung der klassischen Coulomb-Kraft) existieren der Möglichkeit nach, erzeugen aber reale Wirkungen. Sie bewegen die Ionen in den Nervenzellen. So erzeugt die durch virtuelle Photonen bewirkte Bewegung von Ionen in der Nervenzelle einen Strom, was dem sogenannten „Feuern" der Nervenzelle entspricht.

Hirnregionen, die an der jeweiligen Informationsverarbeitung einen hohen Anteil haben, zeigen einen entsprechend erhöhten Stoffwechsel und Energieumsatz. Die rasch aufgebrauchten ATP-Moleküle müssen nachgebildet und nachgeliefert werden, wozu vor allem Sauerstoff und Glucose erforderlich sind. Durch Untersuchungsverfahren wie der Positronen-Emissions-Tomographie (PET) und der funktionellen Magnet-Resonanz-Tomographie (fMRT) lassen sich heute die Hirnregionen mit hoher Stoffwechselaktivität immer besser von jenen mit geringerer Aktivität unterscheiden und dadurch indirekt den von diesen Hirnregionen geleisteten Informationsverarbeitungsprozessen zuordnen.

Es werde Licht

Die Psyche umfasst die Informationsverarbeitungsprozesse, die an das Nervensystem des Menschen gebunden sind. Es handelt sich dabei um überwiegend unbewusst ablaufende Verarbeitungsprozesse. Nur ein geringer Teil wird uns bewusst. Der Teil der Psyche, der als Gedächtnis gespeichert wird, beinhaltet auf Molekül- und Synapsenstrukturen codierte Informationen. Der aktive Anteil – zum Beispiel ein sich im Bewusstsein formender Gedanke – ist von neuronal erzeugten Photonen getragene Quanteninformation.

Aus dem Gedächtnis aktivierte Informationen werden auf die neuronal erzeugten Photonen übertragen. Eine Aktivierung kann beispielsweise über die durch die Sinnesorgane einlaufenden Informationen erfolgen oder auch durch intern generierte Gedanken und Vorstellungen, bewusst oder unbewusst. Diese Informationen, die von neuronal erzeugten Photonen getragen werden, regen die Aktivierung und Decodierung weiterer Gedächtnisinhalte an, die dann ebenfalls auf Photonen übertragen werden und sich mit dem sich formenden Gedanken oder einer Vorstellung – zu übergreifenden kohärenten Zuständen von Quanteninformation – verbinden können. Auch dabei wird der größte Teil der Informationen unbewusst verarbeitet.

Die psychischen Objekte werden von den neuronal erzeugten Photonen getragen. Wichtig ist, dass die psychischen Objekte ihren Träger wechseln, während sie selbst – zum Beispiel als Gedanken und Vorstellungen – für eine kurze Zeit konstant erhalten sind. Unzählige Photonen werden fortlaufend ausgesendet und wieder absorbiert. In jedem Moment sind es andere Photonen, welche die psychischen Objekte tragen. Das ist mit dem Lesen einer Zeitung vergleichbar. Die geschriebenen Worte, die mit dem Lesen zu unseren psychischen Objekten werden, „ruhen" auf dem Papier, stehen fest, ändern sich nicht, obgleich die Photonen, welche die Informationen über die schwarz-weiße Farbverteilung zu unserer Netzhaut tragen, in jedem Moment andere sind. Auch die Bedeutung, die wir den schwarz-weißen „Flecken" geben, hängt nicht von ihrem Träger ab, obgleich sich die Bedeutung, die wir einem Text verleihen, natürlich ändern kann.

Informationen, die der Mensch verarbeitet, sind für ihn bedeutungsvoll. Die einlaufenden Informationen verbinden sich mit den in ihm bereits vorhandenen Informationen und verändern seinen vorhandenen Zustand. Informationen, die nicht verarbeitet werden, waren für dieses Lebewesen zu dieser Zeit und in dieser Situation nicht bedeutsam. Schließe ich meine Augen, erreichen Milliarden von Photonen nicht mehr die Netzhaut meiner Augen. Für meine Orientierung im Raum sind diese AQIs bedeutungslos. Öffne ich meine Augen, kann ein Teil der AQIs der nun eintreffenden Photonen bedeutungsvoll werden. Freilich betrifft dies nur die Photonen des sichtbaren Lichtes. Die Photonen des UV-Lichts beispielsweise tragen auch bei geöffneten Augen keine Informationen, die für meine Orientierung im Raum bedeutsam werden können, für Bienen und andere Insekten hingegen schon. Auch daran zeigt sich:

Bedeutung ist relativ und hängt von einem Kontext ab.

Zum individuell geprägten Kontext jedes Menschen gehören genetische, kulturell erworbene, biographisch erfahrene sowie unmittelbare, situationsspezifische Informationen.

Diese allgemeinen Zusammenhänge sollen nun an einem konkreten Beispiel vorgeführt werden und dadurch zeigen, wie die Psyche auf den Körper wirkt. Dazu bedarf es noch einer kurzen Präzisierung.

Mit der klassischen Physik werden Fakten erfasst. Die Quantentheorie erfasst Möglichkeiten. Aus Fakten können Möglichkeiten und aus Möglichkeiten können Fakten werden. Der Übergang von den Fakten zu den aus ihnen erwachsenden Möglichkeiten wird als Präparation bezeichnet. Der Übergang von den Möglichkeiten zu einem Faktum wird Messung genannt. Eine Darstellung dieser wechselseitigen Übergänge wird durch die dynamische Schichtenstruktur erreicht.

Ein Blick in unser Bewusstsein: Denken wir uns einen sich sprachlich formenden Gedanken, der mit einer Sequenz innerer Bilder gefühlshaft verbunden ist. Dieser winzige Ausschnitt bewussten Erlebens ist dabei mit dem viel umfangreicheren unbewussten Bereich der Psyche verbunden, in dem vor allem auch die Informationen über den eigenen Körperzustand enthalten sind. Physikalisch betrachtet, handelt es sich um eine kohärente Ganzheit von Quanteninformationen, AQIs, die von neuronal erzeugten virtuellen und realen Photonen getragen werden.

Aus dieser kohärenten Informationsstruktur formt sich der Gedanke G1, „Was für ein herrliches Sonnenwetter", dem der Gedanke G2, „Da könnten wir doch spazieren gehen", folgt. Der zweite Gedanke wird sogleich ausgesprochen. Womöglich ist das Erlebnis eines Sommertags als eine Sequenz innerer Bilder zusätzlich präsent. Noch einmal physikalisch: Bei dem Gedankenausschnitt und der Sequenz innerer Bilder handelt es sich um AQIs, die von neuronal erzeugten Photonen getragen werden. Die Photonen selbst, wie auch die Nervenzellen und Moleküle, sind geformte AQIs.

Der Gedanke G1 „Was für ein herrliches Sonnenwetter" ist als gedachter Gedanke eine Tatsache, ein Faktum. Aus ihm wurde sogleich ein Fächer von Möglichkeiten aufgespannt, das heißt, die von dem Gedanken aus möglichen nächsten Gedanken wurden, physikalisch formuliert, als Quantenmöglichkeiten präpariert. Durch eine erneute Messung, was einer internen Bewertung entspricht, wurde eine der Möglichkeiten in einen nächsten realen Gedanken überführt, G2 „Da könnten wir doch spazieren gehen". Dieser gedachte Gedanke ist nun ebenfalls ein Faktum. Als physikalische Struktur handelt es sich damit um klassische Information und klassische Information kann kopiert werden. Es erfolgt eine Ausbreitung der Informationen über weite Bereiche des Gehirns. Vom motorischen Sprachzentrum aus erreichen die Informationen die zur Stimmerzeugung und Artikulation erforderlichen Muskelzellen. In diesen werden die ATP-Moleküle zur Energiefreisetzung angeregt. So mündet die mit einem ständigen Trägerwechsel verbundene Informationsweitergabe in einem koordinierten Zusammenspiel zahlreicher Muskelzellen. Zuletzt wird der sprachlich formulierte Gedanke als Schwingungen der (auch als Stimmbänder bezeichneten) Stimmlippen codiert, als präzise oszillierende Bewegungen, die im Luftstrom die Stimme, also Schall erzeugen. Die Informationen werden auf die ausgeatmeten Luftmoleküle übertragen. Auch diese Vorgänge, die Wechselwirkungen zwischen den Stimmbändern und den Luftmolekülen sowie der Luftmoleküle untereinander, beruhen auf Elektromagnetismus.

Wir haben damit die psychosomatische Grundfrage beantwortet und Wirkungen der Psyche auf den Körper beschrieben: die Verbindung der als Gedanken organisierten AQIs mit den Nervenzellen und Molekülen sowie die Wirkung auf die Muskelzellen und den in ihnen vorhandenen Energiekonserven, den ATP-Molekülen, eine wichtige „Wirkungsstätte" der AQIs.

Wenn wir den Begriff Steuerung mit der dynamischen Schichtenstruktur verbinden, dann können wir in einer guten Näherung sagen: Psyche ist vor allem Steuerung. Dieser Begriff schließt dann die unbewussten, automatisiert ablaufenden Steuerungsprozesse ebenso ein wie die selteneren bewussten Steuerungsvorgänge, die sich infolge abwägender und wählender Verarbeitungsschritte vollziehen. Mit dem Begriff „dynamische Schichtenstruktur" wird auf das fortwährende Wechselspiel aus dem Präparieren von Quantenzuständen und deren Faktischwerden hingewiesen. Das soll betont werden, da sich die „lebendige" Steuerung von einer deterministischen Steuerungsmechanik, die ausschließlich auf einer Verarbeitung von auf klassischer Logik basierenden Algorithmen beruht, unterscheidet. Schließlich lässt sich bei der Informationsverarbeitung des Menschen keine Hard- von einer Software trennen. Die Gehirnmaterie („Hardware") kann durch psychische Vorgänge („Software") verändert werden. Thomas und Brigitte Görnitz verwenden dafür den Begriff der „Uniware".[22]

Letztlich ist nicht das Wort Steuerung entscheidend. Doch weist dieser Begriff darauf hin, dass nicht die notwendige Energie das Wesentliche ist. Primär sind es die Informationen, die AQIs der Psyche, welche die ungeheure Fülle miteinander verwobener und aufeinander bezogener Lebensprozesse unentwegt abstimmen, lenken, regulieren, kanalisieren, koordinieren, synchronisieren, ordnen, also steuern.

Psychosomatik – Einheit und Unterscheidung

Die Einheit von Körper und Psyche bedarf keiner besonderen Aufmerksamkeit und Reflektion. Sie ist schlicht vorhanden. Es bedarf auch keines spezifischen Krankheitsgeschehens, das womöglich eine medizinische oder psychotherapeutische Behandlung zur Folge hat. Eine Trennung von Psyche und Körper findet im Leben nicht statt. In diesem Sinne wäre Psychosomatik beinahe ein leeres Wort, das nur das Selbstverständliche, die Einheit von Psyche und Körper benennt. Das Wort wird allerdings durchaus bedeutungsvoll, wenn diese Einheit kulturell geleugnet wird und der persönlichen Erfahrung ganze Weltbilder entgegenstehen. Dann sind Sätze zu hören wie: „Sie dürften gar keine Schmerzen haben. Die Untersuchungsergebnisse schließen es aus." Oder auch selbstzweifelnde Fragen: „Vielleicht bilde ich mir die Schmerzen nur ein?"

Dem kann heute entgegnet werden: Was auch immer „Einbildung" bedeuten mag, es ist doch wohl ein psychischer Vorgang gemeint, also eine physikalische Realität, die in einem naturwissenschaftlichen Weltbild einen würdigen Platz besitzt.

Es gibt freilich Vorgänge, die in der Psyche ihren Ursprung haben und sich überwiegend körperlich manifestieren und umgekehrt. Wir machen uns Gedanken über die Aufgabe (Psyche) und schreiben die Lösung auf (Körper). Wir stoßen uns an den Kopf (Körper) und spüren Schmerz (Psyche). Wir trinken eine große Menge Alkohol (Körper) und phantasieren Unsinn (Psyche). Wir schämen uns (Psyche) und unser Gesicht wird rot (Körper). Aber auch das sind schon fokussierte Betrachtungen. Jedes Erleben ist ein psychosomatischer Vorgang und jedes Verhalten ist es auch.

Freude und Angst zum Beispiel beinhalten nicht nur ein typisches Gefühl oder die sich in ihnen formenden Gedanken, sondern sie sind zugleich ein körperliches Geschehen. Diese Einheit hindert uns nicht zu unterscheiden. Gedanken und Gefühle sind etwas anderes als rasche Herzschläge und Atemzüge. Psyche und Körper sind verschieden, doch sie sind nicht getrennt. Sie beeinflussen einander, weil sie eine Einheit sind. Diese Einheit beruht auf einer gemeinsamen Grundlage, die heute naturwissenschaftlich beschrieben und erklärt werden kann.

Die Antwort auf die Grundfrage der psychosomatischen Medizin kann wie folgt gegeben werden: Die unbewussten und bewussten Anteile unserer Psyche sind wie die Materie und Energie unseres Körpers spezielle Ausformungen der AQIs, der Absoluten Bits von Quanteninformation. Diese einfachsten Strukturen einer universell geltenden Quantentheorie fundieren die Wechselwirkung zwischen Psyche und Körper. Damit ist ihre gegenseitige Beeinflussung nicht nur alltägliche Erfahrung, sondern auch in den Rahmen der Naturwissenschaft eingebettet.

Anmerkungen

1 Albrecht, H. (2019): Die Keime des Anstoßes. Die Zeit, 7. Februar, Heft 7.

2 Fuchs, T. (2013): Das Gehirn – ein Beziehungsorgan. Eine phänomenologisch-ökologische Konzeption. Kohlhammer, Stuttgart, S. 298.

3 Krüger, R. (2015): Quanten und die Wirklichkeit des Geistes. Eine Untersuchung zum Leib-Seele-Problem. transcript Verlag, Bielefeld, S. 39.

4 Metzinger, T. (Hg.) (2009): Grundkurs der Philosophie. Band 1. Mentis, Paderborn, S. 315.

5 Singer, W. (2004): Verschaltungen legen uns fest. In: Geyer Ch. (Hg.). Hirnforschung und Willensfreiheit. Suhrkamp, Frankfurt, S. 40.

6 Swaab, D. (2011): Wir sind das Gehirn. Wie wir denken, leiden und lieben. Droemer, München, S. 27.

7 Singer, W. (2006): Der freie Wille ist nur ein gutes Gefühl. Gespräch mit Birgit Recki (Philosophin der Universität Hamburg) und Konrad Paul Liessmann (Philosoph der Universität Wien). Gesprächsleitung: Heinz Nußbaumer. Filmaufnahme. Produktion der ORF-Reihe Kreuz & Quer: Philosophicum.

8 Roth, G.; Strüber, N. (2014): Wie das Gehirn die Seele macht. Klett Cotta, Stuttgart, S. 234.

9 Singer, W. (2006): Der freie Wille ist nur ein gutes Gefühl. Süddeutsche Zeitung vom 25. 1. 2006.

10 Eine gewisse Ähnlichkeit findet sich in der Medizin bei den Worten „essenziell“ oder „idiopathisch“, die ebenfalls mit „unerklärt“ oder „Ursache unbekannt“ übersetzt werden können. Das Wort „essenziell“ hat sich mir dabei besonders eingeprägt. Als ich während meines Medizinstudiums zum ersten Mal den Ausdruck „essenziell Hypertonie“ gehört habe, dachte ich zunächst, es müsse sich um eine besonders wichtige, eine ganz wesentliche Form des Bluthochdrucks handeln, ehe ich die tatsächliche Bedeutung – „Ursache unbekannt“ – erkannt habe.

11 Görnitz, T. (2006): Quanten sind anders. Spektrum Akademischer Verlag, Heidelberg.

12 Roth, G. (2001): Fühlen, Denken, Handeln. Wie das Gehirn unser Verhalten steuert. Suhrkamp, Frankfurt, S. 427 – 457.

13 Singer, W. (2004): Verschaltungen legen uns fest. In: Geyer, Ch. (Hg.). Hirnforschung und Willensfreiheit. Suhrkamp, Frankfurt, S. 30.

14 Roth, G. (2004): Wir sind determiniert. Die Hirnforschung befreit von Illusionen. In: Geyer Ch. (Hg.). Hirnforschung und Willensfreiheit. Suhrkamp, Frankfurt, S. 218.

15 Singer, W. (2005): Wer deutet das Denken? Streitgespräch zwischen Wolfgang Prinz und Wolf Singer über Neurowissenschaften und den freien Willen. Die Zeit vom 14. 7. 2005. Heft 29.

16 Singer, W. (2006): Der freie Wille ist nur ein gutes Gefühl. Interview mit Markus C. Schulte von Drach. Süddeutsche Zeitung vom 25. 1. 2006.

17 Roth, G.; Strüber, N. (2014): Wie das Gehirn die Seele macht. Klett Cotta, Stuttgart, S. 241.

18 Singer, W. (2000): Wer deutet die Welt? Die Zeit. Heft 50.

19 Das ist kein Einwand gegen den Gebrauch von Begriffen wie „mentales Feld", „Ordnungskraft des Bewusstseins" oder auch „psychische Energie" und sogar „Waschkraft", wenn deutlich wird, dass sie als Metaphern oder metaphorische Umschreibungen verwendet werden und nicht als Bestandteil einer naturwissenschaftlichen, insbesondere physikalischen Theorie. Kräfte, Felder und Energie als physikalische Strukturen sind in der Physik mathematisch erfasst und sehr weitgehend geordnet.

20 Görnitz, T.; Görnitz, B. (2016): Von der Quantenphysik zum Bewusstsein. Kosmos, Geist und Materie. Springer-Verlag, Heidelberg.

21 Weizsäcker, C.F. v. (1978): Quantentheorie elementarer Objekte. Nova Acta Leopoldina. Nummer 230, Band 49. Deutsche Akademie der Naturforscher, Halle (Saale), S. 13.

22 Weizsäcker, C. F. v. (1982): Die Einheit der Natur. Hanser, München, S. 270.

23 Weizsäcker, C. F. v. (1982): Die Einheit der Natur. Hanser, München, S. 351.

24 Weizsäcker, C. F. v. (1985): Aufbau der Physik. Hanser, München, S. 170 – 173.

25 Görnitz, T.; Graudenz, D.; Weizsäcker, C. F. v. (1992): Quantum Field Theory of Binary Alternatives. Intern. Journ. Theoret. Phys. 31, 1929 – 1959.

26 Görnitz, T. Schomäcker U. (2012): Quantum Particles from Quantum Information. Journal of Physics: Conference Series 2012; 380: 012025 doi:10.1088/1742-596/380/1/012025.

27 Görnitz, T. (1988): Abstract quantum theory and space-time-structure, Part I: Ur-theory, space-time-continuum and Bekenstein-Hawking-entropy. Intern. Journ. Theoret. Phys. 27, 527 – 542.

28 Görnitz, T. (1988): On connections between abstract quantum theory and space-time-structure, Part II: A model of cosmological evolution. Intern. Journ. Theoret. Phys. 27, 659 – 666.

29 Görnitz, T.; Schomäcker, U. (2016): The structures of interactions – How to explain the gauge groups U(1), SU(2) and SU(3) Foundations of Science, 1 – 23.

30 Görnitz, T. (2014): Simplest quantum structures and the foundation of interaction. Rev Theor Sci 2, 289 – 300.

31 Görnitz, T. (2006): Quanten sind anders. Spektrum Akademischer Verlag, Heidelberg, S. 181 – 231.

Ich fühle und ich denke – der individuelle Weg zum Selbst

Brigitte Görnitz

Trotz der unauflöslichen Einheit von Leib und Seele, der „Uniware" der körperlichen und psychischen Verarbeitung, ist es aus praktischen Gründen in vielen Situationen angebracht, die beiden Erscheinungen sprachlich als Körper und Psyche zu differenzieren. Auch bei medizinischen Anwendungen ist es oftmals sinnvoll, sich auf die jeweiligen Schwerpunkte zu konzentrieren. Dabei darf allerdings der zugrundeliegende Zusammenhang nicht ausgeblendet bleiben.

Es sei daran erinnert, dass alles Leben auch auf „Steuerung" beruht, also auf dem Einfluss von Information auf die Abläufe im Lebewesen. Dabei wird eine zunächst bedeutungsoffene Information für das jeweilige Lebewesen bedeutungsvoll. Dann kann diese Information vom Bewusstsein über das Unbewusste bis in teilweise autonom agierende Bereiche einwirken. So kann die normale Steuerung der physiologischen Abläufe aus dem Takt geraten und sich nicht mehr in guter Weise in die unbewusste und bewusste Verarbeitung integrieren lassen. Das betrifft besonders die Steuerung physiologischer Abläufe wie Atmung, Kreislauf und Verdauung. Die Wirkungen von bedeutsam werdender Information auf körperliches Geschehen werden als „psychosomatische Vorgänge" bezeichnet.[1] Dabei kann die Bedeutung der Information in symbolischer Weise durch die Körperwirkung gespiegelt werden. Ein Symbol ist eine codierte Information, die mit einer hohen psychischen Wirkkraft ausgestattet ist. Der Volksmund spricht davon, dass „die Galle überläuft" oder etwas „auf den Magen schlägt". Wichtig ist dabei auch, dass eine lediglich vorgestellte Information über einen Sachverhalt u. U. die gleiche Wirkung erzielen kann wie der Sachverhalt selbst. Diese psychologische Erkenntnis wurde durch die Forschung über die Spiegelneurone untermauert.

Zu den äußeren oder inneren Stressfaktoren können beispielsweise Verluste gehören wie durch Todesfälle, Scheidungen sowie schwere Unfälle und Naturkatastrophen. Aber sogar auch positiv empfundene

Ereignisse wie Eheschließungen und Schwangerschaften können Stress erzeugen. Wirken die Stressfaktoren über längere Zeit, dann kann eine solche Wirkung auch chronisch werden, z. B. als Reizdarm. Bei starken körperlichen Schmerzen wird bewusst, dass die Wirkung auch in der umgekehrten Richtung verläuft. An diesen Stellen weicht die Informationsverarbeitung durch eine Fülle von sonst dort nicht in dieser Anzahl vorhandenen Molekülen vom Normalen ab. Geänderte biochemische Abläufe erzeugen Photonen, die andere Informationen als üblich weitertragen. Solche Vorgänge beeinflussen massiv die Bereiche, welche die Information aus dem Körper sammeln, bewerten und bewusst werden lassen.

Individuelle Reaktionen auf Belastungen

Es wird gesellschaftlich zunehmend leichter akzeptiert, dass nicht nur der Körper, sondern auch die Psyche erkranken kann. Sogar der Begriff Seele hat sich in den letzten Jahren wieder in die Fachliteratur eingeschlichen. Er war zeitweise weitgehend durch Psyche ersetzt worden. Für viele ist in ihrer Vorstellung die Seele ein den Menschen übersteigendes Phänomen und damit umfassender als die Psyche. Hier geht es darum, Aspekte des Psychischen wie das Bewusstsein mit neuen Erkenntnissen aus der Wissenschaft anzureichern und zu ergänzen.

Die einzelnen Menschen beziehen in sehr unterschiedlicher Weise belastende Ereignisse wie beispielsweise anhaltenden Stress, Verluste, traumatische Erlebnisse oder Beziehungsprobleme in ihr Erleben ein. Gelingt dies nicht in einer guten Weise, suchen manche Hilfe durch eine Psychotherapie. An zwei Beispielen soll sehr skizzenhaft gezeigt werden, wie unterschiedlich die Verarbeitung erfolgen kann.

Als Frau Traut zu mir in die Therapie kommt, ist sie immer nahe am Weinen. Sie ist Mitte vierzig und schon seit Wochen krankgeschrieben.

Später, als sie wieder lachen kann, wird deutlich, wie hübsch und jugendlich sie wirkt. „Burnout“ hatte die Betriebsärztin damals gesagt. Ihr wurde in der Arbeit immer mehr übertragen und sie gestattete sich nicht, Nein zu sagen. Sie versuchte stets alles perfekt und genau zu erledigen, konnte sich aber zunehmend weniger konzentrieren und fühlte sich überfordert. Besonders das Verhalten einer Kollegin ihr gegenüber, das sie als anmaßend empfand, wurde für sie unerträglich. Dazu kam in der Zeit vor ihrer Erkrankung der Tod einer älteren Dame, die für sie eine Art Ersatzmutter gewesen war und die ihr in den letzten Jahren oft Ratschläge mit auf den Weg gegeben hatte. Dies war ein weiterer Anlass, um immer wieder ins Grübeln zu kommen, ihre Gedanken kreisten fortwährend um alle diese Probleme.

Frau Traut kam schließlich kaum noch aus dem Bett und stocherte nur im Essen herum. Magen- und Rückenschmerzen sowie Kopfweh quälten sie. Ihr war alle Lebensfreude abhandengekommen, sie war depressiv. Dabei hatte sie, wie sie selbst schilderte, bisher alle schwierigen Ereignisse ihres Lebens von Kindheit an schließlich gut bewältigt. Sie hatte vor einigen Jahren selbst die Scheidung vollzogen und die Erziehung der Tochter gemeistert. Deshalb hatte sie auch ein schlechtes Gewissen, nicht mehr arbeitsfähig zu sein und litt körperlich und psychisch.

Im Rückblick kann sie nach der Therapie auch gegenüber ihrem Arbeitgeber und dem Team formulieren und darlegen, wie wenig Unterstützung sie für ihren Arbeitsbereich bekam und dass sie trotz ihrer Kompetenz keine Anerkennung für ihre geleistete Arbeit erhielt. Sie ist durch die Bearbeitung ihrer Probleme in der psychoanalytischen Therapie jetzt fähig, sich nachdrücklich und reflektierend auch für sich, ihren Standpunkt und ihre Bedürfnisse in der Arbeit und im Privaten einzusetzen.

Anders sind die Symptome, die Vorstellungen und die Emotionen bei Herrn Otta. Auch er ist verzweifelt. Der knapp Fünfzigjährige findet dafür Worte wie: „Warum kommen mir solche Gedanken, warum bekomme ich das nicht aus dem Bewusstsein?"

Seine Vorstellungen erscheinen ihm selbst abwegig, aber er fühlt einen Zwang, auf sie eingehen zu müssen: „Du musst noch einmal umkehren und kontrollieren, dass du deine Schuhe richtig hingestellt hast, ehe du gehen kannst." „Wenn du diesen Preis in dem Laden, in dem du gerade bist, dir merkst, aufschreibst oder fotografierst, dann wird dies dir eine Erleichterung bringen."

Vieles aus dem Augenblick des Alltags muss festgehalten werden, sonst könnte es für immer verloren sein und das wäre schwer auszuhalten. Das kann z. B. das Reklameschild sein, an dem er vorbeifährt, oder die Nummer des Autos, das ihn überholt. Herr Otta muss vieles festhalten, was für die Bewältigung seiner täglichen Aufgaben, für die Arbeit und für sein Leben insgesamt irrelevant und sogar hinderlich ist. Die schon getane Arbeit überprüft er mehrmals. Die nochmalige Kontrolle, also die Handlung, bringt ihm kurzzeitige Erleichterung. Doch dann setzen die Zweifel erneut ein, „ist es auch so?". Er glaubt sich selbst nicht und muss von vorn beginnen, nochmals kontrollieren. Tut er es nicht, können sich panikartige Zustände einstellen. Es wird ihm heiß, Angst wird spürbar, er kann nicht mehr ruhig atmen. Es machen sich massive körperliche Vorgänge bemerkbar. Herr Otta selbst empfindet sein Verhalten als absurd und gleichzeitig als notwendig für sich selbst. „Ich habe Angst, verrückt zu werden."

Wir sehen bei ihm wie auch bei Frau Traut ein ganzheitliches Geschehen von Geist und Körper. Gedanken, wie speziellen Vorstellungen, Emotionen, wie aufkommende Angst, bewirken körperliche Vorgänge, wie z. B. Unruhe, Atemnot, Herzrasen und Schwitzen.

Die Bewältigung der Verarbeitung des Erlebten erfolgt bei den beiden hier aufgeführten Personen nicht mehr in einem für sie förderlichen Maße und sie leiden darunter. Auch Frau Traut, die sich leer und kraftlos fühlt, fragt sich: „Warum kann ich nicht einfach wie bisher weiter funktionieren?"

Wie sehr spezifisch und individuell Gedanken und Vorstellungen sein können, zeigt sich schon an diesen Beispielen. Zugleich wird auch die enge Verbindung zwischen diesen psychischen Inhalten und den körperlichen Zuständen wie Angst und Verzweiflung deutlich. Selbst leichte körperliche Bewegung wie Spazierengehen ist nicht möglich.

Unsere Gedanken sind eine spezielle Form von Information, die uns in diesem Moment bewusst wird. Diese Information verändert sich. Aber es sind immer individuelle Gedanken, deren Bedeutsamkeit sich erst einmal nur für denjenigen ergibt, der sie denkt. Das trifft auch dann zu, wenn man sich vorzustellen versucht, was andere denken und fühlen. Auch dabei bleibt es das eigene Denken. Natürlich können im empathischen Mitschwingen sogar ähnliche körperliche oder psychische Schmerzen des Anderen in einem selbst empfunden werden.

Die Inhalte der Gedanken werden von bestimmten Emotionen beeinflusst und die Gedanken und geistigen Vorstellungen wiederum wirken auf die Emotionen zurück.

Herr Otta jedenfalls spürt, dass er mit reiner Vernunft seinen Zwängen oft nicht begegnen kann, zu stark sind dann die fast als triebhaft empfundenen Anstöße, seine Aufmerksamkeit und Kontrollhandlungen auf unwichtige oder auf bereits geklärte Details zu richten. Aus den nichtbewussten Anteilen gelangen also immer wieder Informationen ins Bewusstsein, die dort mit einer unzweckmäßigen Bedeutsamkeit wirken. Auch ihre Depression kann Frau Traut nicht mit bewusstem Willen abstellen, immer wieder ist sie grübelnd mit ihren Problemen befasst.

Eines der Ergebnisse der modernen Hirnforschung war die experimentelle Bestätigung eines seit Langem bekannten psychischen Phänomens, dass der größte Teil der Verarbeitung der Information unbewusst abläuft. Nur ein Bruchteil gelangt in die bewusste Verarbeitung. Immer noch ist das Bild des Eisberges hilfreich, bei dem nur die Spitze herausschaut, aber unter der Wasseroberfläche ganz viel vorhanden ist und wirkt.

Heute können Geräte eingesetzt werden, die – leicht übertrieben formuliert – „beim Denken zuschauen". Sie registrieren, wo und wann bei der Informationsverarbeitung im Gehirn eine besondere Aktivität zu verzeichnen ist, an welchen Stellen zu welcher Zeit besonders viel an Sauerstoff und Energie umgesetzt wird. Dabei hat sich gezeigt, dass bestimmte Areale im Gehirn auf die Verarbeitung von bestimmten Wahrnehmungsaspekten besonders spezialisiert sind. Sie zeigen auf, dass sehr viel Information verarbeitet wird, die dem Bewusstsein nicht sofort oder sogar nie zugänglich ist. Sie zeigen folglich die Existenz des Vorbewussten und des Unbewussten. Dies weist darauf hin, dass geistige Inhalte aus der unbewussten Verarbeitung heraus mitbestimmt werden, z. B. aus dem Körperlichen, dem Emotionalen und aus oft nicht erinnerbaren Inhalten von Gedächtnisstrukturen.

Die psychische Struktur entwickelt sich im Rahmen der individuellen Möglichkeiten, im Zusammenspiel zwischen genetischer Information und informativen Einflüssen aus den Beziehungen und der weiteren Umwelt. Es bildet sich eine Struktur der Verarbeitung und der Bedeutungsgebung von sich und der Welt in einem sehr dynamischen und individuellen Prozess heraus.

Beziehungsgestaltung als Agens in der Entwicklung des Menschen

Wenn man die menschliche Entwicklung mit den naturwissenschaftlichen Begriffen und Erklärungen versieht, so klingt dies oft abstrakt und scheint nur unzureichend das menschliche Erleben zu erfassen. Liebe, Freude, Begeisterung, Anerkennung, aber auch Sicherheit und Zuwendung wecken sehr viele erlebte Assoziationen. Dies gilt auch für die schmerzhaften Erlebnisse, für Trauer, Verzweiflung, Angst, Aggression und traumatische Erlebnisse. Die wissenschaftliche Forschung, die sich immer mehr auch dem Kind und sogar dem Bereich des Pränatalen, dem Ungeborenen, zugewendet hat, gibt wichtige Hinweise für das Erkennen der Bedürfnisse der Kinder und der Gestaltung des Umgangs mit den Kindern.

Wichtig waren für das Überleben unserer tierischen und stammesgeschichtlichen Vorfahren auch die sich aus dem Empfinden entwickelnden Gefühle. Wenn wir sie verstehen als eine ausgebreitete quantische Information, dann wird ihre Wirkung an den verschiedensten Orten des Körpers leichter nachvollziehbar. So sind durch die Gefühle u. a. hormonelle Einflüsse, Wirkungen auf die Muskulatur und das vegetative Nervensystem mit dem Verdauungstrakt und dem Herzen sowie auf das Denken möglich. Ganzkörperlich spürbare Angst zum Beispiel war wichtig, um einer Gefahr gegenüber gewappnet zu sein. Gegebenenfalls war es bedeutsam, schnell zu fliehen oder sich ganz ruhig, also starr zu verhalten, ohne Bewegung. Das war auch richtig, wenn sich später der vermeintliche Angreifer gar nicht als ein solcher entpuppte, z. B. als ein ungefährliches Tier. Die mit der Angst verbundene Blasenschwäche oder eine Darmentleerung ließ die Betreffenden befreit von körperlichem Ballast die Flucht ergreifen. „Er hat Schiss" sagt noch heute der Volksmund.

Auch Gefühle und Verhalten, die den Zusammenhalt, die Beziehungen förderten, wie Freude, Feiern und gemeinsame Rituale, waren bedeutungsvoll zum Überleben der menschlichen Gruppe. Nicht nur Kampf und Machtstreben existierten, sondern auch Zusammenarbeit und Teilen waren nötig. Die bereits schon in der Steinzeit sichtbar werdende erstaunliche Kreativität unserer Vorfahren zeigt die Tradierung erfahrener äußerer oder erlebter innerer Bilder und wohl auch von Tönen. Das äußert sich z. B. in Höhlenmalereien oder in dem handwerklich geschickten Anfertigen von Schmuck und von Flöten zum Musizieren.

Die familiäre, soziale und kulturelle Bedingtheit der Entwicklung des Kindes

Beim Menschen wird wie bei allen Säugetieren eine enge Beziehung zwischen Mutter und Kind auch über die Geburt hinaus nötig, um das Kind lebensfähig zu halten. Dabei spielt die Bildung des Hormons Oxytocin eine wichtige Rolle. Natürlich kann die Fürsorge auch von anderen Menschen übernommen werden. Die Amme spielte nicht nur beim mittelalterlichen Hochadel eine wichtige Rolle bei der Aufzucht. Oft war dann die emotionale Bindung zu dieser enger als zur Mutter.

Was von der im Genom und der epigenetisch gespeicherten Information aktiviert wird und damit in die Lebensprozesse steuernd eingreifen kann, hängt auch von den familiären und gesellschaftlichen Bedingungen ab, denen die schwangere Mutter und der Säugling bzw. das Kind ausgesetzt sind. Heute wird der epigenetische Einfluss, der nicht direkt über das eigentliche Genom vererbt wird, immer besser erforscht. So wird jetzt verstanden, wie z. B. Hungerzeiten und andere soziale und ökonomische Einflüsse durch steuernde Einwirkung auf das genetische Material sich auch auf die folgenden Generationen auswirken können.

Das Nervensystem wird bei jedem gesunden Menschen angelegt. Es entwickelt sich im Mutterleib und nach der Geburt weiter bis ins Erwachsenenalter. Parallel zur Differenzierung der neuronalen Netze findet sich eine Entwicklung und Ausdifferenzierung von Sinnesorganen. Dabei erfolgt die Beeinflussung durch Bildung von Botenstoffen, wie Neuromodulatoren und Hormonen. Schon im Mutterleib beginnt das Kind zu tasten, zu schlucken und zu hören. Das Neugeborene kommt bereits mit einem voll entwickelten Gehör zur Welt. Stress und Spannungen bei der Mutter verändern z. B. deren Hormone und Neurotransmitter. Damit können sich auch Einflüsse auf den Fötus übermitteln.

Prägende Erfahrungen

Besonders prägend sind die ersten Lebensjahre. In dieser Zeit sind der Säugling und das Kleinkind in besonderer Weise auf eine liebevolle, haltende und empathische Beziehung angewiesen. Das liebevolle Eingehen auf die körperlichen und psychischen Bedürfnisse des Kindes bildet die beste Grundlage für eine auch später gute psychische Entwicklung. Der deutsch-amerikanische Psychologe und Psychoanalytiker Erik Erikson prägte dafür den Begriff des „Urvertrauens".

In dieser frühen Zeit ergeben sich durch die Art und Menge an Informationen, die auf die Kleinkinder einströmen, die Formungen der neuronalen Bahnungen. Bei wiederholten Abläufen bilden sich, angeregt durch die ähnlichen Informationen, die entsprechenden Synapsen im Gehirn heraus. Die stärkeren Beziehungen zwischen verschiedenen Nervenzellen beginnen an den Axonen und Dendriten mit der Bildung von kleinen Ausstülpungen (Filopodien). An den so entstehenden Synapsen erfolgt vor allem der Austausch der verarbeiteten Information zwischen den Nervenzellen. Nicht angeregte Funktionsmöglichkeiten oder Eigenschaften werden sich nicht in einem optimalen Maße entwickeln können, wenn die Umgebung dafür nicht fördernd oder gar ungünstig ist. Das alte Sprichwort „Früh übt sich, wer ein Meister werden will" gilt allemal.

Der Säugling bringt seine körperlichen Zustände zum Ausdruck und zeigt gleichzeitig Affekte wie Interesse an der Umgebung sowie Gefühle wie Lust oder Unlust. Und das kleine Kind erlebt die Reaktion darauf durch das Wahrnehmen der Umgebung. Durch die Sicherheit gebenden Bezugspersonen werden die Objekte, die das Kind beobachtet und entdeckt, sowie auch seine Körperzustände und Gefühle benannt: „Du bist hungrig". Vieles wird mit Händen und Mund ertastet. Kleine Kinder erlernen die Sprache durch den unmittelbaren Umgang, das Begreifen im wörtlichen Sinne, also auch durch ein körperliches Erfassen von sich und den Gegenständen. Der Entwicklungspsychologe Jean Piaget (1896 – 1980) nannte die erste Phase des Kindes deshalb die sensumotorische, in der Wahrnehmung und Bewegung eng verbunden sind. Er sprach von Schemata, von immateriellen Strukturen, die sich herausbilden, die koordinieren und sich natürlich ständig erweitern.

Über Nase, Augen und Ohren werden zuerst die nahen Beziehungspersonen als zum Säugling gehörig erkannt. Die körperliche Nähe beruhigt ihn. Das empathische Eingehen auf die Bedürfnisse vermittelt Geborgenheit. So kann sich in dieser wohl zeitweilig als Einheit empfundenen Beziehung das aufgezeigte Grundvertrauen herausbilden.

In der von den jeweiligen Vorfahren erhaltenen und genetisch gespeicherten Information sind grundlegende Möglichkeiten für Triebe und Motive angelegt. Mit ihnen werden Anlagen für die individuelle Entwicklung mitgegeben, z. B. ein Selbsterhaltungstrieb und das Bedürfnis zu Nähe und Geborgenheit, aber auch ein Autonomiestreben.

Sigmund Freud (1856 – 1939) formulierte als abstrahierende Begriffe für die Anteile in der Psyche des Menschen das „Es", das „Ich" und das „Über-Ich". Diese Einteilung ermöglicht eine zweckmäßige Unterscheidung der menschlichen Psyche. Sie ist dem menschlichen Bedürfnis nach Klassifizierung geschuldet und sollte nicht dogmatisch aufgefasst oder mechanistisch und als lokalisierbares Geschehen interpretiert werden.

Mit dem „unbewussten Es" betonte Freud vor allem die im Unbewussten ihren Ursprung habenden „libidinösen Triebe", die letztlich zur Entwicklung der Sexualität führen. Das Es mit den Bedürfnissen und Strebungen nach Triebbefriedigung ist noch nicht sonderlich realitätsbezogen. Das Ich wiederum stellt abstrahierend von den konkreten Verarbeitungen die Verbindung zur Realität her. Das Ich organisiert somit die Beziehungen nach außen und innen. Wenn das Ich als Informationsstruktur verstanden wird, dann muss man nicht nach einem speziellen herausgehobenen Ort der Verarbeitung suchen. Verschiedene Aspekte der verarbeiteten Information werden zu kohärenten Zuständen von Quanteninformation zusammengefasst. Das Ich ist also notwendigerweise ausgedehnt. Seine Inhalte bilden dasjenige, was oft als Qualia bezeichnet wird.

Spiel – Abstraktionen – Assoziationen – Lernen

Auf der Basis einer Sicherheit vermittelnden Umgebung wird das Kind sein Umfeld entdecken, vieles ausprobieren und spielerisch mit den Objekten umgehen. Dies sind gute Voraussetzungen zur Herausbildung und Erweiterung des Bewusstseins und der geistigen Tätigkeit. Bestimmte Informationen wie Eigenschaften von Objekten können im Spiel vom ursprünglichen konkreten Objekt abstrahiert und auf anderes übertragen werden. Der Bauklotz wird zum lauten hupenden Auto oder auch zum Hund, der bellen kann. Da die Abstraktion Unwesentliches ausblendet, schafft sie Raum und Möglichkeiten für Assoziationen. Die durch Assoziationen geschaffenen Verbindungen ermöglichen ein Lernen. Wenn Einzelheiten in den Hintergrund treten und somit ignoriert werden, eröffnen sich damit Möglichkeiten, die Verbindungen und Ähnlichkeiten deutlich werden lassen. Diese Beziehungen zwischen Erscheinungen, die auf den ersten Blick nichts miteinander zu tun haben, würden sonst in der Fülle der Einzelheiten nicht hervortreten. Etwas fast Gleiches oder auch Entgegengesetztes kann dann deutlich werden, zur Wirkung kommen und eine Informationsbeziehung begründen.

Neben den Nervenzellen des Gehirns können auch andere Körperzellen Informationen gedächtnishaft speichern. Für konkrete Erinnerungen bedarf es einer weiteren Stufe der Gehirn- und Bewusstseinsentwicklung, wie des Wachstums und der Differenzierung des Hippocampus und des frontalen Großhirns und einer damit möglich gewordenen narrativen Darstellung. Die „Erzählungen" über sich und die erlebten Ereignisse, das verbale Selbst, können dabei einer Veränderung unterliegen und durch Fantasien ausgeschmückt werden.

Dass spezielle Neuronengruppen beim Beobachten der Handlung ebenso aktiv werden, als würde die Handlung vom Beobachtenden selbst ausgeführt, führte zum Begriff der Spiegelneurone. Körperlich Ausgeführtes und im Geiste Vorgestelltes haben ähnliche Wirkung bei der Verarbeitung im Gehirn. *So kann auch Fantasie dieselben Wirkungen haben wie real Vorhandenes oder Erlebtes.* Letztlich beruht darauf auch die Wirkung von Placebo.

Entwicklung des Selbst

Mit ungefähr 18 Monaten ist auch für andere sichtbar, dass ein Kind sich selbst im Spiegel erkennen kann. Die Fähigkeit, Information über Information zu verarbeiten, ist dann so umfangreich geworden, dass das Bewusstsein seine Inhalte reflektieren kann. Dies ist sogar manchen Tieren möglich. Beim Menschen ist darüber hinaus für die Reflexionsfähigkeit förderlich, dass er seine Gedanken auch sprachlich abstrahierend verarbeiten und speichern kann.

Vom Beginn der eigenen Entwicklung an gibt es einen subjektiven Kern in jedem Menschen, der sich mit der Entwicklung des Kindes erweitert. *Das Kernselbst ist als eine Struktur von Quanteninformation zu betrachten.* Sie ist zwar als dynamisch zu verstehen, macht aber dasjenige aus, was die Persönlichkeit von Geburt bis zum Tod charakterisiert. Das Kernselbst bildet die Grundlage dafür, dass man sich bei allen Veränderungen immer „als dieselbe Person fühlt“, anders formuliert: „Ich bin es, der das denkt“. Eine Störung des Kernselbst gilt zu Recht als eine schwere psychische Erkrankung.

Das Selbst wird schließlich umfassender als das Ich verstanden. Es kann auch das Ich reflektieren. Damit ist auch eine oft unbewusst bleibende Bewertung des eigenen Selbst verbunden. Der ursprünglich von Carl Gustav Jung (1875 – 1961) geprägte Begriff wird in den verschiedenen Bedeutungszusammenhängen benutzt wie bei der Selbstwahrnehmung oder Selbsterkenntnis.

Zwischen sich und anderen zu unterscheiden ist ein Vorgang der Entwicklung, der bis zur Einsicht führt, dass unabhängig von einem selbst der Andere sein eigenes Erleben und ein eigenes Bewusstsein hat. Dieser Entwicklungsvorgang wird heute oft mit dem Begriff der Mentalisierung erfasst.[2] Das Selbst als die sich dabei entwickelnde Informationsstruktur integriert die immer umfangreicher werdende Information aus der äußeren Umwelt. Das sich vergrößernde Bewusstsein kann dann das eigene Selbstempfinden reflektieren. Dabei kann diese Erste-Person-Perspektive sich erweitern und sich von außen betrachten wie mit den Augen einer dritten Person. Mit der *Theory of Mind* wird die Fähigkeit zu einer Perspektivenübernahme bezeichnet. Mit ihr wird erkannt, dass es andere Sichtweisen und Realitätswahrnehmungen als die eigenen gibt. Diese Fähigkeit entwickelt sich ab einem Alter von etwa vier Jahren.

Die Möglichkeiten des Ichs als Teil des Selbst erweitern sich. Dazu gehört auch, einen „Belohnungsaufschub“ akzeptieren und Frustrationen in gewissem Maße aushalten zu können.

Das reflektierende Selbst weitet sich in der Jugend immer mehr aus und kann im Alter wiederum als eingeschränkter empfunden werden. In der Pubertät kommt es zu Umformungen und Erweiterungen im neuronalen Gefüge. Dies ist mit Änderungen in der Denkstruktur und oft mit emotionalen Unsicherheiten verbunden.

Die weitere Herausbildung von Bedeutungs- und Bewertungsstrukturen

Die Beziehungen spielen für den Menschen bei der Entwicklung eine wichtige Rolle. Sie werden zu Bedeutungsstrukturen. Vor aller sprachlichen Erfassung können bereits Beziehungsmuster, Handlungsabläufe, Bewegungsmuster, Empfindungen und auch gefühlsmäßige Bewertungen gespeichert werden. Sie bleiben im vorsprachlichen Teil vom impliziten Gedächtnis, sodass man sich später nicht an konkrete Situationen erinnern kann.

Ein Teil der Bewertungen im „Über-Ich", wie es Freud nannte, bleiben ebenfalls unbewusst. Diese Struktur umfasst Einstellungen und Verbote. Sie formt sich in der Vermittlung durch familiäre Bezugspersonen, aber auch durch Lehrerinnen, Freunde sowie durch Denkverbote, vor allem von Seiten der Erziehungsberechtigten.

Die jeweilige Kultur hat in hohem Maße einen bedeutenden Einfluss auf die Formung des Über-Ichs und eines „Ich-Ideals". Letzteres beinhaltet die Vorstellungen davon, wie man idealerweise denken, fühlen und sich verhalten sollte. Dies äußert sich beispielsweise in Einstellungen zur Gleichberechtigung. Welches Bild wurde z. B. von „der Frau" vermittelt, aber ebenso, welche Ansprüche werden an sogenanntes „männliches" Verhalten gestellt? Es betrifft aber auch die Einschätzung von Menschen aus Minderheiten, aus anderen Kulturen oder Religionen und mit einem anderen Aussehen. Heute rückt besonders die Bewertung des Umgangs mit der Umwelt und mit den Tieren in den Blick. Dabei spielen die schnellen und oft wirksamen Beeinflussungen über das Internet mit Facebook u. ä. eine große Rolle.

Im individuellen Selbst finden sich somit moralische und ethische Forderungen sowie verinnerlichte Wertvorstellungen. Im Bezug nach außen ist das Ich konfrontiert mit dem, was ihm unter den gesellschaftlichen und ökonomischen Bedingungen an Handlungsmöglichkeiten offensteht. Die Diskrepanz zwischen den Instanzen Über-Ich und Ich, was man tun sollte und was man tut, kann zu Konflikten und sogar zu Erkrankungen führen. Schuldangst und Schamangst können sich aus solchen Diskrepanzen entwickeln und wirksam werden.

Überhaupt versucht die Psyche in der dynamischen Informationsverarbeitung, ein Gleichgewicht zu halten, indem Konflikthaftes mancher Situationen nicht in die bewusste Verarbeitung gelangt. Dies können z. B. Wünsche, Triebe oder motivationale Strebungen auch aus dem Unbewussten sein, die in Konflikt mit dem real Möglichen geraten.

Aber auch Vorstellungen und Bedürfnisse aus dem Ich können unbewusst bleiben, wenn ihnen durch die Umwelt oder aus den eigenen Wertvorstellungen Hindernisse entgegengesetzt werden. Sie verbleiben im unbewussten Anteil der Psyche und sind damit nicht offen konflikthaft. Sie werden verdrängt. Ihre verschiedenen Verarbeitungsformen werden als Abwehrmechanismen bezeichnet.

Beim Spiel des Kindes mit den Bauklötzen wurden – wie oben erwähnt – Informationsinhalte, wie Eigenschaften von Fahrzeugen oder Tieren, auf die Klötze übertragen. Bei der Projektion werden in ähnlicher Weise erlebte Inhalte wie Eigenschaften von Personen oder von sich selbst auf andere Personen übertragen. Der andere ist „ärgerlich, uneinsichtig und unzufrieden", „ich bin okay". Dies kann als projektive Übertragung das Selbst entlasten. Es können Gefühlsanteile isoliert werden, die zu bestimmten Erlebnissen gehörten, die dann in anderen Situationen Ausdruck und Verarbeitung finden.

Die körperlichen Symptome können ebenso ein Ausdruck für auch unbewusste, unverarbeitet gebliebene Konflikte aus der Vergangenheit sein, die sich bis heute noch auf das Erleben negativ auswirken können. Ebenso ist es natürlich möglich, dass gegenwärtig nicht lösbare Konflikte, die ihre Ursache in den Beziehungen der Familie, des Arbeitsplatzes oder den sozialen Bedingungen haben – wie Arbeitslosigkeit–, sich als körperliche Erkrankungen manifestieren. Die somatischen Einflüsse, die von psychischen Problemen ausgehen, können sich praktisch in verschiedenen Teilen des Körpers manifestieren, auch als „wandernde Schmerzen".

Aus dem Gesagten wird erklärbar, dass ein großer Anteil des Verhaltensrepertoires beim Menschen gesellschaftlich und kulturell bedingt ist. Die jeweiligen gesellschaftlichen Bedingungen mit ihren sozialen und ökonomischen Aspekten wirken auch in die Entwicklung der Persönlichkeit hinein: Gibt es beispielsweise die Möglichkeit freier Entfaltung und sprachlicher Mitteilung ohne Furcht? Ist eine Einschränkung durch Bestrafungsangst gegeben? Vor solchen Problemen stehen Menschen in Diktaturen, aber auch in bestimmten ökonomischen, politischen, religiösen und anderen Institutionen. Ebenso können sich Einschränkungen auch in familiären Strukturen und Traditionen entwickelt haben.

Alle die genetischen und engeren Beziehungseinflüsse sowie die weiteren sozialen und kulturellen Einflüsse haben eine gemeinsame Grundlage. Diese beruht darauf, dass es sich bei allem um eine Verarbeitung von Information handelt.

Die beim Kind recht deutlich wahrzunehmende Einheit von körperlicher und psychischer Verarbeitung von der Information, die für das jeweilige Individuum bedeutungsvoll ist, bleibt auch später erhalten.

Beziehungsgestaltung in der Psychotherapie

Die naturwissenschaftlich begründete Einheit von Leib und Seele wurde in den einleitenden Artikeln dieses Buches dargestellt. Aus dieser Einheit ergibt sich die prinzipielle Möglichkeit der Einflussnahme auf die Psyche über die bewusste Quanteninformation des Betreffenden. Dabei kann eine Veränderung der Informationsverarbeitung bis in die Zellen hinein wirken. Die Beziehungen in der Therapie und die damit verbundenen Interaktionen können solche Veränderungen bewirken.

Uniware und die verschiedenen therapeutischen Einwirkungsmöglichkeiten

Das gemeinsame Wirken der Uniware, von materiellen Molekülen (u. a. auch ATP), von Energie (Photonen) und von Information formt das prozesshafte Geschehen in der Psyche. Diese einheitlichen Abläufe zeigen auf, dass die Einflussnahme von diesen verschiedenen Wirkfaktoren her geschehen kann. Das soll hier nur sehr kursorisch geschildert werden. Es gibt natürlich noch weitere auf die Psyche wirkende therapeutische Verfahren, für deren Darstellung aber hier kein Platz ist.

Eine *medikamentöse* Einnahme, bei bestimmten psychischen Erkrankungen verordnet, soll den materiellen Gehalt in den Zellen ändern und damit in bestimmte biochemische Abläufe eingreifen, z. B. die Eigenschaft von Transmittern im Nervensystem verändern. Dies ist als eine „Bottom-up"-Wirkung zu verstehen. Dadurch ändern sich z. B. bestimmte Molekülgruppen und an diesen wiederum ihre Photonenabsorption oder -emission. Oft sind andere molekulare Veränderungen mit betroffen, da eine sehr gezielte Wirkung schwer zu erreichen ist. Es ist also stets mit Nebenwirkungen zu rechnen. Beim Trinken von Alkohol hat wohl jeder eine solche ganzheitliche Wirkung schon erfahren.

Eine *Körpertherapie* setzt, wie ihr Name sagt, vor allem am Körper an. Eine Gabe von Medikamenten wird dabei nicht vorausgesetzt. Bewegungstherapie beeinflusst die Wahrnehmungen vom eigenen Körper und regt verändernde Übungen an. Die Uniware lässt verstehen, dass sportliche Betätigung und Ernährung ganz allgemein Einfluss auf Leib und Seele haben.

Eine *Verhaltenstherapie* basiert auf lerntheoretischen Ansätzen. So, wie positives Verhalten durch Verstärkung, z. B. durch eine Belohnung, gefördert werden kann, wird in manchen Fällen bei bestimmten belastenden Verhaltensweisen, wie Panik, Phobien oder Zwängen, eine „Löschung" der Reaktion angestrebt. Bei den Verhaltensweisen ansetzend werden auch die subjektiven Erlebensaspekte einbezogen, um neue Verhaltensoptionen zu ermöglichen.

Systemische Therapien erfassen auch die interpersonellen und kulturellen Einflüsse und begreifen eine Verursachung bei Störungen, indem sie die „Ganzheit" des Erkrankten im Auge haben.

Tiefenpsychologie und Psychoanalyse gehen davon aus, dass dem bewussten Erleben eine unbewusste Verarbeitung zugrunde liegt. Dabei spielen alle die Bedingungen in der individuellen Entwicklung eine Rolle, die vorn beschrieben sind. Unbewusst bleibende Triebe und Motive können durch unvereinbare psychische Inhalte oder durch äußere Beschränkungen Konflikte auslösen. Aus dem Unbewussten heraus können sie sich z. B. durch Fehlhandlungen ausdrücken. Bestimmte Abwehrmechanismen mit ihrer ursprünglich eher ausgleichenden seelischen Wirkung sind jetzt dysfunktional für das Erleben und Verhalten geworden. Die Erlebnisse der Kindheit, reale Erfahrungen in den Beziehungen, aber auch Fantasien wirken weiter. In der Entwicklung des Selbst kann es z. B. durch mangelnde Empathie und Anerkennung des Kindes, durch Trennungen und traumatisierende Einflüsse zu einer instabilen psychischen Verarbeitungsstruktur kommen. So sind Missbrauch und andere Traumata aus der Vergangenheit bis in die Gegenwart der Betroffenen wirkend.

Veränderung in der Interaktion

Wenn wir die in der Natur gefundenen Ergebnisse rekapitulieren, so sehen wir, dass mit der Protyposis das Wirksamwerden der Information beschrieben werden kann. Die dynamische Schichtenstruktur handelt von der Wechselwirkung zwischen Fakten und Möglichkeiten. In ihr erfassen die Quantentheorie als Physik der Beziehungen und die klassische Physik als Physik der Objekte diese beiden Aspekte von naturwissenschaftlicher Beschreibung.

Was kann das für eine theoretische Beschreibung von Therapie bedeuten?

Therapien beruhen auf und handeln von Beziehungen. Eine gute therapeutische Beziehung ist bei allen Therapieformen die wesentliche Grundlage. Der Patient möchte aus freier Entscheidung heraus durch die Therapie Änderungen herbeiführen, um weniger leiden zu müssen.

Wie die hier dargelegte Theorie aufzeigt, kann Bedeutung nichts Objektives sein. Daher ist es möglich, an der Bedeutungserzeugung und -bewertung zu arbeiten und damit Veränderungen hervorzurufen. Dies ist ein Prozess, der auch wegen den dabei erfolgenden biochemisch und anatomisch nötigen Veränderungen im Gehirn seine Zeit benötigt.

Es folgt weiterhin, dass jede Psychotherapie ihre eigene individuelle Zielsetzung beinhaltet. Daneben kann eine allgemeine Richtschnur für ein anzustrebendes Ergebnis sein, die Möglichkeit zur Liebes-, Arbeits- und Genussfähigkeit zu eröffnen. Dies sind von Freud formulierte Kriterien, die für Wohlbefinden sprechen.

Für manche Menschen ist es nicht leicht, sich auf eine Beziehung wie die zur Therapeutin oder zum Therapeuten einzulassen und möglichst unzensiert zu sprechen, bis sie merken, dass keine moralische Bewertung ihrer frei geäußerten Vorstellungen erfolgt. Deshalb sind bestimmte Regeln in einer Therapie wichtig, die Sicherheit geben und einen Rahmen der Verlässlichkeit.

Das Spüren und Zulassen von Gefühlen ist oft nicht leicht. Der ehemalige Bundespräsident Joachim Gauck berichtete, dass er jahrelang den Schmerz und die Trauer verdrängt hatte, als seine Kinder damals in der DDR ihn und seine Frau verlassen haben. Sie hatten, politisch bedingt, die Ausreise erkämpft. Der Zugang zu den Gefühlen ist wichtig, denn in der Einheit von Leib und Seele binden sie am stärksten auch den Körper ein. Oft kann auch schwer in Worte gefasst werden, was sich als Körperzustand bemerkbar machen kann.

Wie in Abbildung 1 dargestellt, wird im therapeutischen Gespräch von einem gegenwärtigen faktisch fassbaren Zustand ausgegangen. Dieser kann also in Worte gefasst werden oder wird körperlich ausgedrückt. In der Betrachtung durch die Reflexionen des Patienten, durch Feststellun-

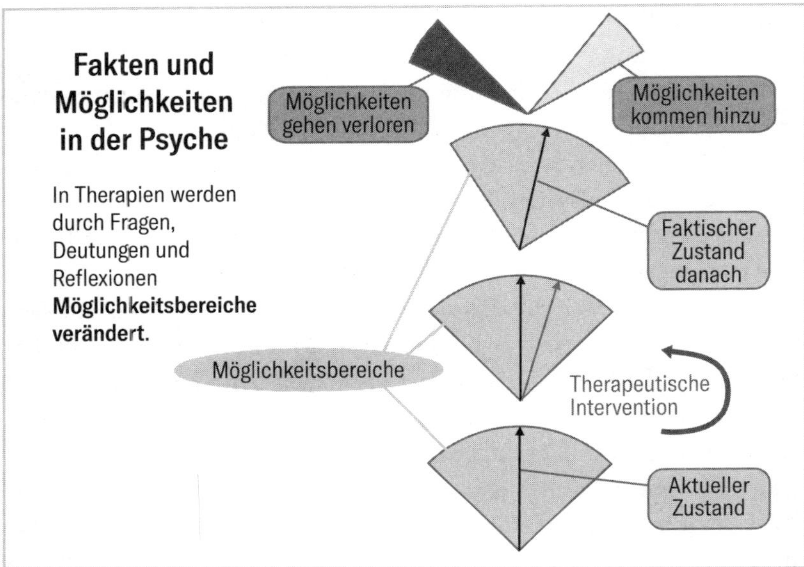

Abb. 1: Der quantische Charakter von Gefühlen und Bewusstseinsinhalten erleichtert das Verstehen von therapeutischen Einflüssen durch Veränderung bei der Verarbeitung von Informationen.

gen und Fragen des Therapeuten können assoziativ andere Erlebnissen oder Betrachtungen einbezogen werden. Nach dem „Durcharbeiten" ist der Zustand zumeist etwas verändert. Die Patientin ist vielleicht ruhiger geworden, nicht mehr ganz so mutlos. Sie fühlt sich verstanden. So werden immer mehr etwas veränderte Zustände möglich. In der geistigen Reflexion können neue Vorstellungen entwickelt werden. Durch diese Erweiterungen und das Einbeziehen sowohl veränderter Bewertungen über sich und über die erlebten Situationen können auch andere Bereiche in der neuronalen Verarbeitung erreicht und integriert werden.

Das Ziel einer jeden Therapie besteht darin, Konflikte und Probleme zu minimieren, die beim Patienten Leiden verursachen, und ihm durch die Veränderungen auch seines Selbst neue Möglichkeiten für ein verändertes Verhalten zu eröffnen. Ein wesentlicher Anteil einer jeden subjektiven Bedeutung wird durch die Verarbeitungsstruktur generiert, die der Einzelne in seiner jeweiligen Biografie entwickelt und die er auf die Informationen anwendet, die auf ihn einströmen. Die Ereignisse der Vergangenheit können nicht geändert werden. Durch das Durcharbeiten können neue emotionale und kognitive Bewertungen und eine bessere Integration in den Lebensbezug erfolgen.

Es können sich andere Möglichkeitsbereiche eröffnen, die vorher nicht gedacht und gefühlt werden konnten. Nach einer überstandenen Depression weiß man, wie schlecht es einem ging, aber man kann es nicht mehr erlebend nachvollziehen. Die Gefühle haben sich geändert.

Sehr häufig verlieren sich die somatischen Beschwerden mit der Zeit. Dann wird beispielsweise nicht mehr von den Kopfschmerzen berichtet.

Wir finden bei aller Individualität eine gewisse Regelhaftigkeit. Die Quantentheorie zeigt, dass sich Möglichkeiten determiniert verändern. Nicht jedes Faktum ist möglich, aber der Bereich der Möglichkeiten kann und soll in der Therapie erweitert werden.

Zum Beispiel kann man öfters beobachten, dass bei einer Demütigung oder Kränkung, wenn kein gutes Selbstwertgefühl vorhanden ist, aggressive Gefühle entstehen. Diese werden nach außen gerichtet wie auf bestimmte Personen, können aber auch unbewusst gegen das eigene Selbst gerichtet werden.

Mit den naturwissenschaftlichen Grundlagen des Bewusstseins kann begründet werden, wieso das Bewusstsein auf Psyche und Körper Wirkungen ausüben kann. Es wird auch verständlich, dass man von den Regeln zu dem konkreten Einzelfall übergehen, also auch hermeneutisch arbeiten muss.

„In der Hermeneutik, die zu Recht als ein gewisser Gegensatz zu objektiven Wissenschaften gesehen wird, geht es ganz allgemein um die Auslegung eines jeweils konkreten Textes und das Verstehen von dessen noch unerkannten Aspekten. Hermeneutisches Vorgehen sucht auch den Sinn des Mitgeteilten zu erfassen und den symbolischen Ausdruck zu reflektieren, vor allem aber zielt es in allen diesen Fällen auf ein Generieren von Bedeutungen. In dem, was Patienten in der Therapie einbringen, geht es auch um das Verstehen der Inhalte seines narrativen Berichtes, um das Erkennen des symbolischen Ausdrucks seines Leidens. Der Patient möchte verstanden, erkannt und damit auch anerkannt werden."[3]

Die erlebten Beziehungen und die Vermittlung der kulturellen Werte spielen – wie aufgezeigt – in die sich herausbildende Struktur der Informationsverarbeitung jedes Menschen hinein. Zusammen mit genetisch vererbter Information bildet sich die subjektive Persönlichkeitsstruktur heraus. Die psychische Struktur wiederum beeinflusst die Möglichkeiten, wie mit entstehenden Konflikten umgegangen werden kann, die oft unvermeidlich sind. Im Allgemeinen werden dabei die Reaktionen zwischen den beiden Extremen Zuversicht und Optimismus beziehungsweise Depression und Resignation liegen.

Die unbewusst wirkende und auch die bewusste Bewertung lassen oft bestimmte Grundannahmen entstehen, die Empfindungen ausdrücken. Sie erhalten oft auch den Ausdruck einer kausalen Überzeugung: „Wenn ich dies oder das tue, dann geschieht dies.“ Emotional befrachtete Reflexionen können Worte finden wie „ich versage immer“, „alle anderen haben es leichter“, „nur wenn ich noch mehr leiste, werde ich gesehen und anerkannt“, oder bei einer anderer Persönlichkeitsstruktur „ohne mich läuft da gar nichts“. Die Reihe von solchen subjektiven „Überzeugungen“ könnte weiter ergänzt werden. Sie sind auch Ausdruck des jeweiligen subjektiven Selbstwertempfindens.

Frau Traut und Herr Otta

Im ersten Abschnitt wurden die individuellen Reaktionen auf Lebensereignisse am Beispiel von Frau Traut und Herrn Otta aufgezeigt. Die geschilderten Beschwerden ließen die enge Verbindung des Denkens, des Geistigen, mit dem Körper erkennen. Gleichzeitig wurde im Verlauf der Therapie immer spürbarer, wie auch die Atmosphäre in der Arbeit und der Familie, also die sozialen Gegebenheiten, die Patienten beeinflussten und von ihrem Verhalten ebenso mit beeinflusst wurden.

Kommen wir auf Herrn Otta zurück. Was könnte das Übermaß an Kontrolltätigkeiten, sein „Festhalten“ ausgelöst haben?

In einer großen Versicherung tätig hat er in seiner Leitungsfunktion auch die Ergebnisse und Arbeiten seiner Mitarbeiter überprüft. Aber dies war im Rahmen eines besonders korrekten Arbeitens nicht belastend, sondern das sah er als notwendig an und das ermöglichte seinen Aufstieg. Aus einem Arbeiterhaushalt stammend hatte er seine Position über den sogenannten zweiten Bildungsweg und mit dem unausgesprochenen Wohlwollen der Eltern erreicht. Obwohl er seine Frau und die zwei Töchter liebt, ist alles für ihn zu Beginn der Therapie bedrückend.

Das zwanghafte belastende und nicht einfach aus dem bewussten Willen heraus zu ändernde Verhalten begann nach dem Tod der Mutter. Obwohl er diese vorher im Krankenhaus besucht hatte, traf ihn die Todesnachricht völlig unerwartet. Der für ihn plötzliche Abschied erschütterte ihn und hat ihn aus dem Gleichgewicht gebracht, es begannen die Symptome.

In der Betrachtung und Bearbeitung dieser Probleme mit der Therapeutin konnte erst dann das starke Gefühl der Trauer zugelassen werden. Die emotional besetzten Begriffe wie Verlust, Trennung, Endgültigkeit und Ohnmacht, aber auch Sicherheit und Vertrauen spielten eine große Rolle.

Anders war die Situation bei Frau Traut. Sie hatte im Alter von noch nicht drei Jahren ihren Vater nach dessen kurzer Erkrankung verloren. Die Verwandten berichteten ihr, dass sie sehr an ihrem Vater gehangen hatte und dass ein sehr herzliches Verhältnis zwischen ihnen bestanden habe. Sie habe – obwohl sie damals schon viel sprach – nach dessen Tod über lange Zeit nicht mehr gesprochen. Die Mutter war zu dieser Zeit mit ihrem Bruder schwanger. Die weitere Kindheit war von viel Unsicherheit geprägt, nicht nur finanzieller Art. Sie musste sogar den sexuellen Missbrauch durch den Stiefvater ertragen und konnte nicht darüber sprechen. Es war ihr auch nicht möglich, Freundinnen mit nach Hause zu bringen. Sie schaffte es trotz allem, ihren Bildungsweg zu gehen und den beruflichen Werdegang konsequent zu verfolgen. Um von zu Hause wegzukommen, hat sie jung geheiratet. In der Ehe hat sie alles organisiert und gestaltet und die Tochter erzogen. Die Scheidung führte sie auch aus guter finanzieller Sicherheit weg. Diesen Schritt empfand sie trotzdem als Befreiung und wollte auch nicht in die Beziehung zurück, was noch jetzt, nach Jahren, möglich wäre. Sie förderte ihre Tochter und unterstützte diese bei ihrem beruflichen Werdegang.

Frau Traut konzentrierte sich vor allem auf ihre Arbeit. Wie in der Einführung geschildert bekam sie immer mehr zu tun, hatte ein schwieriges Ressort zu bearbeiten, fühlte sich aber nicht unterstützt von dem Chef und den Kolleginnen. Sie erhielt keine Anerkennung und wurde immer depressiver.

Diese sehr kurzen Darstellungen können natürlich nur einige Aspekte der jeweiligen Persönlichkeit erfassen. Sie werden hier auch nicht psychoanalytisch formuliert oder tiefer gedeutet. Mit ihnen sollen sowohl die Individualität dieser beiden Personen als auch gewisse Ähnlichkeiten bei der Verarbeitung von Lebensereignissen aufgezeigt werden, die bei vielen Menschen wahrzunehmen sind. Auch Frau Traut und Herr Otta hatten damals beide ein schlechtes Selbstwertgefühl. Sie litten darunter, dass sie u. a. das Vertrauen zu sich selbst und in ihre gute Handlungsfähigkeit verloren hatten.

Sich in der eigenen Lebensgeschichte zu sehen hilft oft, sich selbst besser zu verstehen. Beispielsweise waren bei Herrn Otta Verlusterlebnisse der Anlass, die ihn aus den gewohnten Bahnen „gerückt" haben. Das zu verstehen hat mitgeholfen, die Sorgen abzubauen, ob das wiederkehrende Bedürfnis, unwichtige Dinge zu erfassen, zu kontrollieren, alles im Griff zu haben, ein Zeichen für seine beginnende „Verrücktheit" sei.

Verluste von geliebten Menschen können in jeder Zeit des Lebens das psychische Gleichgewicht gefährden.

Für die Aufrechterhaltung eines psychischen Gleichgewichtes spielen, wie geschildert, Verdrängungsvorgänge eine Rolle. Das Bewusstsein ist nicht immer in der Lage, alle Ereignisse und Informationen unmittelbar zu verarbeiten. Sie bleiben dann im Unbewussten wirksam.

Dies wird auch bei Herrn Otta deutlich. Die tiefe unbewusste existenzielle Unsicherheit, letztlich die Frage nach Leben und Tod, wurde durch das Verlusterlebnis ausgelöst. Der unbewusste Versuch einer psychischen Kompensation und einer „Verschiebung" auf eine äußere und von ihm als beeinflussbar wahrgenommene Kontrolle beeinträchtigte Herrn Otta massiv. Natürlich wurden auch viele andere Aspekte wie seine Beziehungen in der Familie und in der Arbeit in die Therapie einbezogen. In ihrem Verlauf konnten immer öfter „zwanghafte" Handlungen reflektierend gestoppt werden und wurden immer weniger aus dem Unbewussten angestoßen. Er lernte, sich wieder selbst und seinen Handlungen mehr zu vertrauen, ohne diese erneut kontrollieren zu müssen.

Anders waren die Bedingungen und Umstände bei Frau Traut. Der Vater starb als sie keine drei Jahre alt war. Die Mutter war selbst voller Trauer und dazu stand die Geburt eines weiteren Kindes an. Die finanziellen Verhältnisse waren knapp und unsicher.

Auch kleine Kinder spüren neben dem eigenen Verlusterleben die Angst oder Depression der Bezugspersonen. Viele der älteren noch heute lebenden Menschen haben den Krieg entweder selbst erlebt oder die Folgen lange gespürt. Bei vielen war der Vater im Krieg oder in der Kriegsgefangenschaft gestorben. Manche waren Vollwaise, andere hatten keine Wohnung, weil die Häuser zerbombt waren oder sie fliehen mussten, viele hungerten. Andere wurden zur Emigration gezwungen. Dies wird hier aufgeführt, weil Verlusterlebnisse und traumatische Erlebnisse auch über die Generationen hinweg eine Rolle spielen können. Heute ist das Bewusstsein dafür gewachsen, was für Auswirkungen diese einschneidenden und oft traumatisierenden Ereignisse haben können. Die Flüchtlinge aus dem ehemaligen Jugoslawien oder aus den jetzigen Kriegsgebieten führen solche Situationen aktuell vor Augen.

Frau Traut erlebte nur unzureichend die Resonanz der Eltern, es fehlte plötzlich das gemeinsame Lachen, das Wortebilden und Singen, welche das Kind affektiv mit der Mutter oder Vater und anderen mitschwingen lassen. Das empathische Eingehen auf das kleine Kind, das Gesehenwerden, die Anerkennung auch seiner Bedürfnisse als einer guten Grundlage für ein später sicheres Selbstwertempfinden, wurde durch den plötzlichen Tod des Vaters unterbrochen, der sie – wie erwähnt – erst nach Monaten wieder sprachfähig werden ließ. Es macht verstehbar, dass sie auch in der Therapie bei den jetzigen Konflikten und Problemen oft keine Worte findet und vieles körperlich zum Ausdruck kommt. Aber sie besitzt andererseits auch eine psychische Widerstandsfähigkeit (Resilienz), die sie viele Krisen handelnd überwinden ließ.

Im Verlauf der Therapie wurde Frau Traut fähig, ihre Interessen zu erweitern, und mutig genug, Neues und Schwieriges anzupacken. Sie konnte nach Bewältigung ihrer Depression an den Arbeitsplatz zurückkehren, selbstbewusster auftreten und ihre Beziehungsstrukturen in positiverer Weise gestalten. Die ehemals sehr schwierige Beziehung zu einer Kollegin entwickelte sich für beide zu einer guten Zusammenarbeit.

Dieser Einblick zeigt, dass ein Einbeziehen der modernen naturwissenschaftlichen Erkenntnisse hilft, auch die Top-down-Wirkungen zu verstehen. Es handelt sich dabei um die angestoßenen Veränderungen, die aus den bewusst gemachten psychischen Inhalten resultieren.

Diese Zusammenhänge erklären die Wirksamkeit psychischer Einwirkungen und damit einer veränderten Informationsverarbeitung mit ihrem Einfluss auf den ganzen Menschen.

Anmerkungen

1 Als weiterführende Literatur empfiehlt sich u. a.: Hoffmann, S. O.; Hochapfel F. R. et al. (Hg.) (2019): Neurotische Störungen und Psychosomatische Medizin: Mit einer Einführung in Psychodiagnostik und Psychotherapie. Schattauer, Stuttgart.

2 Fonagy, P.; Gergely, G.; Jurist, E. L.; Target, M. (2004): Affektregulierung, Mentalisierung und die Entwicklung des Selbst. Klett-Cotta, Stuttgart.

3 Görnitz, T.; Görnitz, B. (2016): Von der Quantenphysik zum Bewusstsein – Kosmos, Geist und Materie. Springer, Heidelberg, S. 423.

Konsequenzen für unsere Weltsicht und unser Handeln

Quantenphysik und Echtzeitgesellschaft

Claudia Nemat

Vorwort

„Wenn Du oft genug gegen eine Wand läufst, kommst Du eventuell einmal durch. Angenommen Du bist ein quantenphysikalisches Elementarteilchen", erklärte mir mein Vater, ein Physiker, Freigeist und Liebhaber origineller Gedanken. Es galt als Anregung darüber nachzudenken, dass die Wirklichkeit nicht zwingend so sein muss, wie wir sie wahrnehmen. Zumindest nicht im Mikrokosmos: Dort können kleinste Teilchen durch normalerweise undurchdringbare Energiebarrieren „tunneln". Ein weiteres Phänomen der Quantenphysik, die Heisenberg'sche Unschärferelation, beschreibt die Auswirkung einer Messung auf das Ergebnis. Wenn versucht wird, die Lage eines quantenphysikalischen Teilchens mit einem Lichtstrahl zu lokalisieren, verändert sich sein Ort. Der Ort und der Impuls des Teilchens können nicht gleichzeitig bestimmt werden. In anderen Worten: Die Wirklichkeit ist das Ergebnis ihrer Betrachtung. Dieser Gedanke ist alles andere als intuitiv. Existiert der Mond nur, wenn wir hinschauen?

Derartige Ideen machten Werner Heisenberg und Albert Einstein zu Helden meiner Kindheit. Sie inspirierten mich, Physik und Mathematik zu studieren. Nach dem Studium führte mich eine Reihe von Zufällen aus der Welt der Physik in die Welt der Wirtschaft. Neben dem Wunsch, die Geschicke von Organisationen gestalten zu können, fehlte mir in der theoretischen Physik der Ansatz dem „Wesen unserer Welt" praktisch näher zu kommen. Das lag auch am Mainstream der Forschung. Immer kleinere Teilchen wurden bei einem immer höheren Ressourcenaufwand entdeckt und dabei immer kompliziertere Theorien entwickelt. Ich begann, meinen Fokus auf die Führung von Menschen und Entwicklung von Wirtschaftsunternehmen zu legen. Dennoch faszinierte mich in den vergangenen 25 Jahren als Managerin und Naturwissenschaftlerin der rasante Fortschritt in unterschiedlichen technologischen Gebieten. Neben dem Einfluss auf die Wettbewerbsfähigkeit von Unternehmen wirken sich meiner Erfahrung nach neue Technologien auch stets auf das Denken und Handeln von Menschen aus.

Zurück zu den Zufällen: Im Sommer 2018 diskutierten Christine Mann und ich auf einem Flug von Berlin ins Silicon Valley mitten in der Nacht angeregt miteinander. Sie erzählte mir von dem Spaziergang mit ihrem Vater Werner Heisenberg in den 1970er-Jahren. Nach Werner Heisenberg lasse die Quantenphysik durchaus den Schluss zu, dass das Geistige eher als das Materielle als Grundlage der Welt gesehen werden könne. Meine Reaktion war, dass ich mir inhaltsreiche Information, also das „Geistige", ohne Energie schwer vorstellen könne. Letztere ist nach Albert Einsteins berühmter Formel gleichzusetzen mit der Masse eines Teilchens multipliziert mit der Lichtgeschwindigkeit im Quadrat (bei masselosen Teilchen umgekehrt proportional zur Wellenlänge, also der Ausdehnung). Etwas überspitzt formuliert: keine inhaltsreiche Information ohne Materie und keine Materie ohne inhaltsreiche Information. So sprachen wir vor allem über die praktischen Auswirkungen der Quantenphysik auf die technologischen, wirtschaftlichen und möglicherweise sozialen Entwicklungen des 20. und 21. Jahrhunderts. Die Gesetze der Quantenphysik bilden die Grundlagen der digitalen Welt. Diese ist unter anderem dadurch gekennzeichnet, dass unser Verhalten unter ständiger Beobachtung und Bewertung steht.

Allgegenwärtige Vernetzung und Beobachtung

Der Startschuss für das erste Mobiltelefon fiel 1973. Martin Lawrence Cooper entwickelte, inspiriert von der Serie Startrek, das Motorola DynaTAC 8000X mit einer Akkulaufzeit von nur 20 Minuten und einem Gewicht von einem Kilo. Zu Beginn des neuen Jahrtausends wurde der 3G-Standard UMTS eingeführt und bildete die Basis für internetbasierte Anwendungen über das Mobilfunktelefon. 2007 brachte Apple sein erstes iPhone auf den Markt, und die Mobilfunknetze der vierten Generation (4G/LTE) erhöhten seit 2009 erneut die Datenraten. Bereits 2013 wurden weltweit erstmals mehr Smartphones, also internetfähige Mobiltelefone mit berührungsempfindlichen Bildschirmen, als klassische Mobiltelefone verkauft. Mittlerweile ist mehr als die Hälfte aller Menschen weltweit online;

die 4-Milliarden-Marke wurde 2018 überschritten. Seit 2016 sind zudem erstmals mehr Dinge als Menschen über das Internet vernetzt. Diese Vernetzung hält auch Einzug in unser Zuhause und gestaltet das Leben darin komfortabler. Intelligente Systeme weisen nicht nur die Kaffeemaschine an, zu einer bestimmten Uhrzeit einen Kaffee aufzusetzen. Sie können u. a. auch die Temperatur in den Räumen überwachen und je nach Sonneneinstrahlung ein Herunterlassen der Jalousien anweisen, um eine bestimmte Temperatur in den Zimmern aufrechtzuerhalten. Außerdem sind sie in der Lage, die eigenen vier Wände gegen Eindringlinge zu schützen. Diese Systeme, auch „Smart Homes" genannt, sind ausgestattet mit Sensoren und Kameras, die Informationen zu Steuerung und Überwachung auf das eigene Smartphone senden. Um diese Vorgänge gestalten bzw. die Handlungen verbessern zu können, werden Daten generiert, die jedoch auch den Anbietern der jeweiligen „smarten" Gegenstände zur Verfügung stehen können. Das eigene „Smart Home" kann somit den Bedürfnissen entsprechend angepasst werden, allerdings erhalten die Unternehmen auch einen intimen Einblick in das Leben der Nutzenden.

Menschliche Sinne können durch Apps oder intelligente Dinge erweitert werden. Virtuelle sowie augmentierte Realitäten sorgen für neue Qualitäten von Sinneswahrnehmungen und Erlebnissen. Mit smarten Brillen kann in dreidimensionale Spielwelten eingetaucht (Virtual Reality) oder in Echtzeit Daten auf dem Brillenglas empfangen werden (Augmented Reality). So kann ein Besuch einer antiken Tempelruine mit Kindern, der sonst nur eingeschränkte Begeisterung auslöst, mit „smarten" Brillen zu einem Highlight werden. Aus realen Steinruinen erstehen alte Paläste und Tempel in virtueller historischer Pracht wieder auf, inklusive griechischer Helden, die epische Kämpfe austragen. Der Geschichtsunterricht wird lebendig.

Neben spielerischen Anwendungen kommen solche Brillen auch im professionellen Bereich zum Einsatz. Zum Beispiel können sie Informationen im technischen Service liefern, um Arbeitsschritte zu unterstützen. Bisherige Virtual- und Augmented-Reality-Brillen waren jedoch aufgrund der erforderlichen Rechenleistung und Speicherkapazität groß und klobig und entwickelten hohe Temperaturen. Dieses Problem kann gelöst werden, indem die erforderliche Rechenleistung und Speicherkapazität in Minirechenzentren verlagert wird, die tief in die Mobilfunknetze integriert sind, sogenannte Edge Clouds. Voraussetzung ist, dass die Daten mit geringen Latenzzeiten übertragen werden und dass diese Minirechenzentren maximal 100 Kilometer von dem Ort der Anwendung entfernt liegen. Eine geringe Latenz ist notwendig, damit die auf der Brille eingespielten Bilder zeitlich zur physischen Wirklichkeit passen und somit keine Schwindelgefühle beim Betrachter auslösen.

Der neue Kommunikationsstandard 5G erfüllt diese Anforderungen: Die Spitzengeschwindigkeit steigt von heute maximal 1 Gigabit/sec auf 20 Gigabit/sec. Verbunden mit den höheren Datenraten und deutlich kürzeren Datenrahmen sind damit auch geringere Latenzen im Netz möglich. Heute betragen Netzreaktionszeiten ca. 100 Millisekunden, minimal 10. Zukünftig sind Reaktionszeiten von 1 Millisekunde möglich. Ein Tischtennisprofi hat beispielsweise eine Reaktionszeit von 0,2 Sekunden – das entspricht 200 Millisekunden. Schließlich ermöglicht 5G auch eine Erhöhung der Verbindungsdichte, also der Anzahl verbundener Dinge pro Fläche, um den Faktor Hundert. Bereits im Jahr 2020 werden voraussichtlich zehnmal so viele Dinge wie Menschen miteinander vernetzt sein, Tendenz exponentiell steigend.

Fazit: Allgegenwärtige Vernetzung von Menschen und Dingen, zunehmende Rechenleistung und die Anwendung algorithmischer Analysen sind Voraussetzungen für eine Gesellschaft, in der jeder mit jedem, alles mit allem und fast alles in Echtzeit vernetzt ist, beobachtet und interpretiert wird. Niemand kann heute genau sagen, welche Anwendungen sich auf Basis dieser technischen Möglichkeiten entwickeln werden. Es ist jedoch davon auszugehen, dass autonome Transportsysteme zu Land und zu Luft für Menschen und für Dinge verknüpft mit intelligenten Verkehrssystemen entstehen. Diese produzieren immer mehr Daten, die gesammelt, gespeichert, algorithmenbasiert analysiert und für Verhaltensprognosen von Dingen und von Menschen verwendet werden.

Künstliche Intelligenz und Daten

Ausgangspunkt des digitalen Zeitalters war die Erfindung des Computers 1941 durch Konrad Zuse[12] und das 1965 formulierte "Mooresche Gesetz"[3], das besagt, dass sich die Anzahl der Transistoren pro Flächeneinheit alle 12 bis 24 Monate verdoppelt. Oder einfach formuliert: Die mögliche Rechenleistung verdoppelt sich alle ein bis zwei Jahre. Infolgedessen besitzen selbst einfachste Mobiltelefone heute deutlich mehr Rechenleistung als die Großcomputer, die zur Berechnung der Mondlandungen verwendet wurden. Sie ist die Voraussetzung für die Fortschritte im Bereich der algorithmischen oder sogenannten Künstlichen Intelligenz.

Künstliche Intelligenz (KI) fällt nicht vom Himmel. Sie wird von Menschenhand programmiert. Ein Algorithmus ist eine Handlungsvorschrift zur Lösung eines definierten Problems. Sie basiert auf Erfahrungen und dem sozialen Kontext der Programmierer. Informationen werden gesammelt, bewertet und nach gewissen Regeln logische Schlüsse gezogen und Entscheidungen getroffen. In einem spezifischen Kontext kann KI das heute bereits deutlich besser als der Mensch alleine. Zum Beispiel kann Mustererkennungssoftware bestimmte radiologische Pathologien akkurater befunden als ein Radiologe. Schachcomputer sind schon seit vielen Jahren in der Lage, menschliche Schachweltmeister zu schlagen und industrielle Roboter bauen Autos oder Waschmaschinen schneller zusammen als Arbeiter. 2018 gelang es einem IBM-Debattiercomputer sogar, einige Disziplinen eines Debattierwettbewerbes gegen geübte menschliche Debattierende zu gewinnen. Die Juroren bewerteten zwar die menschlichen Debattierende als empathischer, die „Argumente" der Maschine jedoch als überzeugender[4]. KI ist keine neue Erfindung. Ihre Grundlagen wurden bereits vor Jahrzehnten gelegt. Allerdings konnten die beschriebenen Ergebnisse erst in Kombination mit enormer Rechenleistung erzielt werden. Noch vor einigen Jahren war es einer Mustererkennungssoftware nicht möglich, einen Hydranten von einem Kleinkind im roten Anorak am Straßenrand zu unterscheiden. Heute liest eine Mustererkennungssoftware besser von den Lippen eines Menschen ab als eine darin geübte Person.

Im Grunde sind aktuell zwei Spielarten Künstlicher Intelligenz realisiert. Die eine basiert auf programmierten Algorithmen in Kombination mit enormer Rechenleistung und einer riesigen Datenmenge, mit der sie gefüttert wird. Die zweite arbeitet nach dem Trial-and-Error-Prinzip und ist vergleichbar mit neuronalen Netzen, die von den Reaktionen auf ihre Schlussfolgerungen lernen. Das wird auch „Machine Learning" genannt.

Selbstlernende Systeme können jedoch ihre Schlussfolgerungen nicht von einem auf einen anderen Kontext übertragen. Der Schachcomputer fängt nicht an, zu debattieren oder Waschmaschinen zu montieren. Solche Systeme sind außerdem nicht in der Lage, unter Unsicherheit zu entscheiden oder über sich selbst zu reflektieren, deshalb die Bezeichnung schwache KI. Es ist offen, ob und wann wir von schwacher KI zu starker KI gelangen. Von der dystopen Vorstellung hyperintelligenter Maschinen, die die Kontrolle über die Menschheit übernehmen, sind wir weit entfernt.

Wir befinden uns bereits in einer Wirklichkeit, in der wir von schwacher KI umgeben sind. „Smarte" Dinge sind mittlerweile eine Selbstverständlichkeit. Wir unterhalten uns mit Smart Speakern, YouTube empfiehlt uns Videos, die zu unseren Vorlieben passen, und wir sprechen mit Chatbots anstelle von Servicemitarbeitenden. Schwache KI selbst ist jedoch eine wirkmächtige Technologie. „Keine Technologie spiegelt ihren Schöpfer so sehr wie KI", formuliert Fei-Fei Li[5], Associate Professor an der Stanford University, sehr treffend. Diese Aussage kann je nach Betrachtungsweise moralisch gedeutet werden. Wahrscheinlich würden die meisten Menschen den Einsatz von KI zur Bekämpfung von bislang unheilbaren Krankheiten als gut ansehen. Als eher schlecht würden viele Menschen die Sammlung von Daten und den Einsatz von KI durch einen Staat bewerten, der ihr Verhalten beobachtet und ihnen bei „falschem" Verhalten ihre Bürgerrechte entzieht – zumindest in unseren westlichen Gesellschaften.

Es wird häufig das Argument gebracht, KI sei einfach ein Werkzeug, das sowohl zum Guten als auch zum Schlechten eingesetzt werden könne. Sie sei vergleichbar mit einem Hammer. Mit diesem können Nägel in die Wand geschlagen und ebenso Menschen verletzt werden. Der Unterschied zwischen einem Hammer und KI ist, dass ein Hammer immer ein Hammer bleibt. Künstliche Intelligenz jedoch, genau wie menschliche Intelligenz, passt sich den Erfordernissen ihres Wirkkreises an. In Abhängigkeit von der Menge und Art der Daten, der angewandten Regeln und den erlernten Reaktionen auf ihre Schlussfolgerungen verändert sich die Wirkungsweise des Instruments zielgerichtet.

Je mehr relevante Daten KI erhält, umso stärker wird sie. Genau dieser Mechanismus birgt die intrinsische Gefahr einseitiger Machtkonzentration in den Händen der Institutionen, die ein Monopol auf Datensammlung und daraus resultierender algorithmischer Intelligenz realisieren. Wie wollen wir diese wirkmächtige Technologie einsetzen? Es ist ein sehr großer Unterschied, ob wir mit KI Kampfroboter optimieren oder Krebsfrüherkennung verbessern. Zudem kann KI genau wie menschliche Intelligenz von Vorurteilen ihrer Schöpfer und Schöpferinnen geprägt sein. Wie wollen wir sicherstellen, dass Entscheidungen im Einklang mit unserem Wertesystem getroffen werden? Wenn vor einigen Jahren beispielsweise „unordentliches Haar" gegoogelt wurde, erschienen Fotos von Afroamerikanerinnen mit schwarzen Locken und bei „ordentliche Frisur" Bilder von weißen Frauen mit glattem blondem Haar.

Fazit: Schwache Künstliche Intelligenz erreicht in Kombination mit der Entwicklung von Rechenleistung und Datensammlung eine beeindruckende Leistungsfähigkeit. Anders als bei bisherigen von Menschen ausgedachten Werkzeugen, müssen wir uns bei KI von vornherein die Frage stellen, in welchen Gebieten wir sie nutzen wollen, ohne dabei Pioniergeist und Innovation zu verhindern und unsere Werte aufzugeben.

Datenkapitalismus und Überwachung

90 Prozent aller digital existierenden Daten[6] weltweit wurden in den vergangenen zwei Jahren generiert. 1998 wurde von Larry Page und Sergey Brin das Unternehmen Google gegründet mit dem selbsterklärten Ziel, die Informationen der Welt zu organisieren und allgemein zugänglich und nutzbar zu machen[7]. Die bei der Nutzung der gleichnamigen Suchmaschine von allen Nutzenden generierten Informationen wurden zunächst ausschließlich für die Optimierung der Google-Suchmaschine verwendet. Als Anfang des Milleniums die Dotcom-Blase platzte, sahen sich die Gründer gezwungen, ihr Geschäftsmodell zu verändern und die gesammelten Daten zu Geld zu machen. Fortan wurden die bei der Verwendung der Suchmaschine generierten Verhaltensdaten an andere Unternehmen verkauft, um gezielt „personalisierte" Werbung zu erstellen. Den meisten Menschen blieb dieser Umstand anfangs verborgen. Aber auch die Kenntnis der Verwertung ihrer Daten schreckte die Nutzer und Nutzerinnen nicht ab. Welche Daten im Detail für welchen Zweck genutzt

werden, ist jedoch für den einzelnen Menschen praktisch nicht nachvollziehbar. Insofern unterscheidet sich dieser implizite „Deal" in seiner Intransparenz von den Tauschgeschäften in der analogen Welt des Handels. Ist die Nutzung personenbezogener Daten für Werbung nicht harmlos? Schließlich ist seit vielen Jahrzehnten die gekonnte Manipulation das Wesen von Werbung. Es besteht aber ein Unterschied darin, ob Daten in erster Linie dazu genutzt werden, um das eigene Produkt zu verbessern (wie anfangs Googles Suchmaschine) oder ob Daten zunächst zweckfrei gesammelt und später in einem anderen Kontext genutzt werden. Dieser Umstand wurde in dem Fall des Datenskandals um die Firma Cambridge Analytica mit Facebook-Profilen deutlich. Facebook wurde 2004 gegründet mit dem selbst formulierten Ziel, dass Menschen mit Menschen in ihrem Leben in Verbindung treten und Inhalte mit diesen teilen[8]. Auch hier entwickelte sich ein werbefinanziertes Geschäftsmodell. Im Frühjahr 2018 rückte Facebook aufgrund der Untersuchungen zur Beeinflussung des US-Wahlkampfes 2016 zunehmend in das öffentliche Interesse. Wie die New York Times und der britische Observer recherchierten, wurden 2014 durch eine App der Firma Global Science Research auf Basis eines Persönlichkeitstests generierte Daten von 270 000 Facebook-Nutzenden ausgewertet. Durch Anwendung einer Programmschnittstelle, die Facebook bis 2015 Drittfirmen für App-Entwicklungen angeboten hatte, konnte auch auf weitere Daten wie Facebook-Kontakte zugegriffen werden. Diese wurden, teilweise entgegen den Facebook-Regeln, an die Firma Cambridge Analytica weitergegeben. Im Ergebnis konnten persönliche Daten von ca. 87 Millionen Menschen ohne ihr Wissen ausgewertet und mutmaßlich auch im US-Wahlkampf verwendet werden.[9]

Auch wenn die Daten nicht durch ein Datenleck bei Facebook abgegriffen wurden und die Praktiken von Cambridge Analytica möglicherweise illegal waren, konnte ein solcher Skandal nur aufgrund des von Facebook geschaffenen Geschäftsmodells möglich werden. Dieses Geschäftsmodell, das mit der Sammlung von unvorstellbar großen Datenmengen verbunden ist und das die US-Ökonomin und emeritierte Harvard Professorin Shoshana Zuboff treffend als „Überwachungskapitalismus"[10] bezeichnet, besteht darin, möglichst viele und möglichst detaillierte persönliche Informationen über Nutzer zu erhalten, um diese dann beispielsweise für gezielte (Werbe)Kampagnen an andere Unternehmen zu verkaufen. Da

Menschen im Bewusstsein ihrer Beobachtung ihr Verhalten ändern, ist es für den „Überwachungskapitalisten" nützlich, wenn die „Überwachten" möglichst wenig Transparenz über das Maß ihrer „Überwachung" haben.

Daten sind wertvoll. Sie sind der Rohstoff der digitalen Welt. Im Gegensatz zu physikalischen Rohstoffen wie Öl sind sie jedoch leicht verderblich, weil sie immer aktuell sein müssen. Sie werden zudem nicht weniger, sondern „vermehren" sich. Das liegt daran, dass immer mehr Menschen und Dinge vernetzt sind, dass Rechenleistung und algorithmische Intelligenz zum Speichern und Auswerten von Daten rasant wachsen und dass ein vielseitiges geschäftliches Interesse am Abgreifen und Auswerten von Daten besteht. Der ökonomische Wert einer Datenplattform steigt stetig mit der Anzahl der Nutzerinnen und Nutzer und entwickelt sich damit schnell zu einem natürlichen Monopol, wie die Geschichte von Google, Facebook, Amazon oder ihren chinesischen Pendants Alibaba und Tencent zeigt. Daher wird auch der Begriff "Plattformkapitalismus"[11] verwendet. The Winner takes it all! Das Geschäftsmodell des Daten- oder Plattformkapitalismus ist zwar bislang das ökonomisch bei Weitem erfolgreichste Geschäftsmodell der digitalen Welt, es muss deshalb nicht alternativlos bleiben. Das ihm zugrunde liegende Menschenbild ist kritisch. Anwender und Anwenderinnen können kaum Anspruch auf Eigentum ihrer Daten erheben, sondern geben die Rechte ihrer Daten an die Datenplattformen weiter. Das Durchsetzen individueller Interessen gegenüber der Datenplattform ist eine Herausforderung. Ein solches Interesse könnte das Recht auf Vergessen (also Löschen von Netzeinträgen) sein. Dies ist eine notwendige Voraussetzung zur autonomen Gestaltung der eigenen Zukunft.

Fazit: Die technologischen Entwicklungen führten zur Ansammlung massiver Datenmengen, Big Data, sowie Geschäftsmonopolen auf der Basis von Datenplattformen. Wie sollte neben Datenschutz das Recht auf Dateneigentum und Datensouveränität wirkungsvoll umgesetzt werden, ohne überflüssige, bürokratischen Hürden aufzubauen, die Innovation und Unternehmertum in Europa behindern würden? Wie soll mit der Informations- und damit Machtasymmetrie jenseits von Wettbewerbs- und Monopolrecht großer Plattformen umgegangen werden?

Staat und Überwachung

Menschliche Verhaltensmessung, Bewertung und Beeinflussung finden wir nicht nur bei Unternehmen mit einem datengetriebenen Geschäftsmodell, sondern auch in staatlicher Form. China hat in den vergangenen Jahren enorme Entwicklungen bei der Anwendung von Daten in Governance-Prozessen, wie z. B. zur Bekämpfung von Umweltverschmutzung, gemacht. Besonders hervor sticht jedoch das sich etablierende Social Credit System (SCS), das in verschiedenen Regionen Chinas durch den Staat angewendet wird und bis Ende 2020[12] landesweit eingeführt werden soll. Neben den staatlichen SCS-Systemen gibt es seit längerer Zeit zahlreiche kommerzielle SCS-Systeme, die weit verbreitet sind. Ziel des staatlichen Systems ist soziales Management und soziale Kontrolle. Hierbei wird für jeden Bürger und jede Bürgerin sowie jede Organisation ein Vertrauenswürdigkeitsindex (Credit Score) ermittelt, in Abhängigkeit von seiner Kreditwürdigkeit, Gesetze- und Regeltreue. Besonders „vertrauensunwürdige" Individuen erscheinen auf von der Regierung veröffentlichten schwarzen Listen. Ihnen werden bestimmte Rechte entzogen, beispielsweise die Nutzung öffentlicher Transportsysteme. Besonders „vertrauenswürdige" Individuen erscheinen auf öffentlichen roten Listen und erhalten Privilegien wie Steuererleichterung. Die dahinter liegende Logik ist perfekte Kontrolle zu vergleichsweisen geringen Kosten. Staatlicher Zwang wird nun durch gegenseitige Überwachung aller Mitbürger und Mitbürgerinnen ausgeübt wird. Wie eine Studie der Freien Universität Berlin von 2018 zeigt, stoßen die SCS-Systeme in China auf große Zustimmung. Mehr als 80 Prozent[13] aller befragten chinesischen Bürger und Bürgerinnen sind mit Social Credit Scores einverstanden oder sehr einverstanden.[14] Für Menschen mit einem liberalen Demokratieverständnis ist diese Zustimmungsrate kaum nachvollziehbar. Eine Erklärung liegt darin, dass die befragten chinesischen Personen vor allem eine Verbesserung ihrer Lebensverhältnisse und mehr Berechenbarkeit im Vergleich zu historischer Behördenwillkür sehen, und nicht in erster Linie eine weitere Einschränkung ihrer Freiheit.

Fazit: Zum heutigen Zeitpunkt würde sich die Mehrheit der Menschen in der westlichen Welt kein durch Technologie perfektioniertes totalitäres System menschlicher Überwachung durch den Staat herbeisehnen. Im

Wettbewerb der Systeme und in Anbetracht der Dynamik der Entwicklungen stellt sich jedoch die Frage, wie wir langfristig bestimmte Werte verteidigen können.

Die Entwicklung der Informationsgesellschaft

Der Umgang mit Informationen hat die kulturhistorische Entwicklung der Menschheit geprägt. Ein wesentlicher Umbruch war die Erfindung der ersten allgemein anerkannten Schrift vor ungefähr 5 000 bis 6 000 Jahren zeitgleich am Nil in Ägypten und in Mesopotamien, dem heutigen Irak. Bis dahin gaben Menschen ihr Wissen und ihre Bräuche mündlich und später in Form von Höhlenzeichnungen an ihren Stamm und ihre Nachfahren weiter. Die Erfindung der Schrift war ein nicht rein künstlerischer Prozess. Mit ihr wurde die Buchhaltung erfunden. Die Schriften aus Mesopotamien enthalten Angaben zu Einnahmen und Ausgaben, mit denen Eigentumsverhältnisse geregelt wurden. Mit der Schrift konnten auf einmal Informationen zeitlich und räumlich fast unbeschränkt verbreitet werden. Sie war die Voraussetzung für das Entstehen antiker Hochkulturen, militärischer Auseinandersetzungen, Handel, Wissenschaft, Medizin und Kunst. Erstmals in der Geschichte der Menschheit entstand im Vergleich zu den früheren Stammesgesellschaften ein Überfluss an Informationen und Wissen.

Wie gingen unsere Vorfahren mit der Menge von Informationen um? Sie führten Ordnungsprinzipien ein, deren Basis „der Zweck" ist. Damit ist gemeint, dass Wissen zu Handlungen führen, die ein Ziel verfolgen und gerichtet sind. Dieser Zweck oder auch Sinn kann aus unterschiedlichen Kontexten abgeleitet werden. Platon folgerte Sinn aus außerweltlichen Ideen, Aristoteles sah Teleos in den Dingen und Lebewesen selbst. Es entstand die teleologische Lehre. Der Sinn oder Zweck eines Stuhls ist demnach, auf ihm zu sitzen. Andere Sitzgelegenheiten besitzen den gleichen Zweck und lassen sich in ein Sinnsystem überführen, eine Ordnung entsteht. Im Christentum ergab sich Sinn aus der göttlichen Vorhersehung.

Der nächste Durchbruch der Entstehung und Verbreitung von Information war im 15. Jahrhundert die Erfindung des Buchdrucks, die zugleich die Aufklärung beschleunigte. Obwohl bereits im 11. Jahrhundert in China und im 13. Jahrhundert in Korea Buchdrucktechniken erfunden wurden, erfand Johannes Gutenberg unabhängig davon um 1440 den Druck mit beweglichen Buchstaben. Zur ersten „Killer Application“ entwickelten sich zunächst die Ablassbriefe der katholischen Kirche. Gläubigen wurde gegen die Zahlung eines Geldbetrages die Verkürzung ihrer Zeit im Fegefeuer in Aussicht gestellt. Mit den Einnahmen wollte die katholische Kirche den Neubau des Petersdoms finanzieren. Die Ablehnung der Ablassbriefe veranlassten den Mönch Martin Luther zur Formulierung seiner 95 Thesen, die sich infolge der neuen Technologie rasch verbreiten ließen. Die Bibel, die bis dahin in lateinischer Sprache von Schriftgelehrten abgeschrieben werden musste, wurde von Luther in die deutsche Sprache übersetzt. Zeitgleich wurden die biblischen Inhalte in anderen europäischen Ländern in die dortigen Sprachen überführt. Der Buchdruck verhalf der schnellen Verbreitung der Bibel in der Umgangssprache der Bevölkerung. Im Vergleich zu den vorangegangenen Jahrhunderten verbreiteten und vervielfältigten sich Information und Wissen unkontrolliert. Bücher wurden Allgemeingut. Das Zeitalter der Aufklärung, der Reformation und der Entdecker brach an. In Europa erlebten Kunst und Wissenschaft eine neue Blüte. Als eine der Spätfolgen der Aufklärung setzten sich Religionsfreiheit und die Idee des freien Willens durch.

Wie gingen die Menschen der Neuzeit mit dem neuen Überfluss an Informationen um? Sie ordneten die Disziplinen und konstruierten somit eine zutiefst arbeitsteilige Welt. Die reine Kategorisierung in Sinnsysteme wurde durch den fachlichen Diskurs der sich spezialisierten Experten ersetzt. Informationen erhielten eine neue Ordnung und Wissen wurde systematisiert. Mit der späteren Erfindung der Eisenbahn, des Automobils, moderner Schiffe und Flugzeuge konnten Menschen Informationen noch schneller in der Welt verbreiten und miteinander teilen. Die Telegraphie und das Telefon ermöglichten zudem das Teilen von Informationen in Echtzeit durch Menschen an unterschiedlichen Orten. Ökonomische Treiber kombiniert mit technischem Fortschritt vor allem in den Ingenieurwissenschaften, der Physik und der Chemie führten zur industriellen Revolution Ende des 19. und Anfang des 20. Jahrhunderts.

Den dritten Durchbruch leitete die Erfindung des Computers im letzten Jahrhundert ein. Die Entwicklung von Rechenleistung nach dem Moorschen Gesetz, der daraus resultierende Fortschritt der Künstlichen

Intelligenz sowie die allgegenwärtige Vernetzung von Menschen und Dingen führen in das digitale Zeitalter. Ein herausragendes Merkmal dieser Zeit ist eine Gesellschaft, die als Echtzeitgesellschaft[15] bezeichnet werden kann. Peter Ferdinand Drucker (1909 – 2005), amerikanischer Ökonom österreichischer Herkunft, prägte in diesem Zusammenhang den Begriff „The Next Society"[16]. Die Next Society oder Echtzeitgesellschaft ist durch die Vernetzung aller Dinge und Personen gekennzeichnet. Alles und jeder ist in Echtzeit vernetzt, wird beobachtet und die daraus entstehenden Daten werden analysiert und interpretiert. Dieser neue Zustand hilft Probleme zu lösen, für die es in der analogen Welt noch keine Lösung gab. Gleichzeitig entstehen Herausforderungen, die die noch nicht gelösten Verwerfungen des Industriezeitalters weiter verstärken könnten.

Im Jahr 2018 sagen gemäß einer von der Firma Cisco in Auftrag gegebenen Studie[17] 50 Prozent der Deutschen, dass die Digitalisierung das eigene Leben insgesamt verbessert. Die andere Hälfte der Befragten ist da eher skeptisch. Obwohl Deutschland eines der wohlhabendsten Länder mit einer der modernsten Demokratien der Welt ist, wird das Land von einer zunehmenden Polarisierung und in Teilen einer retrotopischen Vergangenheitssehnsucht durchsetzt. Eine mögliche Ursache kann in einer diffusen Angst liegen. Die Furcht speist sich aus Unwissenheit gegenüber den digitalen Technologien und dem Gefühl, durch deren rasante und nicht nachvollziehbare Entwicklung abgehängt und ausgeliefert zu sein.

Die Angst vor Neuem, insbesondere vor neuen Technologien, ist kein unbekanntes Phänomen. Bei der Konstruktion der ersten Eisenbahnen und Autos wurde diskutiert, ob Geschwindigkeiten von über 20 km/h nicht gesundheitsschädlich seien. Ende des 19. Jahrhunderts wuchs zudem die Sorge vor von Menschen gesteuerten Automobilen, weil sie auf die zusätzliche Intelligenz eines Pferdes verzichteten, das das Gefährt zog.[18]. Heute würde niemand den Nutzen moderner Transportsysteme bestreiten. Gleichwohl erinnert die Sorge vor Autos ohne Pferde an manch heutzutage geäußertes Bedenken vor autonomen Fahrzeugen.

Zukunftspessimismus ist keine gute Voraussetzung, um mit Pioniergeist Innovationen für Menschen zu gestalten. Trotz aller berechtigter Skepsis lohnt sich ein holistischer Blick auf die Faktenlage in der Welt. Es bestehen nämlich gute Gründe für Optimismus. Laut Unicef ist die Kindersterblichkeitsrate seit 1990[19] in der Welt deutlich zurückgegangen und laut Weltbank ist die Anzahl der in extremer Armut lebender Menschen in den vergangenen 20 Jahren deutlich gesunken, von 29 Prozent im Jahr 1999 auf mittlerweile knapp unter 10 Prozent.[20] Außerdem ist laut der Statistik der Vereinten Nationen die durchschnittliche Lebenserwartung zwischen dem Jahr 2000 und 2016 um 5,5 Jahre gestiegen.[21] Der deutlichste Anstieg seit den 1960er-Jahren des vergangenen Jahrhunderts. Die Physikerin und Chemikerin Marie Curie brachte es einst auf den Punkt: „Es gibt nichts zu fürchten, nur zu verstehen." Ergänzen ließe sich: „ ... um auf Basis dieses Verständnisses unsere Zukunft zu gestalten."

Fazit: Die kulturhistorische Entwicklung der Menschheit zeigt, dass Erfindungen neuer Technologien immer auch zu Veränderungen in der Gesellschaft führten. Die sprunghafte Vermehrung von Wissen und Informationen, die großflächig verbreitet werden konnten, mussten durch Regeln und Ordnungen systematisiert werden. Wir stehen aktuell an solch einer Schwelle in einer sich verändernden Gesellschaft und sind aufgefordert, das Ordnungssystem mitzugestalten. Mitgestaltung bedeutet sich mit den Technologien und der Gemeinschaft auseinanderzusetzen und sich nicht passiv der eigenen diffusen Angst hinzugeben oder einfach digitale Services kritiklos zu konsumieren.

Sein ist Wahrgenommenwerden

Zurück zur Quantenphysik: Die Quantenphysik ist die Theorie der Möglichkeiten und der Abkehr vom absoluten Determinismus. Aufgrund der Unmöglichkeit der gleichzeitigen Bestimmung von Ort und Impuls eines quantenphysikalischen Teilchens ist seine Bahn nicht exakt bestimmbar. Damit liefert die Quantenphysik eine mathematisch-naturwissenschaftliche Grundlage für ein Menschenbild, das die Existenz des freien Willens und das Recht auf Zukunft und Zukunftsgestaltung postuliert.

Im praktischen Sinne ist die Quantenphysik indirekt mit der Entwicklung der Halbleiter- und Computerindustrie verbunden. Diese bilden die Grundlagen für den rasanten Fortschritt von Digitalisierung in unserem Alltag. Wir leben heute in einer Welt, in der fast jeder mit jedem, schon sehr bald alles mit allem – und das zunehmend in Echtzeit – vernetzt ist bzw. sein wird. Auch wenn das erste iPhone vor weniger als fünfzehn Jahren auf den Markt kam, können wir uns ein Leben ohne internetfähige Mobilfunktelefone kaum noch vorstellen. Die dabei erhobenen Datenmengen in Kombination mit sich rasant entwickelnder Rechenleistung sowie die Fortschritte im Bereich von Mustererkennung und algorithmischer Intelligenz ermöglichen uns bereits heute, eine bessere Welt zu schaffen. Zum Beispiel kann Mustererkennungssoftware auf einem Foto den schwarzen Hautkrebs im Vergleich zu gutartigen Veränderungen differenzieren. Sensoren an Brücken können Korrosionsschäden deutlich früher erkennen als Techniker, die Brücken inspizieren, und Assistenzsysteme in autonom fahrenden Autos können zukünftig die Anzahl der Verkehrstoten reduzieren.

Es entstehen jedoch auch Probleme, die es in dem Ausmaß in der vordigitalen Welt nicht gab. Dazu zählt die für den einzelnen Menschen nicht mehr nachvollziehbare Sammlung und Auswertung persönlicher sowie Verhaltensdaten durch Technologiegiganten wie Google, Facebook oder Amazon. Das kann im wirtschaftlichen Interesse von Unternehmen oder im Interesse von Staaten geschehen. Der Hunger nach Daten jedoch scheint unstillbar. Und was ist mit den Nutzern und den Nutzerinnen? Sind wir uns darüber bewusst, dass wir mit dem Anspruch auf bequemen Zugang zu digitalen Dienstleistungen mit zum Teil fragwürdigem Mehrwert die Kontrolle über unsere Daten abgeben und keinerlei Einblick in die Interpretation der Informationen haben? Auch wenn wir nicht mit Geld bezahlen, ist in der Welt des Digitalen nichts umsonst.

An unserem veränderten Kaufverhalten lassen sich bestimmte Entwicklungen besonders gut nachvollziehen. Die gesamte Welt der Konsumgüter ist von uns, ungeachtet des Ortes, an dem sie produziert werden, nur einen Klick weit entfernt. Die algorithmische Verarbeitung unserer Bestellungen erschafft ein Profil von uns, sodass unsere zukünftigen Bedürfnisse vorhersehbar werden und die Werbung individuell daraufhin ausgerichtet werden kann. Aus der Summe der Verhaltensmuster aller Nutzenden bekommen wir wie von Zauberhand Angebote zu Wünschen, von denen wir nicht einmal wussten, dass wir sie hegen. Dem gegenüber etablierte sich die Möglichkeit der kritischen Rezension durch die Nutzenden. Über Kundenportale oder unmittelbar in elektronischen Marktplätzen können Meinungen und Bewertungen ausgetauscht werden. Jede

Person beobachtet und bewertet jeden. Der soziale Abgleich suggeriert Kontrolle und vermittelt vertrauensvolle Geborgenheit.

Das Bedürfnis nach Zugehörigkeit und Vertrauen in einer virtuellen Welt wird in dem zweiten erfolgreichen Geschäftsmodell bedient: Social Media. Das Internet als sozialer Raum, in dem die Grenzen zwischen Partizipation und Manipulation verschwimmen, verdeutlicht wie in kaum einem anderen Bereich den Segen und den Fluch des hemmungslosen Austauschs von Daten. „Ich habe doch nichts zu verbergen" ist ein häufig gehörter Ausspruch. Der Wunsch nach Aufmerksamkeit steht im Widerspruch zum Gebot der mühsamen Einhaltung einer Privatsphäre.

„Esse est percipi", Sein ist Wahrgenommenwerden, formulierte bereits der anglikanische Theologe und Philosoph der Aufklärung George Berkeley Anfang des 18. Jahrhunderts. In seiner „Abhandlung über die Prinzipien der menschlichen Erkenntnis"[22] begründet er seine Behauptung, die Existenz der äußeren Dinge bestünde in ihrem Wahrgenommenwerden und das Wesen des Geistes im Erfassen. Besonders aktuell erscheint nun diese These in Anbetracht der mitunter narzisstisch anmutenden Erscheinungen in unserer vernetzten Informationsgesellschaft, in der die eigene Bedeutung bisweilen mit der Anzahl von Follower und Likes gleichgesetzt wird.

Sind systematische Messung und Beeinflussung individuellen menschlichen Verhaltens unvermeidliche Konsequenzen digitaler Technologien? Und werden damit die Idee des freien Willens und das Recht des Einzelnen auf Zukunft und Zukunftsgestaltung zerstört? In gewisser Weise wäre es eine Ironie der Geschichte, dass ausgerechnet die Quantenphysik als Theorie der Möglichkeiten indirekt die Grundlagen für eine technologische Entwicklung gelegt haben sollte, die die resultierende Freiheit als Folge permanenter Beobachtung zunichtemachen könnte.

Oder gelingt es, die Möglichkeiten der digitalen Welt zum Nutzen aller Menschen zu realisieren, zum Beispiel zur Heilung von Krankheiten oder zur Lösung ökologischer Probleme? Gelingt es, algorithmische Intelligenz als Unterstützung des Menschen so zu nutzen, sodass mehr Zeit bleibt, sich um andere Menschen zu kümmern? Und zur Besinnung auf das, was Menschlichkeit ausmacht?

Fazit: Wie kann die Welt in Einklang mit unseren Wertevorstellungen gestaltet werden? Um diese Frage zu beantworten, muss es einen Konsens darüber geben, wozu technologischer Fortschritt eingesetzt werden soll und wofür nicht. Oder wie es in Dürrenmatts „Die Physiker" heißt: „Der Inhalt der Physik geht die Physiker an, die Auswirkungen alle Menschen".[23]

Die „verflüssigte" Echtzeitgesellschaft

Die Echtzeitgesellschaft unterscheidet sich von den analogen Informationsgesellschaften in zwei Wesensmerkmalen: Informationen werden nicht nur mit hoher Geschwindigkeit in Raum und Zeit verbreitet, sondern im Vergleich zu früheren Zeiten vom Menschen unabhängig bzw. unkontrolliert produziert. Sie werden nicht nur durch menschliche Beobachtung erzeugt, sondern auch durch Sensoren, mit denen intelligente Dinge wie Smart Speaker, intelligente Maschinen wie autonome Autos oder Roboter ausgestattet sind. Zudem erzeugt Künstliche Intelligenz neue „Erkenntnisse" auf Basis dieser Informationen. Jeder Mensch und jede Maschine steht dabei theoretisch unter ständiger „Beobachtung". Die Kosten der Beobachtung gehen dabei gegen null, während der potentielle ökonomische Nutzen präziser Verhaltensprognosen groß ist. Das mithilfe algorithmischer Intelligenz analysierte Ergebnis der „Beobachtung" kann uns in Echtzeit zurückgespielt werden. Die Firma Amazon erwägt bereits die Zustellung von Waren , ohne die vorherige Bestellung des Empfängers oder der Empfängerin. Das Unternehmen kennt unsere Vorlieben und „weiß", was wir voraussichtlich mögen und kaufen könnten.

Ein physikalischer Aggregatzustand zur Beschreibung der Echtzeitgesellschaft wäre „flüssig" – im Gegensatz zum „festen" Zustand früherer Gesellschaften. Der Zustand eines quantenphysikalischen Systems ändert sich, wenn er gemessen wird. Es scheint fast so, als habe die „Dauer-Messung", inklusive Informationsgenerierung und Interpretation, die Echtzeitgesellschaft genauso „unbestimmt" gemacht wie der Lichtstrahl das quantenphysikalische Teilchen, das er lokalisieren soll. Die Deutungshoheit von Experten und Expertinnen im Sinne von Fakteninterpretation hat genauso abgenommen wie die Halbwertszeit von Wissen. Daten sind schnell verderbliche Rohstoffe der digitalen Welt. Fakten können so perfekt gefälscht und in der Welt verbreitet werden, dass es zunehmend schwerfällt, Fiktion und Realität voneinander zu unterscheiden.

Auch Macht scheint sich in der Echtzeitgesellschaft zu verflüssigen. Diesen Aspekt untersuchte der polnisch-britische Soziologe, Philosoph und Totalitarismusforscher Zygmunt Baumann (1925–2017).[24] Er beschäftige sich um die Jahrtausendwende mit den Lebensverhältnissen in einer nach seinen Worten „liquiden", also verflüssigten postmodernen Gesellschaft.[25] Macht bewege sich in dieser postmodernen Zeit mit der Geschwindigkeit elektronischer Signale, sei schwer greifbar und nicht an ein Territorium gebunden. Insbesondere halte sie nicht an Landesgrenzen. Auch die Macht datenkapitalistischer Plattformen ist in kurzer Zeit entstanden, stoppt nicht an Landesgrenzen, entzieht sich ihrer demokratischen Kontrolle und könnte sich durch neue erfolgreichere Plattformen wieder „verflüssigen". In seinem 2001 erschienenen, weitsichtigen Buch „Communities" beschreibt Baumann den Kontroll- und Bedeutungsverlust von Eliten und damit verbunden den Verlust von verpflichtenden Normen und Bindungen. Die Eliten würden sich aus den ortsgebundenen Gemeinschaften zurückziehen. Macht beruhe nun nicht mehr auf dem Ausüben von normengebundener Herrschaft, sondern auf Gruppenidentität, die sich durch Distanzierung und Abgrenzung definiere.[26] Eine Folge seien „Anerkennungskriege", also extreme Auseinandersetzungen um Identität. Die Perspektive Baumanns führt zu Kernfragen, die sich aus den beiden Wesensmerkmalen der verflüssigten Echtzeitgesellschaft ergeben:

Wie verhalten sich Menschen in sozialen Gesellschaften unter permanenter Beobachtung? Das Beobachten von Menschen verändert ihr Verhalten. In der Psychologie wird dieser Umstand im sogenannten „Hawthorne-Effekt"[27] beschrieben. Die permanente Beobachtung von Gruppen und Gesellschaften führt ebenfalls zur Verhaltensveränderung. Bereits heute kann dieses Phänomen in sozialen Medien beobachten werden, wo die empfundene Abhängigkeit von Anzahl der Follower und Likes ein Suchtpotenzial hervorruft und bei zahlreichen Menschen eine Kommunikation erzeugt, die der Befriedigung von Aufmerksamkeit dienen soll. Esse est percipi.

Im medizinischen Bereich wird es noch relevanter. Im Jahre 2017 hat die amerikanische Zulassungsbehörde FDA die erste digitale Pille zugelassen. Die Hersteller, die Firmen Otsuka und Proteus Digital Health,[28] haben neben dem Inhaltsstoff, einem Neuroleptikum, einen Sensor in die Pille integriert. Dieser Sensor erzeugt aus dem Inneren des Körpers heraus ein Signal, das über ein an der Haut angebrachtes Pflaster die Daten aufnimmt und in einer Cloud speichert. Somit wird der Patient oder die Patientin zu einer regelmäßigen Einnahme des verschriebenen Medikaments aufgefordert und in seiner Therapie „unterstützt". Vollkommen ungeklärt ist dabei der Aspekt des Datenschutzes und der Datensouveränität. Es ist denkbar, dass diese Daten an eine Krankenkasse weitergegeben werden, die ihre Versicherungsleistung von der Einhaltung des Medikamentenplanes abhängig macht oder Krankentarife je nach gewünschtem Verhalten anpasst. Das könnte dazu führen, dass „unvernünftige" Menschen nicht mehr versichert werden. Wird der Mensch in Folge vernünftiger – oder unselbständiger?

Was gibt Orientierung in Anbetracht eines erneuten Überflusses an Information und Wissen, wenn sich alte Ordnungsprinzipien „verflüssigen"? In einer liquiden Gesellschaft scheint die Sehnsucht nach Sinn zuzunehmen. Der wesentliche Unterschied zur teleologische Reduktion auf den „einen" Sinn, beispielsweise die göttliche Vorhersehung für alle Menschen, ist, dass es in der liquiden Welt sehr viele verschiedene Perspektiven auf Sinn gibt und dass dieser nicht unumstößlich über Jahrhunderte oder auch nur Jahrzehnte existiert. Stattdessen scheint Sinn sich verflüssigt zu haben. Er besteht für eine bestimmte Zeit in einer bestimmten Community. Eine Community in einer liquiden Echtzeitgesellschaft ist eher eine temporäre, zweckgebundene Gemeinschaft und dabei anders als die historische Stammesgesellschaft, die über viele Generationen stabil bleibt. Beispiele für solche Communities sind Stadtteil- und Elterngemeinschaften oder auch in modern geführten Unternehmen sogenannte „Tribes". Hierbei handelt es sich um cross-funktionale Teams, die in einer pragmatischen Art und Weise für einen bestimmten Zeitraum Lösungen aus Sicht der Kunden des Unternehmens entwickeln. In einem gut geführten Unternehmen definieren sich solche Communities nicht durch Abgrenzung gegen andere Communities, bilden keine „Silos" und gefährden damit nicht den langfristigen Unternehmenserfolg. In ortsgebundenen Gesellschaften eines Landes wären solche Communities weniger anfällig für die Ausgrenzungsideologien populistischer „Verführer". „Gute" Communites verstehen sich als Gruppe mit einem gemeinsamen Ziel und vernetzen sich mit anderen Communities. Innerhalb eines Landes gelten Normen, denen ein bestimmtes Menschenbild und eine daraus resultierende Staatsform zugrunde liegen. Da es wahrscheinlich bleibt, dass sich nicht alle Staaten auf dieselben Normen und dasselbe Menschenbild verständigen - freiheitliche Demokratie und staatliches Social Credit Score sind nicht miteinander vereinbar – wäre ein globaler Konsens auf Menschlichkeit und Menschenrechte erstrebenswert.

Fazit: Könnten „liquider" Sinn und „gute" Communities eine Orientierung in einer verflüssigten Echtzeitgesellschaft sein? Gute Führung bestünde dann in Sinnstiftung, der Vernetzung von Communities sowie dem Unterbinden von Ausgrenzungsprozessen. Für europäische Leader könnte der Sinn darin bestehen, die Transformation in die Echtzeitgesellschaft im Einklang mit unseren Werten zu gestalten.

Zum Schluss: Eine Krise und eine hoffnungsvolle Aussicht

Krisenhafte Ereignisse bereiten oftmals den Weg für große gesellschaftliche Veränderungen: Ehe sich die Segnungen der Aufklärung wie Religionsfreiheit, Menschen- und Bürgerrechte in Europa durchsetzten, erschütterten Religionskriege und im 20. Jahrhundert zwei Weltkriege den Kontinent. Die negativen Langzeitfolgen der industriellen Revolution und der vom Menschen verursachte Klimawandel der Erde, sind bis heute nicht gelöst. Historisch betrachtet sind meistens ökonomische Treiber sowohl Ursache für Verwerfungen als auch die Lösung zu deren Beendigung. Ein Beispiel: Zu Beginn der industriellen Revolution wurden Arbeitende bis zur Leistungsunfähigkeit hemmungslos ausgebeutet. Weil jedoch gesunde Arbeitende für die industrielle Produktion benötigt wurden, zudem als zahlungsfähige Kunden und Kundinnen für die in Massenproduktion hergestellten Autos, Fernseher, Waschmaschinen, etc. erforderlich waren, wurde der Erhaltung der Arbeitskraft ein nachhaltiger, eigener Wert zugeordnet. Wirtschaftliche Überlegungen beendeten also die Ausbeutung.

Während des Verfassens dieses Beitrages erschüttert eine Pandemie, hervorgerufen durch einen neuartigen Corona-Virus, die gesamte Welt. Covid-19 hat nicht nur sämtlichen Volkswirtschaften einen erheblichen Schaden zugefügt, auch jedem Menschen auf diesem Planeten wurde zeitgleich die eigene Verletzlichkeit bewusst. Die Auswirkungen sind in ihrer Gesamtheit noch nicht absehbar. Unmittelbar jedoch wurde körperliche Distanz zur Normalität und Treffen von Angesicht zu Angesicht werden evaluiert und immer wieder verhandelt. Das private Leben verschmolz mit der Arbeitswelt und Familien blieben in Verbindung über Videodienste. Digitales, das vorher für unmöglich gehalten wurde, ersetzte viele analoge Prozesse. Beispielsweise wurde der Schulunterricht über Videokonferenzen an vielen Orten von engagierten Lehrkräften abgehalten. (Unnötige) Geschäftsreisen wurden durch virtuelle Meetings ersetzt. Was den Nebeneffekt hatte, dass sowohl die vielreisenden Mitarbeiter und Mitarbeiterinnen als auch die Natur einmal zur Ruhe kamen. Und viele Menschen arbeiteten während der Phase der intensivsten Einschränkungen von zuhause aus. Letzteres schob damit eine Diskussion für eine neue und zukunftsgerichtete Arbeitswelt schneller an, als es ohne Pandemie der Fall gewesen wäre. Plötzlich musste gehandelt und neue Lösungen erprobt und implementiert werden.

Eine wesentliche Voraussetzung für die erfolgreiche Umsetzung der Digitalisierung bleibt jedoch unsichtbar: verlässliche Technologie. Vor allem die Telekommunikationsnetze wurden einem umfassenden Stresstest unterzogen. Jede Person sollte auch in der physischen Distanz angeschlossen sein und bleiben. Alles passierte nur noch online oder am Telefon.

Um einem schlagartigen Anstieg der Nutzung von digitalen Medien standzuhalten, zahlte sich eine weitsichtige Vorbereitung und Resilienz aus. Ob großes Technologieunternehmen oder kleines Startup: Wer bereits in den vorangegangenen Jahren in neue Technologie und neue Arbeitswelten investiert hatte, konnte schnell auf die Beschränkungen reagieren.

Entscheidend ist, dass Unternehmen auch in gutlaufenden Zeiten vorausschauend evaluieren, was verbessert werden kann. Seien es neue Programme, die Umstellung von Hardware auf Software oder neue Produkte, die mit einem Nachhaltigkeitsanspruch konstruiert worden sind. Ein wichtiger Aspekt bei der Entwicklung sollte immer die Betrachtung des Menschen im Mittelpunkt sein. Wie kann der Dienst oder das Produkt sowohl heute als auch morgen die menschlichen Bedürfnisse erfüllen, das Leben erleichtern, einen Mehrwert bieten? Und wie kann sich der Dienst oder das Produkt mit den Bedürfnissen der Menschen weiterentwickeln? Die Starrheit der Konstruktion verflüssigt sich, wird agil. Genauso beweglich sollte auch das Miteinander der Mitarbeitenden und Mitwirkenden sein. Kleine und diverse Teams, deren Reaktionen auf Veränderungen schnell und durch die Diversität ganzheitlich sind, sind der Schlüssel für die zukünftige Arbeitswelt. Um die Reaktionsfähigkeit der Arbeitsgruppen aufrecht zu erhalten, empfehlen sich ständige Weiterbildungen. Fähigkeiten der Zukunft müssen heute erlernt werden.

Veränderungsprozesse können durch Verwerfungen und Krisen beschleunigt werden. Die Hoffnung jedoch, dass es während einer Krise gelingt, die meist länger bekannten und dringend notwendigen Veränderungen zu vollziehen, gleicht dem Sprung von einer Klippe in der Hoffnung, es würden einem im Fall Flügel wachsen. Große Krisen zeigen Versäumnisse der Vergangenheit wie unter einem Brennglas. Denken wir an unsere Schulen: Lehrkräftemangel, zu große Klassen, Investitionsstau – von Toiletten bis zu digitalen Tools sowie mangelnde (digitale) Weiterbildung sind schon seit längerem bekannt.

Für die Zukunft bedeutet das, dass in Resilienz investiert werden muss, also in menschliche Fähigkeiten genauso wie in technologische Infrastruktur. Des Weiteren kommt dem Motto, dass viel mehr umgesetzt und verändert werden kann, als viele glauben, eine große Bedeutung zu. Und nicht zuletzt spielt Technologe bei Veränderungsprozessen eine entscheidende Rolle. Jedoch sollte immer wieder hinterfragt werden, welche Probleme technologisch gelöst werden sollen. Ein blinder Einsatz kann u. U. mehr schaden als nutzen.

Ein weiterer wichtiger Pfeiler der Resilienz ist Empathie. Besonders in der Krise wurde deutlich, welche Rolle das Verständnis für Menschen spielt. Die Gesellschaft war dazu aufgerufen, gemeinschaftlich die schwächsten Personengruppen zu schützen und zu unterstützen – Kinder, ältere Menschen und Risikopersonen. Und es galt, die Lebens- und Arbeitsbedingungen von Pflegenden und Ausführenden sozialer Berufe zu verstehen. Viele mussten plötzlich Doppelrollen übernehmen, sich um Bedürftige kümmern – sei es als Laien-Lehrende oder Pflegekräfte. Und dabei durften sie den eigenen Schutz und den ihrer Familien nicht vernachlässigen. Die Bedeutung empathischer Tätigkeiten wurde hervorgehoben und erhielt die Aufmerksamkeit, die sie verdient.

Bereits 2018 ging eine Studie des McKinsey Globale Institutes davon aus, dass neben Fähigkeiten in den digitalen Technologien und allgemeiner Problemlösungskompetenz vor allem empathische Berufe benötigt werden, beispielsweise in der Lehre oder Pflege.[29] Da die Halbwertszeit von Expertenwissen rapide abnimmt, ist anzunehmen, dass lebenslanges Lernen und kreative Problemlösung für Menschen immer wichtiger werden. Wenn Lernen und empathisches Handeln an Bedeutung gewinnen, könnte daraus ein neues Lebensmodell für erwachsene Menschen entstehen: Statt den größten Teil unserer Zeit mit erwerbstätiger Arbeit zu verbringen, würden wir unsere Zeit der Arbeit, dem lebenslangen Lernen und der empathischen Zuwendung zu unseren Kindern, Verwandten oder der für uns relevanten Community widmen.

Für das Gelingen einer solchen Form der fürsorglichen Echtzeitgesellschaft wird eine zentrale Aufgabe das Zuschreiben monetärer Werte sein, zum Beispiel: Wie werden Lehrende, Erziehende und Pflegende oder allgemein empathische Tätigkeiten bezahlt und finanziert? Wie sieht das Finanzierungsmodell für lebenslanges Lernen aus? Was ist das Wesen des Menschseins in Anbetracht der zunehmenden Perfektionierung Künstlicher Intelligenz und „Verflüssigung" der Gesellschaft? Cogito ergo sum – ich denke, also bin ich –, der erste Grundsatz der Philosophen René Descartes,[30] könnte im Zeitalter „denkender" Maschinen eine neue Qualitätszuschreibung menschlichen Denkens erfahren: Cogitare im Sinne kreativen sowie zur echten Empathie fähigen menschlichen Denkens. Damit erhält „Esse est percipi" auch einen „Sinn". Wahrgenommen werden ist keine Frage der Anzahl der Freunde und Freundinnen oder Follower in sozialen Medien, sondern eine Frage echten Empathieempfangens. Dieses hat Implikationen für die Ziele von Bildung. Neben einem grundsätzlichen Verständnis digitaler Technologien und der Wirkmechanismen der Echtzeitgesellschaft gehören dazu vor allem die Fähigkeiten wie das Lösen von Problemen, die Freude am Denken und Lernen sowie ein soziales und ethisches Grundverständnis. Das ist kein neuer Gedanke. Er muss nun konsequent durch uns alle umgesetzt werden.

***

Werner Heisenberg sagte in den siebziger Jahren des vergangenen Jahrhunderts bei einem Spaziergang mit seiner Tochter Christine Mann und seinem Schwiegersohn Frido Mann, er könne sich durchaus vorstellen, dass das Geistige und nicht das Materielle als Grundlage der Welt gesehen werden könne. In einer utopischen Form von Echtzeitgesellschaft wird sich der Mensch neben Arbeit deutlich mehr um das Wesen des Menschseins kümmern können, um Lernen, um Erkenntnis, um Empathie gegenüber anderen Menschen. In gewisser Hinsicht also um etwas Geistiges. Um mit den Worten des Schriftstellers Saint-Exupéry zu enden: „Man kann nicht in die Zukunft schauen, aber man kann den Grund für etwas Zukünftiges legen - denn Zukunft kann man bauen."

So ist es. Zukunft passiert nicht. Zukunft wird gestaltet.

Anmerkungen

1 Zuse, K. (1984): Der Computer – Mein Lebenswerk. Springer, Berlin Heidelberg.

2 bzw. 1946 der erste vollelektronische Universalrechner durch John Eckert und John Mauchly

3 Intel: Über 50 Jahre Mooresches Gesetz. Aufgerufen am 28. 01. 2019 unter https://www.intel.de/content/www/de/de/silicon-innovations/moores-law-technology.html.

4 Krishna, A. (2018): AI Learns the Art of Debate. Aufgerufen am 28. 01. 2019 unter https://www.ibm.com/blogs/research/2018/06/ai-debate/.

5 Li, F. (2018): How to Make A.I. That's Good for People. https://www.nytimes.com/2018/03/07/opinion/artificial-intelligence-human.html.

6 Jacobsen, R. (2013): 2.5 quintillion bytes of data created every day. How does CPG & Retail manage it? Aufgerufen am 28. 01. 2019 unter https://www.ibm.com/blogs/insights-on-business/consumer-products/2-5-quintillion-bytes-of-data-created-every-day-how-does-cpg-retail-manage-it/.

7 Google: Unsere Mission. Aufgerufen am 28. 01. 2019 unter https://www.google.com/about/.

8 Facebook: Aufgabe. Aufgerufen am 28. 01. 2019 unter https://www.facebook.com/pg/facebook/about/.

9 Rosenberg, M.; Frenkel, S. (2018): Facebook's Role in Data Misuse Sets Off Storms on Two Continents. Aufgerufen am 28. 01. 2019 unter https://www.nytimes.com/2018/03/18/us/cambridge-analytica-facebook-privacy-data.html?module=inline.

10 Zuboff, S. (2018): Das Zeitalter des Überwachungskapitalismus. Campus Verlag, Frankfurt/New York.

11 Lobo, S. (2014): Sharing Economy und Plattform-Kapitalismus. Aufgerufen am 28. 01. 2019 unter https://saschalobo.com/tag/plattform-kapitalismus/.

12 Schaefer, K. (2019): *The Year in Social Credit: Where is Corporate Social Credit Going in 2020 and Beyond?* Aufgerufen am 24. 09. 2020 unter https://www.chinabusinessreview.com/the-year-in-social-credit-where-is-corporate-social-credit-going-in-2020-and-beyond/

13 Kostka, G. (2018). China's Social Credit Systems and Public Opinion: Explaining High Levels of Approval. Aufgerufen am 28. 01. 2019 unter https://ssrn.com/abstract=3215138.

14 Die überwiegende Anzahl der befragten Personen (80 Prozent) hatte vor allem Erfahrung mit den kommerziellen SCS Systemen und nur 7 Prozent bis dato mit den staatlichen Piloten.

15 Weyer, J. (2014): Netzwerke in der mobilen Echtzeit-Gesellschaft. In Weyer, J. (Hg.) Soziale Netzwerke (3. Auflage). Oldenbourg DeGruyter.

16 The Economist (2001): The next society. Aufgerufen am 28. 01. 2019 unter https://www.economist.com/special-report/2001/11/01/the-next-society.

17 Cisco (2018): So digital ist Deutschland wirklich. Aufgerufen am 28. 01. 2019 unter https://www.cisco.com/c/dam/global/de_de/solutions/digital-transformation/pdf/so-digital-ist-deutschland.pdf.

18 Sennett, A. (1896): Carriages without horses shall go.

19 Unicef (2018): Weltweite Kindersterblichkeit sinkt – Überlebenschancen in den ärmsten Ländern Afrikas und Asiens am schlechtesten. Aufgerufen am 28. 01. 2019 unter https://www.unicef.de/informieren/aktuelles/presse/2018/kindersterblichkeit-report-alle-fuenf-sekunden-stirbt-ein-kind/174640.

20 Roser, M.; Ortiz-Ospina, E. (2017): Global Extreme Poverty. Aufgerufen am 28. 01. 2019 unter https://ourworldindata.org/extreme-poverty.

21 WHO: Life expectancy. Aufgerufen am 28. 01. 2019 unter https://www.who.int/gho/mortality_burden_disease/life_tables/situation_trends_text/en/.

22 Berkeley, G. (2012): Eine Abhandlung über die Prinzipien der menschlichen Erkenntnis. Felix Meiner Verlag, Hamburg.

23 Dürrenmatt, F. (1961): Die Physiker. Diogenes Verlag AG, Zürich.

24 Die Zeit AP/mfh (2017) Zygmunt Bauman ist tot. Aufgerufen am 28. 01. 2019 unter https://www.zeit.de/kultur/2017-01/soziologe-zygmunt-bauman-tot.

25 Palese, E. (2013): Zygmunt Bauman. Individual and society in the liquid modernity. Aufgerufen am 28. 01. 2019 unter https://springerplus.springeropen.com/articles/10.1186/2193-1801-2-191.

26 Baumann, Z. (2001): Community. Seeking Safety in an Insecure World. Polity Press, Cambridge.

27 Roethlisberger, F. J.; Dickson, W. J.; Wright, H. A. (1939): Management and the Worker. An Account of a Research Program Conducted by the Western Electric Company, Hawthorne Works, Chicago. Harvard University Press, Cambridge, Mass.

28 Otsuka and Proteus Digital Health (2018): Otsuka and Proteus Digital Health Announce Expanded Collaboration Agreement to Advance Digital Medicines For Mental Health. Aufgerufen am 28. 01. 2019 unter https://www.proteus.com/press-releases/otsuka-and-proteus-digital-health-announce-expanded-collaboration-agreement-to-advance-digital-medicines-for-mental-health/.

29 Bughin et al. (2018): *Skill shift automation and the future of the Workforce.* Aufgerufen am 28. 01. 2019 unter https://www.mckinsey.de/~/media/McKinsey/Locations/Europe%20and%20Middle%20East/Deutschland/News/Presse/2018/2018-05-24/Studienreport_MGI_Skill%20Shift_Automation%20and%20future%20of%20the%20workforce_May%202018.ashx

30 Descartes, R. (1637): *Discours de la Méthode pour bien conduire sa raison et chercher la vérité dans les sciences / Bericht über die Methode, die Vernunft richtig zu führen und die Wahrheit in den Wissenschaften zu erforschen.* Philipp Reclam jun. Verlag Gesellschaft: Leipzig.

Demokratie als Aufgabe und Verantwortung

Frido Mann

Wie auch schon in anderen Beiträgen dieses Bandes hervorgehoben, zeigt uns die Quantenphysik, dass das Prinzip der Unbestimmtheit unser ganzes Sein durchzieht. Dies gilt für die unbelebte Materie wie auch für die Grundvorgänge des Lebens und erst recht für die differenzierten Abläufe unseres menschlichen Bewusstseins. Besonders deutlich zeigt sich dies in unserer Fähigkeit, freie Entscheidungen zu fällen und mit diesen Entscheidungen auch unser gesellschaftliches Leben aktiv mitzugestalten.

Die modernste Staatsform, die der Existenz eines freien menschlichen Willens am stärksten Rechnung trägt, ist die parlamentarische Demokratie. Deren Struktur und Zielsetzung nach ist es den Menschen nicht nur möglich, sondern sie sind letztlich auch dazu verpflichtet, am Aufbau, am alltäglichen Ablauf und an der langfristigen Entwicklung des demokratischen Geschehens kritisch, kreativ und engagiert mitzuwirken. Im Gegensatz zu hierarchisch gegliederten und nur von einer Minderheit gestalteten und von der Mehrheit nur passiv mitvollzogenen Gesellschaftsformen tragen alle zu einer Demokratie gehörigen Menschen die Verantwortung für deren Aufbau und für deren Aufrechterhaltung mit. Ohne Demokraten keine Demokratie.

Die Vereinigten Staaten als Wiege der parlamentarischen Demokratie

Schon früh spürte ich als in den USA gebürtiges Kind – zuerst vor allem atmosphärisch und dann immer bewusster – die tiefe demokratische Überzeugung meiner Eltern und Großeltern. Sie hatten sich in ihrem amerikanischen Exil schon bald den Grundcharakter der amerikanischen Verfassung von 1787, der ältesten der Welt, angeeignet. Die ersten Worte der Präambel dieser Verfassung waren ihnen rasch in Fleisch und Blut übergegangen: *We the people of the United States.* Nicht um „Our Nation" oder „Our Country" ging es dort, nicht um ein überindividuelles, ideologisch abstraktes, hierarchisch gegliedertes und Gehorsam und Unterordnung forderndes Staatsgebilde und schon gar nicht um eine „Volksgemeinschaft". Im Zentrum stand vielmehr die *freie Vereinigung, freier individueller Menschen: We the people.*

Meine Familie hatte 1933 die schlimmste „Volksgemeinschaft", die es je gegeben hat, das nationalsozialistische Deutschland, verlassen und sie war rechtzeitig vor Kriegsausbruch aus Europa in die USA ausgewandert. Einige Jahre später wurden sie amerikanische Staatsbürger. Ihre politische Überzeugung übertrug sich am Ende des Zweiten Weltkriegs langsam immer bewusster auch auf mich.

Dieses verfassungsmäßig festgeschriebene Verständnis von Demokratie war für mich als im Exil meiner Familie gebürtiger amerikanischer Staatsangehöriger von Anfang an das Wahrzeichen für bürgerliche Autonomie. Sie stand für Meinungsfreiheit und Mitbestimmung auf der Basis der grundlegenden Gleichberechtigung aller Menschen. Diese gesellschaftliche, politische und rechtliche Kennzeichnung habe ich dann als Erwachsener zunehmend als Ausdruck einer noch tieferliegenden Überzeugung verstanden. Sie gründet in der Philosophie der Aufklärung und in unserem jüdisch-christlichen Menschenbild. In ihr liegt die Grundauffassung von der unterschiedslosen Gleich*wertigkeit* aller Menschen. Deshalb bleibt für mich der Begriff vor allem der parlamentarischen Demokratie in erster Linie getragen von dem Bewusstsein von der *Würde des Menschen.* So steht es auch geschrieben in der 1938 an die Amerikaner gerichteten leidenschaftlichen Ansprache des aus Deutschland in die USA emigrierten Schriftstellers und Nobelpreisträgers Thomas Mann: *The Coming Victory of Democracy.* Diese Ansprache hatte Thomas Mann auch ganz im Geist seines damaligen politischen und humanistischen Leitbildes, des amerikanischen Präsidenten Franklin D. Roosevelt verfasst. Und er wurde nicht müde, sie auf einer sich über mehrere Monate erstreckenden „Lecture Tour from Coast to Coast" vorzutragen.

Dort heißt es beispielsweise: *Sagt man Wahrheit, so sagt man auch Freiheit und Gerechtigkeit; spricht man von diesen, so meint man die Wahrheit. Es ist ein mit geistiger Natur und elementarer Sprengkraft geladener Komplex untrennbarer Art, – man nennt ihn das Absolute* („If we say truth, we also say freedom and justice, if we speak of freedom and justice, we mean truth. It is a complex of an indivisible kind, freighted with spirituality and an elementary dynamic force. We call it the absolute"). Deutlich pragmatischer geht der einflussreiche amerikanische Denker und Lyriker Walt Whitman (1819–1892), den Thomas Mann früh im amerikanischen Exil studierte, mit dem Thema Demokratie um: *And, topping democracy, this most alluring record, that it alone can bind, and ever seeks to bind, all nations, all men, of however various and distant lands, into a brotherhood, a family* („Das Höchste aber und die Krönung der Demokratie ist, dass sie allein alle Nationen, alle Menschen noch so verschiedener und entfernter Länder zu einer Bruderschaft, einer Familie vereinen kann und immer zu vereinen bestrebt ist").

Für mich als gebürtigen Amerikaner war von Anfang an eben die parlamentarische Form der Demokratie fast noch selbstverständlicher und wegweisender als für meine Eltern und Großeltern, weil ich seit meiner Geburt nie etwas anderes gekannt hatte im Gegensatz zu jenen, die aus dem nur sehr teilweise und wenn überhaupt, dann noch gar nicht lange demokratisch regierten, derzeit vielfach sogar faschistisch infizierten Europa emigriert waren. Allerdings bekamen dann wir alle schon ganz bald nach dem Tod unseres Präsidenten Roosevelt in demselben Amerika eine schmerzhafte Verschiebung vom Gleichgewicht einer demokratischen Ordnung in ein bedrohliches Ungleichgewicht machtpolitischer Einengungen zu spüren. Durch den Vormarsch des Kommunismus in Osteuropa und bald danach auch in China breitete sich erkennbar bereits ab 1947 in der amerikanischen Öffentlichkeit eine geradezu hysterische Angst vor einer kommunistischen Infiltrierung unseres Landes aus. Diese schlug sich als erstes empfindlich in der amerikanischen Innenpolitik nieder. So wurde unter der Gilde des berüchtigten republikanischen Senators Joe McCarthy das schon in den 1930er-Jahren gegen Nazi-Einflüsse eingesetzte *Committee on Un-American Activities* (Komitee gegen unamerikanische Umtriebe) als Instrument zu einer landesweiten antikommunistischen Gesinnungskontrolle umgepolt. Dies führte vor allem in den späten 1940er- und frühen 1950er-Jahren, über die festgeschriebenen demokratischen Rechte amerikanischer Bürger hinweg, zu einem flächendeckenden Feldzug gegen Freiheit und Menschenwürde. Ein Klima paranoider Verdächtigungen und Anschuldigungen, ja öffentlicher Anprangerungen beherrschte die ganze USA. Vorladungen vor das Komitee mit Verhören, Verhaftungen und Passentzug waren an der Tagesordnung. Auch die meisten Mitglieder meiner Familie wurden zu Opfern von Bespitzelung und Anschuldigungen und fühlten sich zunehmend persönlich bedroht. Sie fürchteten sich auch allgemein immer verzweifelter vor dem Ende der amerikanischen Demokratie und fühlten sich im Lauf der Jahre zunehmend aus dem Land ihrer einstigen Aufnahme und Rettung wieder zurück in ihre ehemalige europäische Heimat gedrängt. Dies führte schließlich 1952 zu einer zweiten Emigration in die Schweiz, die nach der Flucht meiner Familie aus Nazideutschland dieser einen ersten Schutz geboten und zudem den Zweiten Weltkrieg schadlos überstanden hatte und daher zum nächsten Wohnsitz wurde.

Paradoxerweise litten meine Eltern und Großeltern unter der McCarthy-Zeit mehr als ich, der nie etwas anderes als Demokratie gekannt hatte. Wahrscheinlich war dies der Fall, weil sie schon einmal aufs Empfindlichste mit dem Phänomen des Faschismus konfrontiert worden waren und umgekehrt war mir in meinem kindlichen Patriotismus angesichts des heldenhaftes Sieges „meiner“ Amerikaner über den europäischen und den japanischen Faschismus der Blick vor dem McCarthyismus versperrt gewesen. Erst sehr viel später von Europa aus reagierte ich besonders sensibel auf die misslichen Entwicklungen in der amerikanischen Demokratie. Gleichzeitig lehnte ich mich auch innerlich umso heftiger auf gegen die Niederschlagung demokratischer Befreiungsversuche in den von der Sowjetunion besetzten und unterdrückten europäischen Ländern. So fieberte ich bereits, nach dem 1956 im Keim erstickten Aufstand im kommunistischen Ungarn, besonders 1968 mit dem Experiment des „demokratischen Sozialismus“ in der Tschechoslowakei mit, welches bald wieder von den Panzern des Warschauer Pakts niedergerollt wurde. Aber dann durfte ich knapp 20 Jahre später den Fall der Berliner Mauer und das Ende des Sowjetkommunismus in der DDR und in der CSSR aus nächster Nähe miterleben.

Deutschland und Europa in der Nachfolge

Je länger ich mich mit der Geschichte der sehr viel jüngeren und brüchigeren Demokratien in Europa auseinandersetzte, desto mehr musste ich erkennen, dass wir uns aus der europäischen Perspektive angesichts der sich seit Jahrzehnten verschlechternden politischen Verhältnisse in den USA nur zu gern vorschnell zu Unkenrufen über ein bevorstehendes Ende der amerikanischen Demokratie hinreißen lassen. Der Denkfehler liegt meiner Ansicht nach darin, dass wir dabei beide demokratischen Systeme mit demselben Maß messen. Genau dies ist jedoch allein schon wegen der höchst unterschiedlichen Geschichte beider Demokratieformen falsch. Außer der schon früh aus der englischen Revolution im 17. Jahrhundert hervorgegangenen parlamentarischen Monarchie in England, den post-napoleonischen, ebenfalls immer eng mit der Monarchie verbundenen Republiken in Frankreich und der Sonderstellung der Schweiz seit Beginn ihrer Geschichte ist die überwiegende Mehrheit der europäischen Demokratien heute kaum mehr als 100 Jahre jung. Fast alle von ihnen wurden zudem in der ersten Hälfte des 20. Jahrhunderts von einem so furchtbaren Ausmaß an Diktatur, Fremdherrschaft, Krieg und Terror durchbrochen, wie die USA dies gottseidank bis heute noch nie hatte durchleben müssen. Deutschlands nach dem Zweiten Weltkrieg nur mit amerikanischer Hilfe erstmals nachhaltig gelungene und bewundernswert rasch und erfolgreich aufgebaute und bis heute immer noch gefestigte parlamentarische Demokratie ist erst 70 Jahre alt. Deren Vorgänger war die Weimarer Republik zwischen den beiden Weltkriegen gewesen. Wie in der abgedruckten Rede des Bundespräsidenten zum 100. Jahrestag von deren Ausrufung am 9. November 1918 nachzulesen ist, war diese ein zwar grandioser, aber nach nur 14 Jahren durch die Nazidiktatur tragisch beendeter erster Versuch einer Demokratiebildung in Deutschland. Diese Weimarer Republik war nach dem Zusammenbruch des Kaiserreichs und den darauffolgenden revolutionären Wirren eine bemerkenswerte Zäsur in der deutschen Geschichte. Sie war in dem unter den Folgen des Krieges und des Versailler Vertrages schwer gezeichneten Land ein wagemutiger und hoffnungsvoller Aufbruch zu Freiheit und zu Frieden sowie politischer Selbstbestimmung und sozialer Gerechtigkeit. Besonders beachtlich dabei war ihre in ihrer republikanischen Verfassung verankerte liberale und soziale Gesetzgebung mit einem Wahlrecht für alle, auch für die Frauen. Mit ihren Errungenschaften wie Achtstundentag, Tarifpartnerschaft und Mitbestimmung durch Betriebsräte legte sie die Grundsteine für einen modernen Sozialstaat. Aber trotz ihrer fünf Jahre anhaltenden einigermaßen stabilen mittleren Phase zwischen der Inflation und der Weltwirtschaftskrise erwies sich diese Republik aufgrund der unzureichenden Gestaltung und Stärkung ihrer Strukturen durch die Menschen in ihr als nicht lebensfähig. Es gab zwar vorbildhafte Führungskräfte in Politik, Regierung und Wirtschaft sowie in Wissenschaft und Kultur. Gerade die Quantenphysik feierte in den 1920er-Jahren ihre Triumphe und revolutionierte das noch aus der Zeit der Monarchie stammende deterministische Weltbild ganz im Sinne des Strebens der Menschen nach neuer Freiheit und nach politischer Autonomie. Aber die gesellschaftliche Elite in Militär, Justiz und Verwaltung war weitgehend von der Tradition eines aus der Kaiserzeit stammenden, eng konservativen und antiliberalen Denkens beherrscht. Dieses Denken reichte sogar weit über die Kaiserzeit über Jahrhunderte zurück in die Kleinstaaterei der deutschen Fürstentümer. Angesichts der zunehmenden Zersplitterung der Parteienlandschaft der Weimarer Republik in bis zu 36 Parteien und in Anbetracht des laufenden Wechsels von 15 aufeinanderfolgenden, als „Ersatzkaiser" geltenden Reichskanzlern zwischen 1919 und 1933 könnte man umgekehrt sogar von einer übers Ziel hinausschießenden „Überdemokratie" sprechen. Der Konservatismus und die mangelnde Flexibilität der für die Staatsform einer parlamentarischen Demokratie allzu ungeübten Menschen und die schließlich völlig außer Kontrolle geratene Polarisierung der beiden politischen Extreme der Linken und Rechten wurde für das erste demokratische Experiment in Deutschland schließlich zum Verhängnis und trieb dieses Land in die Katastrophe des Nationalsozialismus.

Als ich mich 1964 nach einigem Zögern aus der Schweiz zum ersten Mal zu einem Universitätsstudium nach Deutschland vorwagte, war für mich dafür ausschlaggebend, dass München die Heimatstadt meines Vaters und meiner Großeltern gewesen war, bei denen ich teilweise im kalifornischen Exil aufgewachsen war. Dies war zugleich der vorsichtige Anfang meiner über Jahrzehnte zunehmenden Anfreundung mit Deutschland, gleichzeitig mit meinen sich häufenden Enttäuschungen von der politischen Entwicklung der USA. Einschneidend dafür war der verheerende Vietnamkrieg in den 1960er-Jahren, dessen tiefe Narben ich während der ganzen 1970er- und 1980er-Jahre besonders während meiner damaligen häufigen Aufenthalte in den USA spürte. Dies und die beängstigenden Anwandlungen der USA, Weltpolizei spielen zu müssen, sowie ihre Versuche im Sinne eines verfälschten Demokratieverständnisses, fremden Kulturen gewaltsam „*the American way of life*" aufzudrücken, trieben mich in eine immer größere innere Distanz zu meiner ursprünglichen amerikanischen Heimat. Während derselben Jahrzehnte lösten sich im Zuge der Festigung der demokratischen Verhältnisse und vor allem des wachsenden demokratischen Bewusstseins in der westdeutschen und später auch der ostdeutschen Öffentlichkeit meine letzten verbleibenden politischen Vorbehalte gegenüber Deutschland auf.

Ein erster diesbezüglicher Einschnitt für mich war 1969 die langersehnte Ablösung der die deutsche Vergangenheit viel zu zögerlich aufarbeitenden Regierungen Adenauers, Erhards und Kiesingers durch Willy Brandts sozialliberale Koalition. Ein für mich besonders bewegender Augenblick war, nur ein Jahr nach dem Beginn von Brandts Kanzlerschaft, dessen Kniefall vor dem polnischen Mahnmal in Warschau als Geste der Demut und der Bitte um Vergebung.

Das wichtigste Ereignis war dann der keine 20 Jahre später folgende Fall der Berliner Mauer zwischen West- und Osteuropa und die Auflösung des sowjetischen Machtimperiums. Mit der Auflösung des DDR-Unrechtsstaates und mit der schon lange in unerreichbare Ferne gerückten deutschen Wiedervereinigung konnte endlich mit einem Friedensvertrag 45 Jahre nach Kriegsende ein deutlicher Schlussstrich unter die Nachkriegszeit gezogen werden. Auch wenn das Ende des Sowjetimperiums die wesentliche Voraussetzung gewesen war für die Änderung des gesamtdeutschen Status, so war es doch maßgeblich das Volk der DDR gewesen, das mit seinem beharrlichen und mutigen Auftreten bei den „Montagsdemonstrationen" in Leipzig das Ende des kommunistischen Regimes herbeigeführt hatte. Für mich war dies der handfeste und eindrücklichste Beweis für die bestandene Reifeprüfung der Deutschen für demokratisches Verhalten und für demokratische Gesinnung. Was für ein gewaltiger Sprung vom herdentriebartigen Mitläufertum und der politischen Unmündigkeit der Bürger vor und auch noch eine ganze Weile nach 1945.

Die deutsche Politik nach der Wiedervereinigung hat dann besonders zu Beginn der Kanzlerschaft von Angela Merkel zu einer weiteren Stärkung demokratischer Verantwortung und einer politischen Wachsamkeit gegenüber Grundwerten wie Freiheit und Menschenrechte beigetragen. Jedenfalls war dies der Fall bis zum Europa überschwemmenden Flüchtlingsstrom aus dem nahöstlichen Kriegsgebiet und aus Afrika, wodurch die politische Stabilität vieler europäischer Staaten zum ersten Mal nach dem Krieg wieder bedenklich ins Wanken geriet. Die Folgen waren vor allem die wachsende Tendenz, sich gegen die Migrationsbewegungen abzuschotten, sowie der europaweite Rückfall in einen gefährlichen und primitiven nationalistischen Populismus.

Der transatlantische Dialog im Dienste einer Demokratie der Zukunft

Dann aber, kurz vor dem Ende der amerikanischen Präsidentschaft Barack Obamas, im November 2016, setzte die deutsche Bundesregierung auf Initiative von deren damaligem Außenminister und jetzigem Bundespräsidenten Frank Walter Steinmeier ein besonderes Zeichen für eine weitere Stabilisierung demokratischer Einstellungen und Beziehungen in Deutschland. Es war der Erwerb des einstigen Hauses von Thomas und Katia Mann in ihrem kalifornischen Exil während des Zweiten Weltkriegs. „Das Weiße Haus des Exils", wie der Bundespräsident dieses Haus im Sinne einer ähnlichen Formulierung meines Freundes Heinrich Detering nennt, wurde nach dessen Besitznahme und einer grundlegenden Renovierung zu einem transatlantischen Begegnungs- und Dialogzentrum umgewidmet. Damit sollte es einerseits ein Symbol sein für das, was es zu Zeiten Thomas Manns gewesen war. Ein Ort des Widerstands gegen Diktatur und Totalitarismus und gleichzeitig ein Zentrum für einen interkontinentalen Austausch zur Festigung eines humanen demokratischen Friedens. Zum anderen sollte damit auch ein wirkungsvolles Zeichen gesetzt werden gegen das gegenwärtige Auseinanderdriften des transatlantischen Bündnisses zwischen den Vereinigten Staaten und Europa. Der Erwerb und die neue Nutzung des Hauses sollte ein Ausdruck der Hochachtung Deutschlands vor der großen Tradition amerikanischer Demokratie sein. Daraus sprach aber auch der Wunsch, der USA in ihrer gegenwärtigen Krise zur Seite zu stehen. Der neue Gebrauch dieses Hauses ist in diesem Sinne auch als kleiner Hoffnungsgruß und als Geschenk Deutschlands an die USA zu verstehen. Schließlich hat Deutschland den langsamen und stetigen Aufbau seiner eigenständigen und bis jetzt ziemlich gut durchgehaltenen parlamentarischen Demokratie nach dem notwendigen Neuanfang 1945 hauptsächlich der USA zu verdanken. Deshalb soll das Haus auch ein Ort der Erinnerung an die großen vergangenen Epochen der Demokratie der Vereinigten Staaten sein. In gewissem Sinn ist es auch deren stolzen Führungsfiguren gewidmet wie Benjamin Franklin, Abraham Lincoln, Harriet Tubman und in den Jahren von Thomas Manns amerikanischem Exil Franklin D. Roosevelt. Mir persönlich macht der Erwerb und die neue Nutzung dieses Hauses auch den geradezu krassen Unterschied deutlich zwischen dem heutigen Deutschland und dem von 1945, dessen Zustand ich von diesem Haus aus noch selbst prägnant mitbekommen habe. Wer von uns hätte sich damals, als Deutschland in Schutt und Asche lag, träumen lassen, dass 2016 eine deutsche Regierung dieses Exilhaus Thomas Manns erwerben und es zu einer offenen Stätte für die Wahrung und Festigung von Demokratie und Frieden machen würde?

Das Ziel des Residenzprogramms der deutschen Bundesregierung für ausgewählte deutsche Stipendiaten ist der transatlantische Dialog zwischen jenen Stipendiaten und amerikanischen Dialogpartnern (Counterparts) im Hinblick auf eine Zukunft der Demokratie. Dieser Dialog soll nicht nur den Zusammenhalt zwischen dem amerikanischen und europäischen Kontinent stärken. Er soll auch die Sprachlosigkeit der heute tief in sich gespaltenen amerikanischen Nation dort durchbrechen helfen, wo Angst und Verzweiflung den Menschen Mut und Kraft genommen hat, sich als zusammengehörig zu fühlen und solidarisch miteinander zu leben.

Der dialogische Austausch in diesem im Juni 2018 neu eröffneten Haus im täglichen Miteinander beschränkt sich geografisch keinesfalls auf dieses Haus. Die amerikanischen Dialogpartner der Fellows aus Deutschland sind nicht nur in Los Angeles und Kalifornien ansässig. Sie können von überallher auf dem amerikanischen Kontinent kommen oder auch überall in den USA von den Fellows des Thomas Mann Hauses aufgesucht werden. Denn mit je mehr gleichmäßig über die USA verteilten

Dialogpartnern jeder Fellow sich austauscht, desto dichtere, lebendigere und vielfältigere und damit auch hoffnungsvollere Formen kann der transatlantische Dialog annehmen. Man tauscht Konzepte und Ideen aus, verständigt sich, diskutiert und streitet, regt sich gegenseitig an. Man schließt Freundschaften und Partnerschaften, reist gemeinsam zu Tagungen „from Coast to Coast" und zu kulturellen oder politischen Institutionen. Man hält Vorträge oder veranstaltet Podiumsgespräche oder Seminare. Man stützt sich gegenseitig auf Augenhöhe im Sinne eines transatlantischen Ideen- und Gesinnungspluralismus.

Der Kerngedanke dieses angestrebten dialogischen Miteinander lässt sich mit dem Satz des jüdischen Philosophen Martin Buber aus seiner programmatischen, in der jüdischen und christlichen Mystik verankerten philosophisch religiösen Schrift „Ich und Du" kurz und bündig auf folgenden Punkt bringen: *Alles wirkliche Leben ist Begegnung.* Das heißt, dass die Identität des Menschen nie allein aus sich selbst heraus, sondern immer in der Relation zu dem ihn Umgebenden zu sehen ist. Erst die Begegnung mit einem menschlichen Gegenüber, dem „Du", oder mit der dinglichen Welt des „Es" ermöglicht eine gewisse Abgrenzung des „Ichs" von seiner Umwelt. Die Beziehungsfähigkeit des Menschen gründet letztlich im „ewigen Du". Individualität kann deshalb nur wirklich in Beziehungen erfahren werden. Dialoge verändern uns. Sie sollten deshalb nicht primär auf ein definierbares Ziel ausgerichtet sein, sondern ihrer Natur nach offenbleiben.

Ähnlich äußert sich Charles Taylor, ein führender amerikanischer Vertreter der politisch ausgerichteten Philosophie des *Communitarianism*: *„[M]y discovering my own identity doesn't mean that I work it out in isolation, but that I negotiate it through dialogue, partly overt, partly internal, with others"* (die Entdeckung meiner eigenen Identität bedeutet nicht, sie von allem losgelöst, sondern sie im Dialog, teils ausdrücklich, teils innerlich, mit anderen zu vollziehen).

In diesem Zusammenhang sei hier schon einmal der aus dem interreligiösen Dialog stammende Begriff des *Erfahrungsdialogs* erwähnt, auf den ich zurückkommen werde, wenn ich die tieferen Zielsetzungen und die phänomenologischen Feinheiten des Dialogs im Dienste einer Demokratie der Zukunft mitsamt seinen Bezügen zur Quantenphysik als der Physik der offenen Möglichkeiten und der Beziehungen erörtern werde.

Die heutige Demokratie in einer globalen Krise?

Ich werde in Deutschland gelegentlich gefragt, ob ich angesichts des heute von der amerikanischen Administration infrage gestellten transatlantischen Bündnisses dem transatlantischen Dialog zwischen Deutschland und der USA eine ernsthafte Chance geben würde. Abgesehen davon, dass es mit der parlamentarischen Demokratie auch in Europa alles andere als gut bestellt sei und Europa selbst auseinanderzubrechen drohe. Und ich höre auch oft, dass im Zuge dieser fortschreitenden Schwächungen und Verschiebungen das inzwischen veraltete NATO-Bündnis doch wohl langsam reif werde für dessen Ablösung durch neue Koalitionen. In diesem Zusammenhang werden gern China oder Russland genannt.

Mag sein, dass sich gewisse diesbezügliche langsame politische Umschichtungen abzeichnen. Aber ich denke, dass es völlig müßig wäre, schon jetzt irgendwelche Prognosen zu stellen. Und erst recht verfrüht erscheint es mir, von einem Ende des transatlantischen Bündnisses zu sprechen. Ganz abgesehen davon, dass in meinen Augen eine Einbindung Deutschlands in einen russischen oder chinesischen Machtbereich keine besonders attraktive Vorstellung wäre. Deutschland und die USA haben seit 1945 eine enge gemeinsame Geschichte. Diese bestand nicht nur lange in einer wirtschaftlichen und politischen Blockbildung gegenüber der östlichen Hemisphäre. Das Wichtigste für das nach dem Krieg langsam wiederaufgebaute Westdeutschland war, dass es von den USA, dem Geburtsland westlicher Demokratie, gelernt hat, endlich eine eigene, im Lauf von Jahrzehnten zunehmend stabile parlamentarische Demokratie aufzubauen. Dass diese menschlichste und würdigste aller Gesellschaftsformen auf beiden Kontinenten jetzt durch sich beschleunigende technologische und gesellschaftspolitische Umbrüche in Gefahr geraten und unsicher geworden ist, ist kein Grund, das Kind mit dem Bade auszuschütten. Und noch weniger macht es Sinn, sich voreilig auf neue Koalitionen mit Staaten oder Staatengemeinschaften einzulassen, deren kulturelle und politische Strukturen von einer freien, auf einem Glauben an die Freiheit und Mündigkeit ihrer Bürger fußenden Demokratie noch meilenweit entfernt sind. Amerikas langbewährte und in ihrer Geschichte sich immer wieder als resistent erweisende parlamentarische Demokratie mag gegenwärtig in einen besonders angespannten Zustand geraten sein.

Dies ist jedoch kein Grund, diese und mit ihr gleich die ganze USA für abgemeldet zu erklären. Denn wir sollten nicht vergessen, dass im Vergleich zu den noch sehr jungen Demokratien Europas die amerikanische Demokratie alt ist und dass sie ihre verschiedenen Krisen seit ihrem Bestehen immer wieder aus eigener, eben demokratischer Kraft überstanden hat. Der im vergangenen Jahrhundert besonders schlimme (deutlich gravierender als das Elend der heutigen Administration) und kaum als mehr sieben Jahre lang die Nation heimsuchende McCarthyismus, hatte sich 1954 praktisch von einem Tag auf den anderen erledigt, so als hätte es ihn nie gegeben. Im Vergleich zum Jahrzehnte anhaltenden blutigen Terror faschistischer und kommunistischer Diktatur und der von ihr verursachten Fremdherrschaft und über 50 Millionen Kriegstoten in Europa war McCarthys Hexenjagd durch das „Komitee gegen unamerikanische Umtriebe" ein harmloser kurzer Streich, so wie sich auch der im Namen von Demokratie und Sklavenbefreiung vier Jahre lang geführte amerikanische Sezessionskrieg im späteren 19. Jahrhundert mit seinen geschätzten 620 000 Toten in wahrlich anderen Dimensionen bewegt hat als unsere beiden aus Europa hervorgegangenen Weltkriege.

Keine Demokratie ohne Demokraten

In seiner Ansprache *Struggle for Democracy* anlässlich der Eröffnung des Thomas Mann House im Getty Center in Los Angeles am 19. Juni 2018 betonte der deutsche Bundespräsident Frank Walter Steinmeier die Notwendigkeit des andauernden Kampfes nicht nur für den Erhalt, sondern auch für eine ständige Erneuerung der Demokratie. Denn zur Freiheit des Menschen gehört, dass dieser auch von Schwächen, Anfälligkeiten und Verführbarkeiten behaftet ist, welche die Entwicklung der Demokratie beeinträchtigen können und immer wieder korrigiert gehören. Deswegen ist Demokratie nie eine Selbstverständlichkeit. Ihr Verlauf ist im Normalfall von einander ablösenden Höhen und Tiefen bestimmt. Deswegen müssen die für den Erhalt der Demokratie Mitverantwortlichen immer wachsam bleiben. Diese Wachsamkeit gilt vor allem den Hauptwidersachern jeder Demokratie: jedem programmatischen Irrationalismus und Populismus, dem Fundamentalismus und Extremismus.

Deshalb müssen wir heute auch in Deutschland und Europa genau diese Gefahren im Auge behalten, damit die hiesige parlamentarische Demokratie nicht in ein Desaster abstürzt wie seinerzeit die Weimarer Republik. Demokratie ist auch immer wieder erneuerungs*bedürftig*. Wer sich mit kreativen Ideen für deren Erhaltung und Erneuerung einsetzt, trägt dazu bei, dass Demokratie auch erneuerungs*fähig* bleibt. Nur so hat Demokratie eine Zukunft. Aber sie bleibt, der Natur des Menschen entsprechend, brüchig und unsicher.

Die Leichtfertigkeit, mit der in Deutschland vom Ende des transatlantischen Bündnisses zugunsten eines alternativen mit Russland oder China geunkt wird, zeigt mir, wie rasch man dabei ist, die amerikanische Demokratie abzuschreiben und die europäische über sie zu stellen. Von der Geschichte her scheint mir dies ein bedenklicher Fehler zu sein. Das eine ist die amerikanische Demokratie, die mit allen ihren immer noch vorhandenen Ressourcen nicht so schnell unterzukriegen ist. Das andere, noch prekärere, ist die Tatsache, dass eine relativ neue Demokratie wie die in den meisten europäischen Ländern, besonders die deutsche, bei aller beachtlicher (und mit der schwachen Weimarer Republik überhaupt nicht zu vergleichender) Festigkeit alles andere als sicher und unangefochten ist. Das kann sie, ohne jahrhundertelanges Wachstum auf einem Fundament wie dem der amerikanischen Demokratie, gar nicht sein. Den beispiellosen Rückfall aus der europäischen Kulturblüte während der Jahrhunderte des Humanismus und der Aufklärung in finsterste Barbarei im frühen 20. Jahrhundert wird es in Europa so kaum wieder geben. Geschichte wiederholt sich nicht. Aber allein schon der erste Trend in diese Richtung mit dem gegenwärtigen Vormarsch und der Zusammenrottung populistischer Kleinparteien vieler europäischer Länder zu einer europopulistischen, kulturzerstörenden und menschenverachtenden politischen Mafia weckt in uns angesichts ihrer widerwärtigen Fratze Erinnerungen an Gewesenes, und keiner weiß, wo dies alles hinführt. Auf einem Kontinent, dessen Demokratiegeschichte so jung und deshalb noch wenig verlässlich stabil ist, ist besonders die breite Mittelschicht ihrer Bürger weiterhin zu höchster Wachsamkeit und zur Bereitschaft zu frühzeitigem Widerstand aufgerufen. Ich halte auf diesem Hintergrund das relativ kleine und eng vernetzte und über Jahrtausende nicht nur mit großen Kulturschätzen gesegnete, sondern auch mit schweren Hypotheken belastete

Europa für letztlich gefährdeter als die vergleichsweise jugendlich gärende und in viele Richtungen weitverzweigte USA.

Der Erneuerungsbedarf und die Erneuerungsfähigkeit westlicher parlamentarischer Demokratie spiegeln sich vorbildhaft konkret in der 1787 verabschiedeten amerikanischen Verfassung wider. Diese besteht zwar aus einem unverrückbaren Bestand von sieben, in Abschnitte gegliederten Hauptartikeln zur Gewaltenteilung, zur Volksouveränität und zur Bundesstaatlichen Organisation. Genauso wichtig jedoch sind die bisher immerhin über 25 zwischen 1791 und 1993 immer wieder dazugekommenen Zusatzartikel (amendments) mit neuen, zeitbedingten, gesetzlichen Bestimmungen. Sie betreffen beispielsweise die aus dem Jahr 1865 stammende Aufhebung der Sklaverei und im 20. Jahrhundert das neue Frauenstimmrecht, die Beschränkung der Amtsdauer des Präsidenten und die Absenkung des Wahlalters auf 18 Jahre und so fort.

Die Brüchigkeit der Demokratie liegt nicht einzig und allein an den Fehlern ihrer einzelnen Mitglieder. Auch das System der parlamentarischen Demokratie bedarf ständiger Anpassungen an die sich wandelnden Zeiten. Sie muss die zeitgeschichtlich ungünstigen Bedingungen für eine Demokratie entsprechend berücksichtigen. Wäre so etwa das anachronistische, noch aus der Gründerzeit stammende Wahlmännersystem in den USA inzwischen durch ein zeitgemäßes ersetzt worden, hätte mindestens einer ihrer Präsidenten die Wahl nicht gewonnen.

Trotzdem müssen wir Menschen unser Geschick selber in die Hand nehmen. *We the people.* Wir sind alle dafür mitverantwortlich, in den USA wie in Europa die Kluft zwischen Arm und Reich, zwischen Stadt und Land und zwischen Männern und Frauen besonders bezüglich ihrer Zulassung zu politischen Ämtern zu verkleinern. Wir allen müssen darum kämpfen, dass die Rechte der Weißen und der sich in beiden Kontinenten mehrenden Einwanderer nicht nur auf dem Papier unserer Verfassungen stehen. Sie müssen auch in die Praxis umgesetzt werden und gewahrt bleiben. Eine Voraussetzung für den Abbau des Machtgefälles zwischen Privilegierten und Chancenlosen und für die Beseitigung der Cliquenwirtschaft der Begünstigten ist es, die Sprachbarrieren zwischen beiden zu durchbrechen. Dabei gilt es, die potentiellen Gesprächspartner unermüdlich zu vertrauensbildender dialogischer Verständigung zu ermutigen. Dies wiederum setzt eine Förderung von Dialogbereitschaft und Dialogfähigkeit auch im jeweiligen Schul- und Bildungswesen voraus.

Geradezu ein Beweis für das Verantwortungsbewusstsein vieler unserer Bürger ist das heute in Europa und in den USA deutlich anwachsende Protestverhalten von Menschen aus allen sozialen Schichten und ethnischen Gruppierungen. Am meisten beeindruckt mich, dass sich inzwischen auch Kinder und Jugendliche lautstark, aber gewaltfrei Gehör verschaffen. Beispielsweise sind vor einiger Zeit Überlebende der während der letzten Jahre mehrfachen Schülermassaker in den USA, die mit schärferen Waffengesetzen in den USA leicht hätten vermieden werden können, in Scharen zum Weißen Haus gezogen. Dort haben sie ihrer Verzweiflung und Trauer um den Verlust ihrer Mitschüler und ihrer Angst vor weiteren Anschlägen Ausdruck verliehen. Und sie haben, wenngleich bisher erfolglos, eine gesetzliche Kursänderung gegenüber der für diese Mordserien mitverantwortlichen Waffenlobby gefordert. Bald nach dieser mutigen Initiative fühlten sich Gleichaltrige auf der ganzen Welt zu den sogenannten *Fridays For Future* aufgerufen. Das ist eine von einer Schülerin in Schweden initiierte, sich wie ein Lauffeuer weltweit ausbreitende Schülerprotestbewegung gegen den Klimawandel an allen Freitagvormittagen während der Schulunterrichtszeit.

Ein weiterer Indikator für eine immer noch vertrauenswürdig bleibende Demokratie ist ihre föderale Struktur. Die Bundesrepublik Deutschland ist dafür ein gutes Beispiel. Aber auch in den USA äußert sich dies in der begrenzten Eigenständigkeit und Staatlichkeit der zu einem Bund zusammengeschlossenen 50 teilsouveränen Bundesstaaten. So hat beispielsweise das kalifornische Staatsparlament in Sacramento seine eigenen Gesundheitsprojekte ganz im Sinn von Obamacare errichtet. Dazu gehört etwa das Millionenprojekt einer neu aufzubauenden liberalen Klinik für „Planned Parenthood" besonders für die sozial schwachen Bevölkerungsschichten um San Francisco. In diesem Sinne empfinde ich es auch als Glück, dass die transatlantische Begegnungsstätte, Thomas Manns „Weiße Haus des Exils", im selben freien kalifornischen Territorium liegt. Darüber vergesse ich jedoch keineswegs die sozial und wirtschaftlich abgehängten Staaten im Nordosten, Süden und Mittleren Westen der USA. Diese bleiben entschieden auf die Solidarität aller besser situierten Regionen angewiesen.

Auch hier gilt das, was der deutsche Soziologe Max Weber kurz nach dem Ersten Weltkrieg über die Politik als Beruf gesagt hat, nämlich ein unermüdliches „starkes langsames Bohren von harten Brettern mit Leidenschaft und Augenmaß zugleich".

Eine neue Situation ist mit dem Ausbruch der Corona Covid 19-Pandemie entstanden. Sie erweist sich als eine besondere Herausforderung der Demokratie und stellt erneut ihre Brüchigkeit und Verletzlichkeit dar. Wie sich vor allem anfangs zeigte, wurden wegen des erzwungenen Zusammenhalts der Menschen ihre Chancen, aber auch die Gefahren für sie deutlich. Umso mehr fühlen wir uns dazu aufgerufen, uns mit erhöhter Wachsamkeit und Kraft für ihren Schutz einzusetzen und ihre Resistenz gegen Krisen zu stärken.

An dieser Stelle möchte ich noch etwas näher auf die bereits angedeuteten tieferen Schichten des zwischenmenschlichen Dialoges und damit des menschlichen Bewusstseins und menschlichen Willens im Dienste eines demokratischen Miteinanders eingehen. Denn in diesen psychologischen Tiefenbereichen liegen unsere Kräfte, die nach Selbstbestimmung, Mündigkeit und Freiheit streben. Diese uns geschenkten geistigen Anlagen dazu sind uns allerdings nicht in den Schoß gefallen. Wir müssen sie uns mit disziplinierter Arbeit an uns selbst schrittweise erobern und sie gegen immer wieder neu aufkommende Hindernisse verteidigen.

Der Erfahrungsdialog als Zugang zu einer lebendigen und beziehungsgeleiteten Demokratie

Deshalb greife ich jetzt als nächstes die Praxis des bereits einmal kurz erwähnten *Erfahrungsdialogs* auf, der gerade für den transatlantischen, aber auch sonst für jeden Dialog im Dienste einer Festigung der Demokratie eine wichtige Rolle spielen könnte.

Dieser Erfahrungsdialog ist eine besondere Form des Dialoges zwischen allen Religionen und sonstigen weltanschaulichen Konzepten, der besonders angesichts des weltweit immer komplizierteren Pluralismus heute immer dringender geführt werden muss.

Für den Erfahrungsdialog kennzeichnend ist, dass dieser über jeden theologischen und philosophischen Diskurs hinaus auch die Stille der

Meditation und Kontemplation und eine gemeinsame spirituelle Übungspraxis mit einbezieht. Es handelt sich dabei in erster Linie um Dialoge zwischen ordinierten Geistlichen, Nonnen wie Mönchen, aus allen Weltreligionen. Der ideale Rahmen dafür ist das zumindest temporäre, alltägliche Zusammenleben der am Erfahrungsdialog beteiligten Geistlichen in den Tagesabläufen einer geschützten gastfreundlichen Umgebung. Geführt werden Erfahrungsdialoge üblicherweise in konfessionell gebundenen Klöstern und anderen religiösen und interreligiösen Zentren in den USA so wie auch in Europa und von der Geschichte her besonders weitverbreitet in Asien. Im deutschsprachigen Raum finden sie auch in einem besonderen, religionsübergreifend intermonastischen Netzwerk auf religionswissenschaftlicher und fachlicher Basis statt.

Diese aus der Schatzkammer ältester religiöser Kulturtraditionen stammende, besondere Praxis ist ein mehr aus dem Inneren des Herzens als vom Kopf her gesteuerter Vorgang. Dieser ermöglicht einen vertieften Einblick in das Verständnis der eigenen religiösen Wurzeln und festigt so die Wahrnehmung und Öffnung der eigenen religiösen Identität. Zum anderen fördert er das Kennenlernen und Wertschätzen der spirituellen Welt des Anderen innerhalb der akzeptierten Vielfalt der Bekenntnisse durch vorurteilsfreies, respektvolles und empathisch einfühlendes Verstehen. Über diesen authentischen und beziehungsgeleiteten Austausch können die Beteiligten auch die Flexibilität und Wandelbarkeit ihrer eigenen religiösen Identität austesten.

Dieser pluralistische, interspirituell interreligiöse Fachdialog zwischen Ordinierten unterschiedlichster Religionen ist besonders wichtig bei der gemeinsamen Auseinandersetzung über miteinander scheinbar unvereinbare religiöse Bekenntnisse und Überzeugungen, weil es dort darum geht, über gegenseitige Annäherung einen minimalen gemeinsamen Konsens zwischen den Beteiligten zu suchen. Diese Gemeinsamkeiten auf einer tieferen Bewusstseinsebene können auch generell ein Licht auf das werfen, was Thomas Mann in seinen späten Essays und öffentlichen Ansprachen als das „Mysterium" Mensch bezeichnet hat, das Geheimnis, dem mit Ehrfurcht und Würde zu begegnen ist: „the secret which lies at the bottom of all human existence and which must and will never be lifted – for it is holy" (Ansprache in der First Unitarian Church in Los Angeles am 4.3.1951).

Das wichtigste Merkmal des Erfahrungsdialogs scheint mir zu sein, dass dieser *nicht in erster Linie interessengeleitet* ist, sondern *auf selbsterfahrenen Werten basiert.* Dies legt uns nahe, dass die Praxis des Erfahrungsdialogs weit über den rein spirituellen Bereich hinaus uns den Sinn und die Kostbarkeit der uns geschenkten geistigen Möglichkeiten, insbesondere unsere wenngleich begrenzte Freiheit, Autonomie und Mündigkeit nahebringen kann. Dies erleichtert es uns umso mehr, uns für eine Selbstbestimmung und Autonomie im Sinn humanistisch demokratischer Werte in unserer Gesellschaft zu entscheiden und dafür aktiv einzustehen. Es hilft uns überdies, unsere Abwehrkräfte gegen verführerische Ideologien und geistig bequeme dogmatische Fixierungen zu stärken.

Ich möchte hier als Beispiel dafür ein eindrucksvolles Erlebnis anführen. Kürzlich wohnte ich einem vom deutschen Bundespräsidenten moderierten Gespräch zwischen einer Journalistin, einem Religionssoziologen und einem Islamforscher über das Verhältnis von Religion und Demokratie bei. Dieser in meinen Augen besonders authentische und beziehungsgeleitete Austausch zwischen auch kontroversen Positionen hörte sich für mich zumindest streckenweise wie ein auf eine wissenschaftlich theologische und politische Ebene verlagerter Erfahrungsdialog an. Eigene Überzeugungen wurden authentisch und transparent vorgetragen und fortlaufend vertieft und die Anliegen der Gesprächspartner wurden empathisch und wertschätzend aufgenommen und weiter hinterfragt. Da es sich nicht um einen spirituellen Erfahrungsaustausch zwischen ordinierten Geistlichen handelte, sondern um einen Sachdiskurs zwischen Experten unterschiedlicher Fachrichtungen, wurde die persönliche religiöse Identität der Gesprächsteilnehmer (und auch die des Moderators) nie ausdrücklich thematisiert. Sie klang jedoch aus allen Beiträgen erkennbar durch. Mir wurde im Lauf des Gesprächs immer deutlicher, dass ich mir nicht nur die transatlantischen Dialoge zwischen Fellows und Counterparts des Thomas Mann House so oder ähnlich wünschen würde. Ich würde darin auch ein Vorbild sehen für Dialoge überall in den USA wie in Europa, wo wir ein verstärktes Miteinander kultivieren und ein Klima von Entfremdung, Konkurrenzdenken und Ellbogenmentalität überwinden sollten. Denn schließlich: *Alles wirkliche Leben ist Begegnung.*

In diesem Sinne möchte ich im Anschluss an das letzte Beispiel die Frage stellen, wieweit in mehr oder weniger allen sachlichen, auch kontrovers geführten politischen, wissenschaftlichen und kulturellen Diskursen oder auch Streitgesprächen in unseren Ländern die zentralen Prinzipien des interspirituellen Erfahrungsdialogs mit einbezogen werden können. Etliche mit schwierigen Verhandlungsaufgaben beauftragte Experten – Politiker, Gewerkschaftsführer, Unterhändler – scheinen genau zu spüren, dass es günstig ist, einer ängstlich erwarteten Gesprächssituation eine besondere innere Einstimmung, eine Art meditatives *Innehalten* oder *In-Sich-Zurücktreten* in der *Stille* voranzustellen. So höre ich gelegentlich, dass mit charismatischen Führungskräften ausgestattete Staatsmänner sich vor der öffentlichen Verkündung einer wichtigen Entscheidung etwa eine halbe Stunde lang still zurückziehen, bevor sie ans Mikrofon treten, und dass sie sich auch gern generell auf diese Weise auf heikle und entscheidende Verhandlungen vorzubereiten pflegen. Diese sich selber auferlegte Stille wird sicherlich auch für strategische Überlegungen genutzt. Aber sie pflegt uns spätestens nach einer gewissen Zeit in ein tieferes meditatives Verharren bei uns selbst hineinzuziehen, in eine introspektive Überprüfung unserer eigenen Werteskala und unserer inneren Motive und Gründe für unsere authentisch vertretenen Einstellungen als Spiegel der authentischen eigenen Identität und der eigenen inneren Anbindung an programmatische Überzeugungen. Und es ist auch bekannt, dass je mehr Menschen in dieser Weise in sich selbst gefestigt sind und in sich ruhen, desto mehr auch innerlich dazu bereit werden, langsam aber entschieden auch auf einen „Kontrahenten“ und Konfliktpartner mit einer Haltung des empathischen Verstehens und aktiven Zuhörens dialogisch zuzugehen. Dieser langwierige Prozess wird je länger, desto stärker das Denken in den Kategorien von Sieg und Niederlage zurücktreten lassen zugunsten von Ausgleich, Annäherung, ja von Komplementarität und Balance zwischen scheinbar unvereinbaren Auffassungen.

Ich vermute, dass dieses produktive, stille Innehalten und Zurücktreten auch in politischen Gremien bis hin zu Parlamenten von Nutzen wäre. Es würde mich fast wundern, wenn nach einer solchen auch nur fünf- bis zehnminütigen kollektiven Stille mit minimalen Anweisungen vor spannungsvollen politischen Debatten der Effekt eines solchen Versuchs durch die Bank gleich Null wäre, gesetzt den Fall, es bliebe dabei nicht bei einem einmal durchgeführten Experiment, sondern bei einer angemessen häufigen Wiederholung dieser wenig zeitaufwendigen Maßnahme.

Dialoge im zwischenmenschlichen, zwischenstaatlichen und interkulturellen Bereich sind eine der Komplexität des Menschen entsprechende, facettenreiche, vielfältig bunte und höchst spannende Angelegenheit. Die Dialogfähigkeit gehört zu den unabdingbaren Voraussetzungen für unser einvernehmliches Zusammenleben. Sie ist ein geistiger Nährboden für jede Demokratie. Und wenn wir davon ausgehen, dass Demokratie unserer modernen Auffassung vom Menschen am überzeugendsten entspricht und unsere friedliche Koexistenz am ehesten garantiert, dann ist der Dialog als Ausdruck unserer Fähigkeit zuzuhören, zu verstehen und zu verbalisieren, ein Wahrzeichen menschlicher Kultur und Würde und erst recht eine Grundlage für das geistige Klima einer Demokratie. Im Totalitarismus ist das vorgefertigte Dogmengebäude einer mit Sanktionen versehenen Ideologie das brutale Instrument zur Beherrschung von Menschen durch Machthaber. Diese Ideologie schließt den Dialog aus, würgt ihn ab, verbietet ihn, damit die totalitären Kräfte die Massen unter Kontrolle behalten. Aber die Grundlage für eine friedliche Demokratie ist der Dialog. Und die Grundlage für einen fruchtbaren Dialog wiederum ist das ethisch begründete Streben nach einem Ausgleich zwischen eigenen und fremden Interessen im Sinne einer vertieften zwischenmenschlichen Verständigung und Begegnung. Deshalb ist es von zentraler Bedeutung, eine die Menschen zusammenführende Gesprächskultur weiter zu entwickeln und sich um eine Realisierung konstruktiver, vom Erfahrungsdialog inspirierter Kommunikationsformen und Einstellungsmuster zu bemühen.

Die Quantenphysik als naturwissenschaftliche Grundlage für das Verständnis des Menschen als autonomes und handlungsoffenes Wesen

Zur anthropologischen Begründung eines modernen Demokratieverständnisses müssten an sich ein, an einem ganzheitlichen und beziehungsgeleiteten Menschenbild orientiertes philosophisches Begegnungskonzept ausreichen. Aber gerade die spannende Weiterentwicklung der seit erst vor rund 100 Jahren begründeten Quantenphysik bringt es mit sich, dass wir ein an der Freiheit und am Dialog orientiertes Menschenbild auch naturwissenschaftlich mit den neuesten Erkenntnissen der Quantenphysik untermauern können. Denn der Glaube an die Demokratie setzt den Glauben an die Autonomie und menschliche Willensfreiheit im Sinne der Unvorhersehbarkeit menschlichen Handelns voraus. Demokratie ist somit immer eine Aneinanderreihung ständig neuer autonomer Entscheidungen von Menschen und Gruppen. Sie ist ein Prozess in der Zeit. Das ist die Fähigkeit, grundsätzlich unbegrenzt oft aus mehreren Handlungsmöglichkeiten eine oder wenige bestimmte auszuwählen und diese dann zur Wirklichkeit werden zu lassen. Diese Wirklichkeit bleibt allerdings nur so lange von Bedeutung, so lange sich diese als das Ergebnis einer den gesellschaftlichen Prozess weiterführenden demokratischen Entscheidung bewährt. Sobald sich zeigt, dass dies nicht oder nicht mehr der Fall ist, kann die letzte Entscheidung revidiert werden. Dann können neue Richtungen eingeschlagen und neue Möglichkeiten ausgetestet werden. Das Wagnis der Demokratie erhält damit den Charakter einer Achterbahnfahrt zwischen Versuch und Irrtum und zwischen Erfolg und Versagen.

Dieses mehrfache Auswahlverfahren beruht auf Bewusstseinsvorgängen. Dabei wechseln, wie dies zu uns Menschen gehört, feste Gewissheiten und mehr oder weniger vorhersagbare und scharf umrissene, logisch stringente Gedankengänge mit mehrdeutig unsicheren, mehr bildbesetzten und affektbetonten, mehr quantischen Denk*möglichkeiten,* die sich uns aus irgendwelchen vorbewussten, außen oder innen erspürten Kanälen eröffnen. Diese quantischen Denkmöglichkeiten sind kurzlebig, ambivalent und sprunghaft, aber dafür mehr ganzheitlich, freier und kreativer umsetzbar und sie setzen oft Weichen für den weiteren Denkprozess. Wie wir bei Görnitz und Görnitz im Kapitel „Spezielle Bewusstseinszustände“ ihres Buches „Von der Quantenphysik zum Bewusstsein“ (Springer 2016) nachlesen können, spielen sich quantische Prozesse auch vielfach in unserem Vor- oder Unterbewussten im Schlaf, im Traum und in der Meditation ab. Gerade der Vorgang der Introspektion bei der Identitätsfindung sowie das Geschehen der empathischen Einfühlung in fremde Bewusstseinsvorgänge gründen tief im Bereich des Vorbewussten. Dasselbe gilt auch für die geistliche Übungspraxis der den Erfahrungsdialog inspirierenden und vertiefenden Meditation und Kontemplation. In dieser tritt oft, ähnlich wie in unseren schnell wechselnden Träumen, die in der Physik von Quantensystemen bekannte Zeitlosigkeit zutage. Meditative Inhalte können dabei, wie Trauminhalte, sehr viel schneller wechseln als jedes wahrnehmbare physikalische Kraftfeld. Damit wird deutlich, dass Demokratie fördernde dialogische Prozesse trotz aller rationalen Anteile auch aus seelischen Tiefenbereichen maßgeblich mitgesteuert werden.

Nach allem, was ich bisher über die Grenzen und die Gefahren, aber auch über die Kostbarkeit der Demokratie und über die am Demokratisierungsprozess beteiligten Tiefendimensionen des zwischenmenschlichen Dialogs gesagt habe, möchte ich zum Schluss einen der größten Staatsmänner und erbittertsten Verteidiger und Retter der parlamentarischen Demokratie, Winston Churchill, aus seiner berühmten Rede vom 11. November 1947 im House of Commons zitieren:

> No one pretends that democracy is perfect or all-wise. Indeed, it has been said that democracy is the worst form of government except all those other forms that have been tried from time to time.

(„Niemand behauptet, Demokratie wäre vollkommen und allem überlegen. Man hat schon gesagt, die Demokratie sei die schlechteste aller Staatsformen, ausgenommen alle anderen, die von Zeit zu Zeit ausprobiert worden sind.")

Spiritualität oder die offene Weite

Till Keil

„Je mehr ich mich mit Spiritualität beschäftige, desto weniger Worte habe ich, sie zu beschreiben!" – Mit diesen Worten versuchte ich, die nun schon wiederholt geäußerte Bitte der Herausgeber dieses Buches abzuwehren, einen Beitrag über Spiritualität zu schreiben. Christine Mann soll darauf geäußert haben: „Na, das wäre doch ein guter Einstieg in den gewünschten Beitrag!"

So will ich versuchen, das nicht Sagbare zu umschreiben, um wenigstens andeutungsweise einen Bezug zwischen spiritueller Erfahrung und Quantentheorie herzustellen:

Dabei definiere ich Spiritualität als Weg, der es ermöglicht, die vordergründig materiell verstandene Welt zu transzendieren, und dies durch Anwendung eigener Kräfte, z. B. in Einübung von Präsenz, durch Versenkung bzw. Meditation.

Die Quantentheorie verstehe ich im Sinne des von Thomas Görnitz entwickelten Konzepts, dass – ausgehend von einer abstrakten, noch bedeutungsfreien Quanteninformation, der Protyposis – eine gemeinsame Grundlage für die Entstehung von Materie, Energie und Bewusstsein definiert werden kann. Diese abstrakte Quanteninformation wird verstanden als einfachster, über den gesamten Kosmos ausgedehnter „Ur-Stoff". Da es sich bei diesen abstrakten Quanteninformationen um eine noch bedeutungsfreie Information handelt, eröffnet sie einen Raum reiner Potentialität, eine Welt unbegrenzter Möglichkeiten, die erst durch Faktizitäten, etwa chemische Reaktionen oder Willensentscheidungen, konkretisiert und damit eingeschränkt wird. Unsere Welt, in der wir leben, ist durch dieses Zusammenspiel zwischen einem Möglichkeitsfächer und Fakten bestimmt. Gleichzeitig ist die Fortentwicklung dieser Welt in ihrer Dynamik erst möglich, weil die Fakten „in" diesem unbeschränkten Raum der Potentialität „wurzeln".

Meine These ist, dass dieses mit streng naturwissenschaftlich-mathematischen Methoden hinterlegte Konzept der Quantentheorie auf der

Ebene der Spiritualität als „offene Weite" oder Leersein erfahren werden kann. Die lebendige Erfahrung dieser offenen Weite wird – je nach kulturell-religiösem Hintergrund – als Erleuchtung, Weisheit, Heiligung oder Schau Gottes verstanden.

Mein Weg und seine Begleiter

Wie das Bewusstsein und seine Inhalte entzieht sich die spirituelle Erfahrung der begrifflich-exakten Interkommunikation. Es fehlt uns schlicht die Möglichkeit, Inhalte unserer geistigen Erfahrung sinnvoll in den Kategorien unserer äußeren Erfahrung, in den Kategorien von Raum und Zeit zu beschreiben. In diesem Verständnis ist Spiritualität immer individuell.

Es ist zwar ein Austausch mit anderen Menschen möglich, die ähnliche oder bereits auch reifere spirituelle Erfahrungen haben. Doch, dieser Austausch besteht aus Hinweisen, Andeutungen oder besser noch im Schweigen. Andererseits erscheint es wichtig, dass ein spirituell interessierter Mensch sich für die jeweiligen Phasen seines Weges den Rat und die Weisung erfahrener Menschen – oftmals „Meister" genannt – sucht. Gerade westlich geprägte Menschen, die in einer materiell-rational dominierten Welt leben, verrennen sich leicht, wenn sie im Alleingang Wege suchen, ihre spirituelle Erfahrung zu vertiefen.

Auch meinen Weg haben einige für mich wichtige Lehrer oder Meister begleitet. Da möchte ich zunächst Günther Soballa nennen, der mir in der Zeit meines Noviziats eine fundierte Einführung in die Meditation der Großen Exerzitien nach Ignatius von Loyola gab. In diesem Zusammenhang ist besonders die Einübung, mit den „Inneren Sinnen" zu betrachten, bedeutsam. Nach Ignatius verfügen wir parallel zu unseren äußeren auch über innere Sinne, die uns eine Welt eröffnen, die weit über die Reichweite der äußeren Sinne hinausgeht. Poetisch hat dies Antoine de Saint-Exupéry in die Worte gefasst: „Man sieht nur mit dem Herzen gut. Das Wesentliche ist für die Augen unsichtbar."

Aus dieser Zeit, also Anfang der 1960er-Jahre, stammt meine Übung, täglich, am besten morgens vor allen anderen Aktivitäten zu meditieren. Diese Meditationspraxis entwickelte sich über die Jahre und je nach Kontext immer weiter. Nach wie vor bin ich davon überzeugt, dass eine spirituelle Entwicklung nur über eine konsequente Praxis und nicht nur durch Lektüre von Büchern bzw. das Anhören von Belehrungen möglich ist.

Die Vorstellung, dass wir Menschen in unserem Bewusstsein, zum Beispiel durch die Meditation, einen geistigen Zugang zur „Welt" besitzen, wurde dann durch Adolf Haas vertieft, der als Professor für Naturphilosophie mein Mentor im Philosophiestudium war. Haas war nicht nur als promovierter Biologe ein versierter Naturwissenschaftler, sondern auch ein inspirierender Philosoph und spiritueller Lehrer für mich. Er führte mich in das Denken eines ebenso begeisterten Naturwissenschaftlers und Mystikers, Pierre Teilhard de Chardin, ein, über dessen Theorie der kosmischen Evolution ich meine philosophische Zulassungsarbeit schrieb. Mich faszinierte damals, dass Teilhard als Paläoontologe feststellen musste, dass seine wissenschaftlichen Erkenntnisse mit dem statischen Weltbild der jüdisch-christlichen Schöpfungstheologie nicht vereinbar waren. In seinem philosophischen Werk, das von Haas in der deutschen Ausgabe mit ediert wurde, zeigt er einen Weg auf, wie es einem gläubigen Christen möglich ist, die dynamische Evolutionsgeschichte als kontinuierliches göttliches Werk zu akzeptieren. Gottes Wirken in der und durch die Materie wird im menschlichen Bewusstsein als Geisteskraft erfahrbar: Hier wird nach Teilhard die Evolution ihrer selbst bewusst und setzt sich im menschlichen Tun fort. Daher nimmt Teilhard auch an, dass die Evolution im Menschen nicht zum Stillstand gekommen ist, sondern durch den Menschen auf einen Punkt Omega hin offen ist, an dem endgültig die geistige Potenz der Materie in einer heute noch nicht vorstellbaren Weise sichtbar wird.

Mein nächster wichtiger Anreger auf meinem spirituellen Weg war der Psychologe und Psychotherapeut Hunter Beaumont, der mich lehrte, auf meinen Körper zu schauen, um die Bewegungen meiner Seele zu erkennen. Er hat diese „phänomenologische Psychologie" in seinem Buch „Auf die Seele schauen. Spirituelle Psychotherapie" beschreiben. Durch Beaumont kam ich auch in Berührung mit dem Physiker, Mystiker und spirituellen Lehrer A. Hamid Ali, der unter dem Namen A. H. Almaas publiziert. In der von ihm begründeten Ridhwan School war ich fünf Jahre Fellow und machte mich mit der Methode des Diamond Approach bekannt, die zentrale Ansätze der wichtigsten spirituellen Richtungen mit den Erkenntnissen der Tiefenpsychologie, insbesondere der Objektbeziehungs-Theorie von Sigmund Freud, verbindet.

Die letzte Phase meines spirituellen Weges ist von einer Integration fernöstlich-buddhistischer Traditionen bestimmt. Maßgebliche Lehrer waren auf der Seite des Zen-Buddhismus der japanische Meister Hozumi Gensho Roshi und auf Seiten des tibetischen Buddhismus zunächst Sogyal Rinpoche, der „Das Tibetische Buch vom Leben und vom Sterben" verfasst hat und für viele Menschen im Westen einen Zugang zum tibetischen Buddhismus ermöglichte. Dann und bis zum heutigen Tag Chökyi Nyima Rinpoche. Das von ihm geleitete spirituelle Zentrum Gomde, Guth zu Rath in Scharnstein, Oberösterreich, durfte ich mit aufbauen. Rinpoche ermunterte mich auch, selbst zu lehren, wozu ich mich derzeit allerdings (noch) nicht berufen fühle.

Äußere Voraussetzungen des spirituellen Weges

Die Erfüllung des tiefen Wunsches nach spiritueller Erkenntnis, nach Lebenssinn braucht äußere Voraussetzungen. Lange Zeit war das probate Mittel, auf dem Weg zur Erfüllung dieses Wunsches in ein Kloster oder eine religiöse Gemeinschaft einzutreten. So konnte man sich in der Abgeschiedenheit von der „Welt" ganz dem Gebet und der Kontemplation hingeben.

Es gibt allerdings auch gute Gründe, als Wanderer auf dem spirituellen Pfad nicht in ein Kloster einzutreten bzw. in einer spirituellen Gemeinschaft zu bleiben. Bei mir war es etwa der Wunsch nach eigenen Kindern, der mich nach zehn Jahren Ordenszugehörigkeit in ein weltliches Leben führte. Eigene Kinder waren mit den Gelübden eines katholischen Ordens nicht zu vereinbaren.

Die Herausforderung, neben Beruf und Familie auch noch einem spirituellen Weg folgen zu wollen, ist naturgemäß wesentlich größer, als dieses Ziel in der Abgeschiedenheit eines Klosters zu verfolgen. Viele Religionen haben für spirituell interessierte Menschen außerhalb von Klöstern Wege eröffnet, sich neben einem normalen, weltlichen Leben auch ernsthaft der Spiritualität zu widmen. Im tibetischen Buddhismus kennen wir den Status des Laien-Praktizierenden, der sich in der Regel einem spirituellen

Meister anschließt. In den christlichen Kirchen ist seit Langem auch die Mitgliedschaft in Bruderschaften oder im Dritten Orden möglich. Auch einem Sufi-Orden kann man sich als assoziiertes Mitglied anschließen. Außerdem gibt es in allen religiösen Gemeinschaften auch Studien- und Meditationshäuser, die Hilfen auf dem spirituellen Weg anbieten.

Hilfreich, wenn nicht unumgänglich, ist auf dem spirituellen Weg auch der Kontakt zu einer spirituell erfahrenen Person, die dem Suchenden Hinweise und Anleitungen geben kann. Im Buddhismus sucht man gewöhnlich nach einem ausgewiesenen, möglichst authentischen Meister, der sich auf ein Schüler-Lehrer-Verhältnis einlässt.

Als Voraussetzung für eine solche spirituelle Praxis sind nicht zuletzt auch die nötigen finanziellen und zeitlichen Ressourcen zu nennen. Und schließlich braucht es auch einen Platz, um in Ruhe und Stille meditieren zu können.

Gerade so ein Meditationsplatz, sei es in den eigenen vier Wänden, in der Natur oder in einem stillen Ort wie einer werktags offenen Kirche oder einem Tempel hat sich in meinem Leben als ganz wesentlich erwiesen. Längere Zeit versuchte ich, um die Inanspruchnahme eines solchen Platzes in meinem Heim herumzukommen und die tägliche Meditation durch intensive Meditationszeiten in Retreats oder Sesshins zu ersetzen. Auf die Dauer taugte allerdings neben solchen intensiven und sicher auch nützlichen Zeiten nur die konsequent durchgehaltene tägliche Meditation, um weiterzukommen.

Wie ich meditiere

Es gibt ja fast unzählige Anleitungen zur Meditation: angefangen von der psychologisch nutzbaren Variante, die einfach dazu führt, dass der Meditierende ruhig wird, bis zu tagelangen intensiven Meditationszeiten im Zen. Grundsätzlich sollte man wissen, warum man meditiert. Geht es darum, sich spirituell zu vertiefen, so ist es nützlich, auch erst einmal den Geist zu beruhigen. Das geht nach meiner Erfahrung leichter, wenn ich die spontan entstehenden Gedanken nicht unterdrücke, sondern bewusst wahrnehme, nicht verfolge, sondern – sobald wahrgenommen – auch freundlich verabschiede. Wichtig erscheint mir auch, Gedanken und

Gefühle nicht zu werten und über sie zu urteilen, sondern alles, was in meinem Geist entsteht, zu würdigen und als Hilfe zur Erkenntnis zu nutzen. Es gibt hier kein „gut" oder „schlecht" – solche Wertungen brauche ich für das Zusammenleben mit anderen Menschen, aber nicht für mein Innenleben.

Für die Konzentration und die Präsenz während der Meditation helfen außer dem stillen, ungestörten Platz, an dem ich meditiere, auch äußere Hilfen wie etwa eine brennende Kerze, ein Bild – z. B. eines für mich wichtigen Menschen – und eine gewisse Konsequenz, die jedoch nicht in eine Verspannung ausarten sollte. Konsequenz und Leichtigkeit scheinen sich für manche Menschen auszuschließen, sind jedoch beide immer im Auge zu behalten. Im günstigen Fall wird die Meditation zu einem Selbstläufer, d. h. ich freue mich auf diese Zeit, die mir so ganz allein gehört und mich – wenn ich weitergekommen bin – mit einer so unglaublich vielfältigen Weite und Größe des inneren Erlebens beschenkt.

Allerdings, so ganz allein mit mir als Meditierendem sollte ich in der Zeit der Meditation auch nicht sein. Buddhisten legen großen Wert darauf, die Meditation mit dem richtigen Rahmen zu versehen und sie damit auch aus dem Kreisen um das eigene Erleben herauszuführen:

Ein guter Anfang und ein gutes Ende seien wichtig. Das entspricht auch meiner Erfahrung. Als Anfang wird in der Regel die „Zuflucht" genannt, d. h. ich besinne mich auf die Begleiter meines spirituellen Weges und ihre Lehre.

Als Schluss kommt die Widmung, die mir persönlich besonders wichtig ist: Hier spätestens erkenne ich, dass ich nicht – und niemals – „allein" bin, sondern vielmehr mit allem und jedem verbunden. Das trifft besonders für alle „fühlenden Wesen", also Menschen und Tiere zu, die wie ich selbst fühlen und mitfühlen können und mit mir eine Art innere Schicksalsgemeinschaft bilden. Ihnen „widme" ich meine Meditationszeit, wohl wissend, dass nichts, was ich denke, fühle oder tue, ohne Bedeutung für alle Wesen ist.

Für mich persönlich war diese Erkenntnis, nicht nur für mich, sondern vor allem für andere zu sein und zu meditieren, ein wichtiger Durchbruch hin zur Selbstlosigkeit, zum Loslassen des eigenen, egoistischen Selbst. Diese Selbstlosigkeit öffnete mir mit der Zeit Geist und Herz und erlaubte mir, die schier unerschöpfliche Fülle des Mitgefühls zu nutzen.

Noch einen wichtigen Hinweis möchte ich weitergeben: Spiritualität spielt sich nicht in unseren Gedanken und rationalen Erkenntnissen ab, sondern im Offenwerden für die inneren Sinne, unsere Anmutungen, Gefühle und Regungen, die ich mehr wahrnehme als verstehe. Hier spüre ich auch, wer gerade besonders meine innere oder äußere Hilfe braucht, hier werde ich bewusster und transparenter für die innere Welt, die sich in jedem Augenblick in die zum Urgrund offene Zeit- und Raumlosigkeit weitet.

Diese Öffnung, die anfangs oft nur einen winzigen Moment anhält, vergleichen spirituelle Lehrer mit dem Blick in die offene Weite des wolkenlosen Himmels. Diese Öffnung festigt sich mit der Zeit und kann sich in einem herzlich zugewandten Leben für Mensch, Natur und Welt auswirken. All' dies „ergibt" sich als Frucht einer offenen Meditation, muss also nicht eigens geübt und angestrebt werden.

Dieser Status, der gewöhnlich mit „Erleuchtung" umschrieben und mit vielen Geheimnissen umwittert wird, ist so einfach und schlicht, dass viele Meditierende ihn, gerade wenn sie verspannt und nicht leicht ums Herz sind, übersehen können. Der Psychotherapeut Bert Hellinger hat dies einmal so umschrieben: „Die Mitte fühlt sich leicht an." Darauf ist also zu achten.

Und wie meditiere ich selbst? Nach vielen Ansätzen und Versuchen, die auch mit dem jeweiligen Kontext meiner erhaltenen Belehrungen zu tun hatten, fand ich inzwischen einen sehr einfachen Weg des Meditierens: Erst die Zuflucht in meiner buddhistischen Tradition zum Buddha, dem Dharma und der Sangha, also zur Lehre und ihrem Begründer sowie zur Gemeinschaft der Lernenden, und dann die Meditation, für die mir morgens in der Regel ab 6 Uhr eine halbe Stunde reicht. In dieser Zeit meditiere ich mit geschlossenen Augen, dem Atem und dem inneren Sprechen von buddhistischen Mantren folgend. Wenn ich spüre, dass ich in einen Status komme, in dem ich einfach nur offen bin, bleibe ich in diesem Zustand, ohne weiter auf Atem oder Mantren zu achten. Am Schluss widme ich meine Meditation „allen fühlenden Wesen", dass sie glücklich und befreit von den drei Geistesgiften, von Gier, Hass und Verblendung sein mögen.

Auch hier ist zum Schluss noch eine Bemerkung unerlässlich: Mir scheint es ganz wichtig zu sein, dass jeder Praktizierende seinen eigenen

Weg der Meditation findet. Natürlich ist es nützlich, die verschiedensten Wege zu erproben. Doch, letztlich ist jeder sein eigener Meister, das heißt: In unserem Inneren wissen wir ganz genau, was uns guttut und auf dem spirituellen Weg weiterhilft.

Alles nur Meditation?

Die regelmäßige Meditation erwies sich in allen mir bekannten Religionen als eine wichtige Grundlage eines spirituell geprägten Lebens. Doch, bloß zu meditieren ist nicht genug, um mein Leben wirklich zu durchdringen und aus einem von seinen Gedankenstürmen gebeutelten Menschen einen ruhigen, weisen und gar erleuchteten Menschen zu formen. Das findet sich auch in den Lehren großer spiritueller Meister: Ignatius von Loyola etwa schaffte für seine Ordensmitglieder das regelmäßige Chorgebet ab und forderte sie auf zu einem Leben, in dem alles Tun durch die Kraft der Kontemplation geformt wird. Das fasste er in die simple Formel: Sie sollten ihr Tätig-Sein zur Meditation machen („contemplativus in actione"). Auf diese Weise könnte das ganze Leben vom Geist der Meditation geprägt werden.

Konkreter wird dieser Schritt nach außen im tibetischen Buddhismus begründet: Hier wird der Kern allen Leidens darin gesehen, dass wir alles, an dem wir hängen (in Liebe oder Abneigung), spätestens im Tode werden loslassen müssen. Wenn wir diese Ursache unseres Leidens verstanden haben, im buddhistischen Sinne „weise" geworden sind, eröffnet sich uns auch ein Weg, das Leiden zu überwinden: im Loslassen des eigenen, egoistischen Selbst.

Eine solche Befreiung, das Erlebnis, nicht mehr ständig gequält zu werden von den Gefühlen, Geliebtes zu verlieren und Bedrohendem zu erliegen, kann einen Menschen wirklich zutiefst erschüttern. Diese Befreiung setzt aber auch einen starken Impuls, sich denen mitfühlend zuzuwenden, deren Endlichkeits-Wunde immer wieder schmerzt und eine Quelle tiefen Leidens ist. Hier ist die Nahtstelle zwischen Weisheit und Mitgefühl und hier entsteht die Motivation zur praktisch tätigen Caritas.

Von welcher Art „Weisheit" sprechen wir hier? Im Buddhismus wird die tiefe existentielle Erkenntnis, dass in unserer endlichen Welt alles kontingent ist, d. h. abhängig und ohne wirklichen Selbststand existiert, als Weisheit verstanden. Eine solche, die ganze Existenz eines Menschen durchdringende Weisheitserkenntnis wird im Buddhismus auch „Erleuchtung" genannt. Begrifflich nähern wir uns dabei der christlichen Vorstellung vom „Wahren Licht", das nach dem Prolog des Johannes-Evangeliums jeden Menschen erleuchtet, der in die Welt kommt. Wahrscheinlich wird auch hier jene Weisheitsressource benannt, die im Buddhismus als die jedem Wesen eigene „Buddha-Natur" angesehen wird.

Wir finden den Ausdruck „Weisheit" auch im Alten Testament. Hier wird der Weisheit ein ganzes Buch gewidmet. Mich hat immer wieder fasziniert, dass der Verfasser dieses Buches von der Weisheit als „Widerschein des ewigen Lichtes" spricht, als „ungetrübtem Spiegel von Gottes Kraft, als Bild seiner Vollkommenheit."[1]

In diesem Sinne ist der spirituelle Weg auch als Weisheitsweg zu verstehen, bei dem es gilt, die eigenen Potentiale zu „ent-decken", die allen lebenden Wesen, wie auch dem Menschen zu eigen sind und auf diese Weise zur inneren Klarheit und Unabhängigkeit zu kommen und letztlich zu einem Wesen zu werden, das aus den Quellen seiner eigenen Natur lebt, sich selbst verantwortet und keinen strafenden Gott oder Übervater zu fürchten braucht.

Wichtig erscheint mir, noch einmal zu betonen, dass es sich bei dieser Art „Weisheit" nicht, ganz und gar nicht um eine Vielzahl von rationalen Erkenntnissen, etwa Lesefrüchten aus der philosophischen oder spirituellen Literatur, handelt. Nein, was die Meditation und der spirituelle Weg eröffnet, ist eine tiefe, die ganze Existenz eines Menschen erfassende und umformende Erkenntnis, die letztlich oft wie ein Flash, wie ein fast unerträglich helles Licht empfunden wird, bisweilen aber auch über Jahre einen Menschen einfach umwandeln, gütiger, gelassener und hellsichtiger werden lässt.

Weisheit und tätige Caritas

Diese existentielle Weisheit und das aus ihr entstehende Mitgefühl für alle Wesen, die sich in ihrer Unwissenheit noch in der Welt ihrer Wünsche und Befürchtungen verstricken, sind in dieser Sicht wie Yin und

Yang miteinander untrennbar verwoben. Diese Einsicht ist die wichtigste Frucht der spirituellen Praxis.

An diesem Punkt wird einem spirituell Praktizierenden schnell klar, dass viele Menschen sich einem Weisheitsweg und dem Ziel einer letztendlichen Befreiung aus dem Leid gar nicht zuwenden können, da es äußere und innere Hindernisse in Hülle und Fülle gibt: Das können Krankheiten sein, eine als lähmend empfundene Armut, mangelnde Bildung oder auch die scheinbar unabdingbaren Erfordernisse eines äußeren Lebens in einer durch Technik, Tempo oder materielle Glücksversprechen geprägten Welt.

Aus dieser Erkenntnis kann und sollte ein tätiges Mitgefühl erwachsen, das sich aus der Sicht meiner buddhistischen Meister in einer „herzensguten" Haltung anderen Menschen, aber auch unserer Lebenswelt gegenüber äußert. Und, wie Chökyi Nyima Rinpoche einmal in einer Samstagsbelehrung in Nepal betonte: „Vergesst nicht euren Verstand, wenn ihr Gutes tun wollt!" Es ist wichtig und richtig zu prüfen, wie Bedürftigen wirklich zu helfen ist, ohne den Empfänger in eine Abhängigkeit zu bringen oder nur oberflächlich Symptome zu lindern, ohne die Wurzel des Übels selbst anzugehen.

Im Sinne dieser praktischen Weisheit, die sich in tätigem Mitgefühl äußert, hat mich bei meinen Studienreisen auf Taiwan der Kontakt mit Vertretern der buddhistischen Tzu-Chi-Bewegung sehr beeindruckt. Die Begründerin dieser bedeutenden karitativen Bewegung ist die buddhistische Nonne Cheng Yen, die aus Gesprächen mit christlichen Missionaren die Erkenntnis gewann, dass es mit einer spirituell geprägten Innerlichkeit allein nicht getan ist, wenn es weit und breit von notleidenden Menschen nur so wimmelt. Ihre Bewegung stieß auf breite Resonanz. Heute hat Tzu Chi mehr als 10 Millionen Menschen, die diese Bewegung unterstützen oder als Lehrer, Ärzte, Verwalter tragen.

Beim Besuch eines großen Krankenhauses der Tzu-Chi-Bewegung beeindruckte mich besonders die Hospiz-Station. Hier werden Sterbende gleich welchen Glaubens aufgenommen und betreut. In der Todesnähe sehen Christen im Hospiz-Zimmer die Symbole ihrer Hoffnung, Jesus am Kreuz und die Gottesmutter Maria. Buddhisten hingegen werden im Sterben durch Figuren begleitet, die sie in ihrer Hoffnung auf eine gute Wiedergeburt stärken: etwa in der Figur des Buddha mit der erdberührenden Geste. Hier vereinen sich also praktisch wirksam Weisheit und uneingeschränktes Mitgefühl in einer großen, herzlichen Toleranz, die ich als Frucht eines spirituell geprägten Lebens sehe.

Und die Quantentheorie?

Nach der aus meiner Sicht am weitesten entwickelten naturwissenschaftlich fundierten Kosmologie, die Görnitz im Sinne der Protyposis formuliert und begründet hat, versteht sich der „Ur-Stoff", aus dem alles entsteht, der Grundlage der Evolution ist, als abstrakte, noch bedeutungsfreie Quanteninformation. Diese konkretisiert sich zur bedeutungsvollen Information in jedem Faktum, wie die Physiker formulieren: Ein Beispiel ist der Stoffwechsel eines Lebewesens, in dem ständig „entschieden" wird, was brauchbar, also bedeutungsvoll ist und was nicht. Indem eine bedeutungsfreie Information auf ein Lebewesen einwirkt, erlangt sie eine Bedeutung und eine bloße Möglichkeit wird zum Faktum.

Aus der Protyposis entstehen so die gesamte „mit den Händen zu greifende" stoffliche Materie, das Leben sowie das Bewusstsein. Die zugrundeliegende Potentialität erfahren wir in unserem Bewusstsein übrigens ständig als Wahlmöglichkeit zwischen verschiedenen Alternativen, wenn wir Entscheidungen zu treffen haben. Görnitz und Görnitz formulieren dazu: „Wenn man erkennt, dass allem Geschehen in der Natur eine einheitliche Basis zugrunde liegt, dann sind die durch die Quantentheorie aufgezeigten Äquivalenzen von Materie und Bewegung, von Kraft und Stoff, von Objekt und Eigenschaft und von Lokalisiertheit und Ausgedehntheit keinesfalls verwunderlich."[2]

Diese Welt der Möglichkeiten steht als „offener Raum" in scheinbarem Gegensatz zum Determinismus, der aus einem grob-physikalischen Verständnis der Welt abgeleitet wurde und noch heute etwa von manchen Hirnforschern postuliert wird. Dieser Gegensatz ist jedoch nur scheinbar, wie das im dynamischen Schichtenmodell von Görnitz und Görnitz erklärt wird.

Görnitz und Görnitz haben also gezeigt, dass im Lichte der Quantentheorie die Protyposis als Ur-Stoff des Kosmos nicht nur die materielle Welt hervorbringt, sondern auch Ursprung des Bewusstseins ist. In gewisser Weise kommt im Bewusstsein – wohl vor allem auch im menschlichen

Bewusstsein, das zur Selbstreflexion fähig ist – jener Ur-Stoff zu sich. Er wird sich seiner selbst „bewusst".

Das könnte besonders auch in der Meditation, in einer tiefen spirituellen Erfahrung der Fall sein. Hier wird die Wirklichkeit als „offene Weite jenseits von Raum und Zeit" erfahren. Die Ähnlichkeit mit dem „offenen Raum der Potentialität, in dem alle Faktizitäten ihren Platz finden" im Sinne der Quantentheorie ist doch recht erstaunlich. Dies spräche für die Annahme, dass die eigentliche Wirklichkeit unseres Seins in der spirituellen Erfahrung aufscheint, „sichtbar" wird – ja, wenn man dieses gewagte Bild akzeptieren will: sich selbst betrachtet, wahrnimmt. Für einen Mystiker wie Teilhard de Chardin öffnet sich in der tiefen meditativen Versenkung ein weites Fenster, in dem die Welt, speziell auch die als „bloß materiell" verstandene Welt, transparent wird und sich als geistige, göttliche Potenz enthüllt.

Dem Meditierenden ist es also offensichtlich möglich, die Raum-Zeitlichkeit in einer tiefen spirituellen Erfahrung zu transzendieren. Er findet in dieser Erfahrung einen offenen, weiten „Raum" vor, ohne jede Faktizität, aber mit einer unendlichen Potentialität: Alles kann in diesem Möglichkeitsraum erscheinen, sich manifestieren und „Welt" im weitesten Sinne werden. Spirituelle Lehrer nehmen zur Erklärung dieses innerlich erfahrbaren Möglichkeitsraumes das Bild eines Spiegels zur Hilfe: Gerade, weil seine Fläche „leer" ist, können auf ihm alle Bilder erscheinen, die sich in ihm spiegeln. Wäre der Spiegel selbst mit Bildern bemalt, stünden diese seiner Funktion als Spiegel im Wege. Das meint das „gefüllte Leersein", von dem die Meditationslehrer sprechen, etwa im Zen.

Dieses Zusammenfallen von Innenschau und dem Ergebnis mathematisch-physikalischer begründeter Quantentheorie ist nicht überraschend, wenn man bedenkt, dass nicht nur alles mit allem zusammenhängt, sondern alles aus ein und demselben Ur-Stoff entstanden ist und besteht. In dieser Sicht ist der Mensch kein Fremdkörper in der Welt, sondern (mit seiner Technik- und Kulturleistung) ein wichtiger Teil der Natur. Unser Bewusstsein ist nicht ein unbegreifliches Epiphänomen der Materie, sondern wie die materielle Welt nichts weiter als eine Ausformung des Ur-Stoffes, der Protyposis.

Und schließlich: In diesem Sinne kommt im Bewusstsein nicht nur der Ur-Stoff, aus dem auch die Materie ist, zu sich und kann sich reflektieren, vielmehr wird in der tiefen Innenschau, in der spirituellen Erfahrung auch die eigentliche Natur unseres Seins, der Urgrund alles Wirklichen „sichtbar", die reine Potentialität, die offene Weite.

Weiterführende Literatur:

Almaas, A.H. (2008): The Unfolding Now. Realizing Your True Nature trough the Practice of Presence. Shambala Publications, Boston.

Chökyi Nyima Rinpoche (1998): Das Bardo-Buch. Verlag O. W. Barth im Scherz Verlag Bern, München, Wien, 2. Auflage.

Görnitz, T.; Görnitz, B. (2016): Von der Quantenphysik zum Bewusstsein. Springer, Berlin, Heidelberg.

Ignatius von Loyola (1967): Geistliche Übungen. Übertragung aus dem spanischen Urtext, Erklärung der 20 Anweisungen von Adolf Haas. Herder-Bücherei Nr. 276, Herder-Verlag, Freiburg.

Sogyal Rinpoche (1994): Das Tibetische Buch vom Leben und vom Sterben. Verlag O.W. Barth im Scherz Verlag, Bern, München, Wien, 9. Auflage.

Teilhard de Chardin P. (1965): Die Schau in die Vergangenheit. Walter-Verlag, Olten und Freiburg im Breisgau.

Anmerkungen

1 Buch der Weisheit, 7, 26 (zitiert nach der Einheitsübersetzung, Herder Freiburg, Basel, Wien 1980)

2 Görnitz, T.; Görnitz, B. (2016): Von der Quantenphysik zum Bewusstsein. Springer, Berlin, Heidelberg, S. 368.

Aufklärung in neuer Richtung

Ernst Ulrich von Weizsäcker

Das Geistige und die Rätsel der Physik

Christine Mann sagt es direkt: Das Geistige ist die Grundlage unserer Welt. Mit Rekurs auf Thomas Görnitz und Carl Friedrich von Weizsäcker sagt sie, dass dieses Geistige zunächst einmal erschreckend einfach ist. Erst durch außerordentlich viele Ureinheiten des Geistigen (abstrakte Quanteninformationen) entstehen die Materie und die Sorte von „Geistigem", mit der wir täglich umgehen.

Die großartige klassische Aufklärung von den alten Griechen bis Isaac Newton und Immanuel Kant hat es ermöglicht, dass man heute Überlegungen der Art, wie sie dieses Buch anstellt, überhaupt machen kann. Schon die alten Griechen haben die Vorstellung entwickelt, dass es kleinste, unteilbare Atome gibt. Erst im 20. Jahrhundert ist die Physik dahintergekommen, dass das, was für Chemiker klarerweise unteilbar war, in Wirklichkeit aus Unterteilchen, aus Elementarteilchen besteht.

Der „Zoo" der Elementarteilchen wurde seit etwa 1960 zum großen Thema der Physik. Das Standardmodell der Elementarteilchenphysik forderte 17 Elementarteilchen und kam zu einer befriedigenden Abrundung, als 2012 das zuvor bloß postulierte siebzehnte Teilchen, das superschwere und extrem kurzlebige „Higgs-Boson" beim CERN in Genf nachgewiesen wurde.

Allerdings geht die Physik weiter. Im „minimalen supersymmetrischen Standardmodell (MSSM)", einer Erweiterung des Standardmodells, gibt es fünf Higgs-Bosonen. Und die Physiker der Welt versuchen, die im Standardmodell nicht vorkommende Gravitation, die Schwarze Materie und generell die Kosmologie und Kosmogonie (Entstehung des Weltalls) mit der Elementarteilchenphysik zu verknüpfen. Der Beitrag von Thomas Görnitz geht in diesem Buch tiefer in die Physik der abstrakten Quanteninformationen.

Warum nochmal „Aufklärung"?

Gewiss soll man den auf der Physik und der Aufklärung im Sinne Newtons und Kants basierenden Erkenntnisfortschritt fortsetzen. Hierfür ist das philosophische und pragmatische Gerüst der Aufklärung genau richtig: Trau dich, zu denken und zu erkennen, – so kann man Kants lateinische Aufforderung *sapere aude* verstehen. Und sieh zu, dass jede aufgestellte Behauptung empirisch und experimentell bewiesen werden kann.

Dieses Prinzip erlaubt der Wissenschaft, Scharlatane zu entlarven. Es erlaubt, eine zuverlässige Technik zu entwickeln und damit praktischen Wohlstand zu erzeugen. Die Aufklärung, besonders aus dem 18. Jahrhundert, war die Basis für die industrielle Revolution, die erst nach 1800 einsetzte. Abbildung 1 zeigt: Seit dem Mittelalter bis zum Jahr 1800 gab es so gut wie keinen Wohlstandszuwachs pro Kopf. Dann kam (ausgehend von Großbritannien) ein Aufwärtstrend, der sich erst zögerlich, dann explosiv und weltweit fortsetzte.

Ähnliches gilt für die auf Wissenschaft basierende moderne Medizin. Die allgemeine Wohlstandsentwicklung und die Medizin führten zu einer ständigen Erhöhung der Lebenserwartung. Im Mittelalter und der frühen Neuzeit war die Lebenserwartung eines Neugeborenen in der Gegend von 30 Jahren und in Zeiten von Seuchen wie der Pest noch viel niedriger. Im Gefolge der Aufklärung und Wissenschaft hat sich die Lebenserwartung in Deutschland seit 1871 reichlich verdoppelt, wie Abbildung 2 zeigt.

In der Umgangssprache und unserem Verständnis von Fortschritt und Zivilisation sind das alles äußerst gute Nachrichten. Die große Frage ist aber, ob sich diese Trends fortsetzen können. Die klare Antwort heißt Nein! Und deshalb wird eine „neue Aufklärung" wohl unausweichlich sein.

Grenzen des Wachstums in der „Vollen Welt"

Schon 1972 hat der Club of Rome mit seinem ersten großen Bericht *Die Grenzen des Wachstums*[1] gewarnt, dass eine schiere Fortsetzung des Wachstums zu fürchterlichen Katastrophen führen könnte. Abbildung 3 zeigt die Standardperspektive unter der Annahme der Fortsetzung der damals beobachteten Trends.

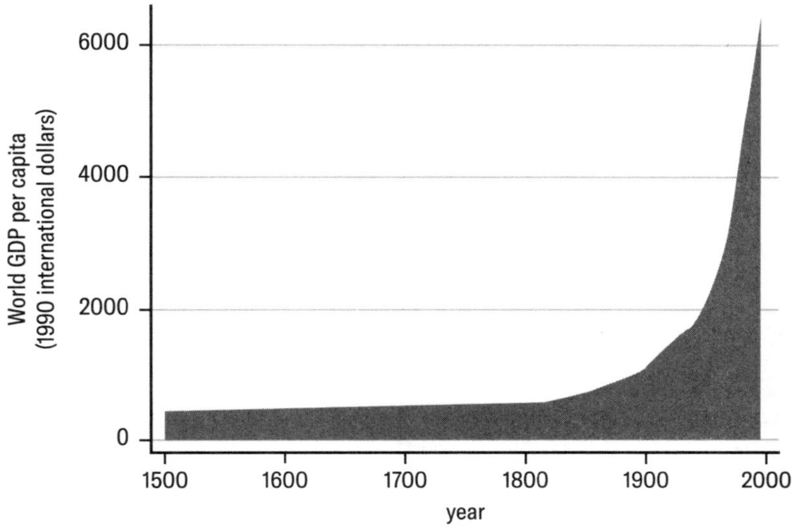

Abb. 1: Die industrielle Revolution begann im frühen 19. Jahrhundert und führte schließlich im 20. Jahrhundert zu einer exponentiellen Wirtschaftsentwicklung, gemessen am Bruttoinlandsprodukt pro Kopf. (Bildquelle: https://de.wikipedia.org/ wiki/ Wirtschaftswachstum#/media/Datei: World_GDP_per_capita_1500_to_2003.png (CC BY-SA 3.0), Zugriff 18. 3. 2019)

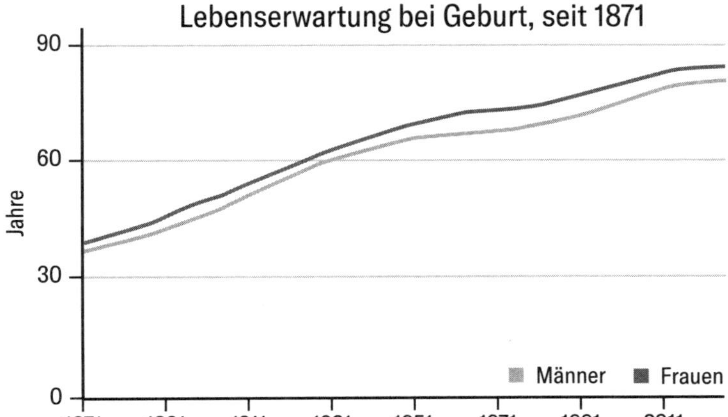

Abb. 2: Verdoppelung der Lebenserwartung in Deutschland 1871 – 2016. (Bildquelle: Destatis, Darstellung www.blickpunkt-wiso.de/schaubilder/1166)

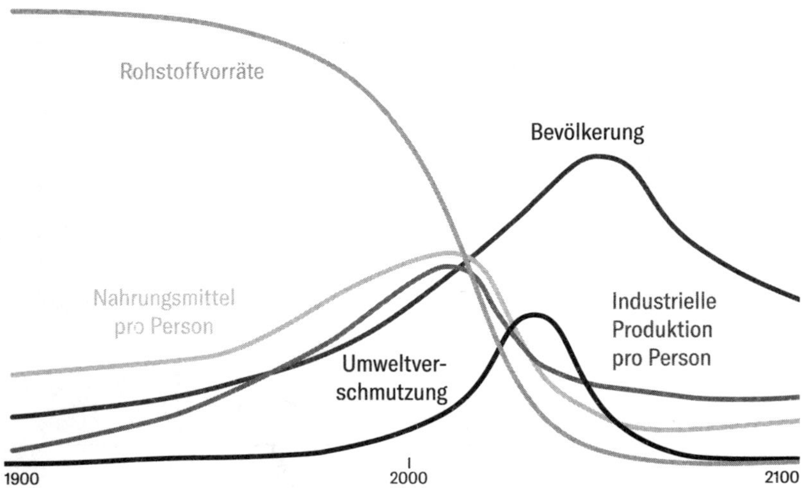

Abb. 3: Die Grenzen des Wachstums: Standardmodell. (Nach: Meadows, D. et al., 1972, s. Anmerkung 105)

Gewiss enthielt das Modell Fehler. Insbesondere waren im Standardmodell keinerlei Lerneffekte vorgesehen, so etwa die seit etwa 1970 einsetzende Umweltgesetzgebung, die eine Entkoppelung von Industrieproduktion pro Kopf und Umweltverschmutzung ermöglichte. Aber die Grundaussage wird davon nur unwesentlich geschmälert: In einer endlichen Welt ist unendliches Wachstum unmöglich.

Ein krasses Bild über die Grenzen des Wachstums erhält man, wenn man die auf dem Land lebenden Wirbeltiere in drei Kategorien einteilt und bezüglich des summierten Körpergewichts miteinander prozentual vergleicht. Man kommt dann zu dem erschreckenden Ergebnis, dass das Gewicht der Menschen (wir sind auch Wirbeltiere) 30 Prozent ausmacht, das unserer Haus- und Schlachttiere 67 Prozent und das der Wildtiere nur noch klägliche 3 Prozent.

Solche Befunde haben auf den Gehalt der Aufklärung eine fundamentale Auswirkung. Zwei Jahrhunderte lang waren die Leitlinien der Aufklärung und des Fortschritts die schiere Verfolgung von Rationalismus und Utilitarismus, unter weitgehender Ausblendung ökologischer Verluste. Die Klimakrise, die rapide Ausrottung von Tier- und Pflanzenarten und die weltweite Degeneration der Bodenqualität führen in den ökologischen Kollaps. Der Weltbankökonom und Wirtschaftsprofessor Herman Daly hat vorgeschlagen, zwischen der früheren „Leeren Welt" und der heutigen „Vollen Welt" zu unterscheiden.[2] Für die Volle Welt sollten wir den Ehrgeiz haben, auf eine neue Aufklärung zuzugehen.

In dieser neuen Aufklärung muss der kurzfristig verwendete Utilitarismus auf Langfrist umgepolt werden und er muss die ökologischen Verluste in die Nützlichkeitsbewertung mit negativem Vorzeichen einbeziehen. Dies ist in der Hauptsache die Aufgabe des Staates. Er soll dafür sorgen, dass die Preise einigermaßen die „ökologische Wahrheit" sagen. Dann werden viele der heutigen Geschäftsmodelle auf einmal zu Verlustbringern und müssten tiefgreifend umgeändert werden.

„Wir sind dran"

Die Unterscheidung zwischen der Leeren und der Vollen Welt ist auch zum Leitmotiv des neuen großen Club-of-Rome-Berichts *Wir sind dran* geworden.[3] Der Bericht, an dem 35 Mitglieder des Club of Rome sowie ein paar Außenstehende mitgearbeitet haben, versucht, die Botschaft der *Grenzen des Wachstums* zu aktualisieren. Das war die vom Vorstand des Clubs in dessen Vorwort einhellig bejahte und von den im Erscheinungsjahr 2018 amtierenden Co-Präsidenten Ernst von Weizsäcker und Anders Wijkman durchgesetzte Absicht.

Der erste Teil des ursprünglich auf Englisch geschriebenen Buches[4] besteht aus einer Bestandsaufnahme mit dem Ergebnis, dass die heutigen Welttrends alles andere als nachhaltig sind. Die Autoren konstatieren auch, dass Maßnahmen, die erforderlich wären, um die Trends umzukehren, in aller Regel schlicht nicht durchsetzbar sind. Die Welt rennt dem Wachstum, der Digitalisierung und der materiellen Besserstellung aller Menschen nach.

So kann, ja muss die Nachhaltigkeitsagenda der Vereinten Nationen von 2015 verstanden werden.[5] Von den 17 „nachhaltigen Entwicklungszielen" stehen die ersten elf voll im Dienste dieses ökonomischen Ziels, – immerhin in die Sprache der Gerechtigkeit gekleidet. Stellvertretend für die gesamte Agenda stehen die Ziele 1 und 2: Überwindung der Armut und Überwindung des Hungers. Jedoch kann man sich ausrechnen, was mit den Zielen 13 (stabiles Klima), 14 (Leben in den Ozeanen) und 15 (Biodiversität) geschieht, wenn die sozio-ökonomischen Ziele für nahezu 8 Milliarden Menschen auf konventionellem Wege erfüllt werden sollten. Das Ausrechnen führt zu dem beklemmenden Ergebnis, dass die drei ökologischen Ziele krachend verfehlt werden. Wobei übrigens eingewandt werden muss, dass eine krachende Destabilisierung des Klimas, Plünderung der marinen Lebenswelt und fortgesetzte Artenvernichtung ein Ziel wie die Überwindung des Hungers zur blanken Illusion machen würde.

Philosophische Krise

Der nicht eingestandene Selbstwiderspruch der UNO-Nachhaltigkeitsagenda ist vielleicht die beunruhigendste Erscheinungsform einer philosophischen Krise, in der sich unsere Volle Welt befindet. Wir als zivilisierte Menschen gestehen uns nicht ein, dass die Therapie, die wir für die Leiden der Welt anbieten, diese Leiden systematisch verschlimmern. Denn in praktisch allen Fällen, wo wir ein Leiden, ein Elend überwinden wollen, besteht die im beinahe totalen Konsens angebotene Therapie in erster Linie aus der Parole „Mehr Wachstum!“ Es wird schlicht nicht zur Kenntnis genommen, dass in vielen Fällen eben dieses Wachstum die Krankheit selber ist.

Diese bittere Diagnose führt die Autoren von *Wir sind dran* zu Teil 2, wo zunächst die bedeutende päpstliche Enzyklika *Laudato Si‘*[6] skizziert wird. Die Enzyklika nennt als zentrales Problem die kurzfristige Wirtschaftslogik, die die wahren Kosten ihrer langfristigen Schäden für Natur und Gesellschaft ignoriert. „Wenn die Produktion steigt, kümmert es wenig, dass man auf Kosten der zukünftigen Ressourcen oder der Gesundheit der Umwelt produziert. Wenn die Abholzung eines Waldes die Produktion erhöht, wägt niemand in diesem Kalkül den Verlust ab, der in der Verwüstung eines Territoriums, in der Beschädigung der biologischen Vielfalt oder in der Erhöhung der Umweltverschmutzung liegt. Das bedeutet, dass die Unternehmen Gewinne machen, indem sie nur einen verschwindend kleinen Teil der Kosten einkalkulieren und tragen.“[7]

Papst Franziskus gelingt es, die notwendige Sorge um unser gemeinsames Haus mit der christlichen Bibel zu begründen. Die Autoren von *Wir sind dran* weisen jedoch nach, dass auch in anderen Religionen der pflegliche Umgang mit der Schöpfung eine zentrale Rolle spielt. Aber wir sagen auch, dass sämtliche Religionen in der Zeit der Leeren Welt entstanden sind. In dieser Leeren Welt sieht die ökonomische Optimierung völlig anders aus als in der Vollen Welt von heute. In der Leeren Welt waren Jagd, Fischfang, Waldrodung, Bergwerke noch das Normalste von der Welt. Heute hingegen muss eine nachhaltige ökonomische Optimierung in der Hauptsache darin bestehen, solche Tätigkeiten, solchen Raubbau scharf zu kontrollieren und zu begrenzen.

Wir sind dran konstatiert auch, dass die Aufklärung des 17. und 18. Jahrhunderts in der Leeren Welt stattfand. Besonders wichtig ist dabei die korrekte Interpretation der aufklärerischen Ökonomen. Herausgehoben werden Adam Smith als Begründer der segensreichen Wirkung eines Marktes, in dem die Teilnehmer ihren eigenen Vorteil suchen, sowie David Ricardo als Verfechter des internationalen Handels, der die jeweiligen Länder wohlhabender macht als die auf Autarkie pochenden Länder (vgl. Abbildung 4).

Jedoch zeigen wir, dass diese beiden Koryphäen der Ökonomie Voraussetzungen angenommen haben, unter denen ihre Lehre tatsächlich zu mehr Wohlstand führt. Für Adam Smith war es noch unbezweifelbar, ja naturgegeben, dass die geografische Reichweite des Marktes (der „unsichtbaren Hand“) identisch war mit der Reichweite des Staates, des Rechts und auch der Moral. Unter dieser Voraussetzung war das Verfolgen egoistischen Handelns eingebettet in durchsetzbares Recht und damit weitgehend akzeptabel. Und für David Ricardo blieb das Kapital (damals hauptsächlich Böden und Fabriken) selbstverständlich ortsfest, während nur die Waren und die Kaufleute über die Grenzen wanderten.

Das beißt sich scharf mit der heutigen Situation, wo der Markt, vor allem der Finanzmarkt, global ist und das Recht vorwiegend national, und wo der Produktionsfaktor Kapital, nunmehr das Finanzkapital, der mit großem Abstand mobilste Produktionsfaktor ist: Praktisch mit Lichtgeschwindigkeit saust das Kapital in unglaublichem Umfang um die Welt, immer auf der Suche nach höchster Kapitalrendite. Unter Absingen von Heldenliedern auf Smith und Ricardo wird von der heutigen Ökonomie

Adam Smith 1723–1790

David Ricardo 1772–1823

Abb. 4: Zwei der großen Koryphäen der frühen Ökonomie. Leider werden beide falsch zitiert! (Bildquellen: gemeinfrei, https://en.wikipedia.org/wiki/File:Adam_Smith_The_Muir_portrait.jpg, https://en.wikipedia.org/wiki/File:Portrait_of_David_Ricardo_by_Thomas_Phillips.jpg)

deren Voraussetzung sträflich ignoriert. Und die hierbei entstehenden Schäden, die „externen Kosten", insbesondere die ökologischen Schäden und Kosten, tauchen in der Rechtfertigungslehre der heutigen Ökonomie fast nicht auf.

Diejenige Ökonomie, die die externen Kosten allenfalls erwähnt, aber auf eine „Internalisierung" derselben fast vollständig verzichtet (weil unpopulär), ist vielleicht der krasseste Fall einer philosophischen Krise. Aber die philosophische Krise geht noch tiefer.

Kampf ums Dasein und Schutz der Schwächeren

Von besonderer Bedeutung für die philosophische Krise ist ein massives Missverständnis der „natürlichen Zuchtwahl", wie Charles Darwin (1809 – 1882) sie nannte.[8] Im Volksmund spricht man eher über den im

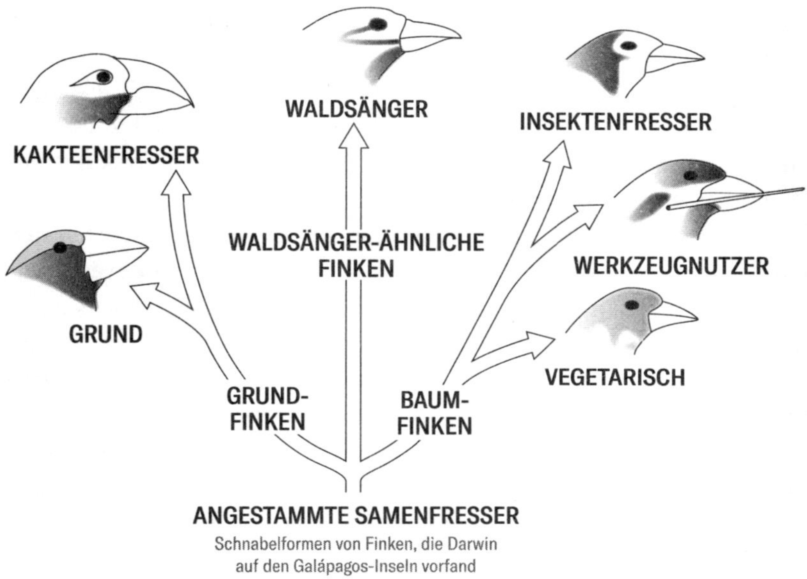

Abb. 5: Die Evolution der Darwinfinken führte zu großen Unterschieden bei ihren Schnäbeln. Der Spechtfink (rechts) hat gelernt, durch einen abgebrochenen Dorn seinen Schnabel zu verlängern. (Nach: www.yourarticlelibrary.com/evolution/notes-on-darwins-theory-of-natural-selection-of-evolution/12277/)

Untertitel erwähnten „Kampf ums Dasein". Gewiss hat Darwin in seinem großen Werk betont, dass rivalisierende Arten auf gleichem Territorium darum „kämpfen", sich zu behaupten. Aber in seinem Werk kommen Pflanzen und Tiere gleichermaßen vor, und das „Kämpfen" von Pflanzen kann sehr wohl darin bestehen, Samen zu produzieren, die Vögeln und anderen Tieren gut schmecken, sodass sie auf dem Weg über den Tierkot verbreitet werden. Die martialischen sozialdarwinistischen Interpretationen von Darwin, wie sie insbesondere Herbert Spencer verbreitete, haben mit Darwins Evolutionslehre wenig zu tun.

Besonders betont unser Buch, dass für Darwin die geografische Isolation ein wichtiger Evolutionsfaktor war. Abbildung 5 zeigt die Darwinfinken, die es nur auf den Galapagosinseln gibt. Für Millionen Jahre waren sie von den Vögeln des südamerikanischen Festlands isoliert und konnten hierdurch ungestört Schnabeleigenschaften entwickeln, die denen ganz anderer Vogelspezies auf dem Festland entsprachen. Besonders bekannt ist der Spechtfink, der gelernt hat, mit einem abgebrochenen Dorn seinen Schnabel zu verlängern und dadurch in der Borke versteckte Insektenlarven zu fangen. Darwin realisierte sofort, dass das nur in der Abwesenheit von echten Spechten möglich war, – also Abwesenheit von Konkurrenten als Voraussetzung von evolutionärer Spezialisierung.

Für die gesellschaftliche Interpretation der Evolutionslehre ist es herausragend wichtig, den modernen Populationsdarwinismus zu verstehen, den Darwin noch gar nicht kannte und der auf der millionenfachen Anhäufung von rezessiven Genen in der Population basiert. Rezessiv ererbte Eigenschaften bleiben völlig unsichtbar, wenn ihre Gene mit einem dominanten Gen an analoger Stelle zusammenkommen. Blaue Augenfarbe ist rezessiv gegenüber der dominanten braunen Augenfarbe. Wenn aber das betreffende Gen von Mutter und Vater ererbt wird, hat man blaue Augen.

Der Witz des Populationsdarwinismus ist die übliche Nichtausrottung von rezessiven Genen, auch wenn die zugehörigen Eigenschaften schwächer sind als die des dominanten Wildtyps. Das klingt so, als schade dieser Mechanismus der Tüchtigkeit der Art. In Wirklichkeit ist er gut für den immer einmal wieder auftretenden Fall, dass ein neuer Parasit, Nahrungsrivale oder Fressfeind oder ein Klimaumschwung oder eine Krankheit bei Futterpflanzen die Population dezimiert. Die Dezimierung macht es statistisch dramatisch wahrscheinlicher, dass durch lokale Inzucht in kleinen Nischen rezessive Gene von Mutter und Vater gleichzeitig vererbt werden und damit wirksam werden. Und mit einer kleinen, aber relevanten Wahrscheinlichkeit stellt sich genau dieses als ursprünglich „schwach" erscheinende Gen als die beste Antwort auf den neuen Parasiten oder Fressfeind heraus. Und nun bekommt die Evolution neuen Schwung. Der wäre ausgeblieben, wenn alle schwachen Gene immer gleich ausgerottet worden wären.

Der besonders im anglo-amerikanischen Kulturkreis verbreitete Sozialdarwinismus preist hingegen die gnadenlose Ausrottung der Schwachen als den eigentlichen Inhalt des genetischen Wettbewerbs. Auch die Biologie im Hitlerreich hing stark an der Philosophie der sozialdarwinistischen Auslese. Es ist insofern auch ein wichtiges Politikum, dass ein primitiver Auslese-Darwinismus dem heutigen Stand der Evolutionstheorie nicht standhält.

Neue Aufklärung

Wir sind dran geht noch weiter in der Kritik der eng gefassten rationalistischen und utilitaristischen Philosophie. Anatomie ist für die Medizin und für die biologische Systematik zweifellos erforderlich. Aber sie kann über komplexe ökologische Systemzusammenhänge und über die Zukunft wenig aussagen.

Nach solchen philosophischen Erörterungen begibt sich das neue Club-of-Rome-Buch auf den umstürzlerisch zu nennenden Pfad, eine neue Aufklärung für unsere Volle Welt zu empfehlen. Dabei werden die Tugenden der Aufklärung des 17. und 18 Jahrhunderts voll anerkannt. Die Aufklärung machte eine philosophische Befreiung von den erstickenden und autoritären Strukturen des Mittelalters, der auf Abwege geratenen Kirche und des totalitären Absolutismus möglich. Und sie leitete auch eine wissenschaftliche Blüte und im Gefolge die industrielle Revolution ein.

Aber sie hatte auch Schwächen, die man gerne verdrängt: Sie führte zu einer Überheblichkeit Europas und wurde zu einer Legitimationsgrundlage für die Kolonisierung, d. h. Eroberung des größten Teils der Welt durch europäische Armeen. Sie enthielt als Kernstück die Lobpreisung auf Individualismus, Egoismus, Utilitarismus, Fortschritt und freie Märkte. Und später, hauptsächlich im späten 19. und im 20. Jahrhundert, wurde sie zu einer Legitimationsgrundlage für eine Ökonomie des gnadenlosen Wettbewerbs.

Es ist in der politischen Situation der USA seit dem Amtsantritt von Donald Trump nur zu verständlich, dass es Großdemonstrationen als „March for Science" gab, gegen lügendurchsetzte Politik und Kürzung von Wissenschaftsgeldern. Verständlich ist auch, dass ein gescheiter Intellektueller wie der Harvard-Professor Stephen Pinker kraftvoll zu einer Wiedererweckung der „alten" Aufklärung aufruft.[9] Aber warum muss er seinen Aufruf mit einem Angriff auf ökologische Besorgnisse verbinden, was doch fast das Gegenteil zur Tugend der Aufklärung ist?

Er muss es natürlich nicht. Aber in den USA ist die Beschimpfung und das Besiegen der Gegner mehr als ein Volkssport. Es ist Teil der Zivilisation, die teilweise aus einer manichäischen Unterscheidung zwischen Licht und Finsternis stammt. Die jeweiligen Rivalen werden zu Vertretern

Abb.6: Iustitia mit Waage und Schwert. Quelle: Jahresbericht der Bundesregierung 2012/2013. (Bildquelle: Bild von S. Hermann & F. Richter, Pixabay)

der Finsternis erklärt und damit rechtfertigt sich dann auch ein gnadenloser Kampf der „Guten" gegen die „Bösen".[10]

Die alte Aufklärung enthält auch ihrerseits starke Komponenten der Rechthaberei: Wahrheitssuche besteht darin, dass einer, der Recht zu haben glaubt, die Aussage seines Gegners zu zertrümmern sucht, dem er Unrecht unterstellt. Das ist in der Mathematik und der analytischen Naturwissenschaft in den meisten Fällen legitim. So sammeln sich Wissenschaftler gerne um den aus der alten Aufklärung kommenden Rationalismus und Fortschrittsglauben.

Ausgewogenheit statt Dogmatismus

In allen Kulturen der Welt ergibt zwei mal zwei vier und wer behauptet zwei mal zwei sei fünf, hat einfach Unrecht. Das ist aber kein Grund dafür, auch bei den großen politischen und zivilisatorischen Streitfragen zu behaupten, das Dogma einer Seite sei richtig und das der anderen Seite falsch. Praktisch immer haben beide Seiten irgendwie Recht und Dogmatismus kann total in die Irre führen. Eines der stärksten Symbole der Justiz ist die Waage (Abbildung 6). Sie bedeutet *audiatur et altera pars.* Man muss auch zuhören und ernstnehmen, was „die andere Seite" sagt.

Dieses Prinzip der Waage halten wir in *Wir sind dran* für zentral für die neue Aufklärung. Statt Rechthaberei brauchen wir einen durchgehenden zivilisatorischen Sinn für Balance. Dies muss ein wenig illustriert werden.

Fangen wir mit der Dogmatik der Geschwindigkeit an. Die wirtschaftspolitische Anbetung der „Innovation" verlangt, dass in der Welt des Wettbewerbs eine gnadenlose Prämie auf Geschwindigkeit vorherrscht. In der amerikanischen Businesssprache geht es heute mit Vorliebe um „disruptive technologies". Das ist ausdrücklich Schumpeters Lehre von der schöpferischen Zerstörung abgeschaut.[11] Und genau das ist es: so rasche (meist digitale) Innovationen, dass die klassische Technik gar keine Chance mehr hat. Beim Elektronikkonzern HP gibt es inzwischen einen Vizepräsidenten mit der Funktionsbezeichnung „Chief Disrupter".[12]

Für die Mehrzahl der Menschen ist diese permanente und sich sogar beschleunigende Innovation Quelle der großen Verunsicherung. Aus Bequemlichkeit lädt man die Verzweiflung über diese Verunsicherung gerne bei „den Politikern" ab, die einem keinen Rosengarten mehr schenken können.

Bestünde hingegen ein zivilisatorisches Verständnis für die Tugend der Balance, könnte diese Art der „Übertragung" stark abgemildert werden. Hierzu ein weiteres Beispiel: Im politischen Raum gibt es den dauernden Streit zwischen der Priorisierung der Gerechtigkeit und der Priorisierung der Leistungsanreize. Aber heißt das, dass eine Seite Recht hat und die andere Unrecht? Kaum. Gute Politik muss eine Balance finden zwischen Gerechtigkeit und Leistungsanreiz. Dann wird die Betrachtung der Politiker der linken und der rechten Seite nicht mehr mit Zorn im Bauch vollzogen, sondern mit der (individuell verschiedenen) Abwägung, ob einem in der gegenwärtigen Lage die Gerechtigkeit (links) oder der vermehrte Leistungsanreiz (rechts) wichtiger ist. Und die deutsche „Groko" würde nicht als Ausbund von Machtgier und faulen Kompromissen, sondern als eine temporäre Balance zwischen den zwei Prinzipien wahrgenommen; die Zahlenverhältnisse im Bundestag nach 2017 hätten nun mal andere Koalitionen noch deutlich schwieriger gemacht.

Der Ärger ist nur, dass der globalisierte Wettbewerb eine inhärente Tendenz hat, die Leistungsanreize viel stärker zu belohnen als die Gerechtigkeit. Man sieht es daran, dass in fast allen Ländern der Welt der Abstand zwischen Arm und Reich in den letzten 25 Jahren zugenommen hat. Nun käme es weltpolitisch darauf an, auch hier wieder mehr Balance zu schaffen, also denjenigen, die durch Innovation und Leistung „unanständig" reich geworden sind, Akte der Gerechtigkeit aufzuzwingen. Solange man aber (wie im angelsächsischen Kulturraum üblich) den gnadenlosen Wettbewerb als naturgesetzlich ansieht, wird man dort jeden übernationalen Eingriff in die Ungerechtigkeit als ungerecht, zerstörerisch oder zumindest fortschrittshemmend ansehen und politisch ablehnen.

Es geht also auch um einen weltweiten Kampf der Kulturen, aber nicht zwischen Freiheit und Islam (wie manche Leser Samuel Huntington[13] interpretiert haben – auch wieder eine manichäische Vereinfachung!), sondern eher zwischen alter sozialdarwinistischer Aufklärung und neuer balanceorientierter Aufklärung.

Weitere Balance-Forderungen sehen wir zwischen Mensch und Natur. Was oben über die Wirbeltiere gesagt wurde, ist ein starkes Symbol für eine starke Schlagseite gegen die Natur. Diese zerstörerische Unwucht muss dringend ins zivilisatorische Bewusstsein dringen, damit nicht auf allen Arenen, wo sich Wirtschaft und Umwelt treffen, die Umwelt als die große Verliererin zurückbleibt.

Weiterhin brauchen wir eine Balance zwischen Kurzfrist und Langfrist. Frühere Generationen sowie die meisten asiatischen Kulturen hatten oder haben ein selbstverständliches Verständnis für die langfristige Perspektive. Die heutige Wirtschaft mit dem Halbgott Vierteljahresberichte ist völlig anders gepolt. Die im Multimilliardenvolumen ablaufenden Spekulationen mit computerisierten Algorithmen, mit Zwischenergebnissen im Millisekundenbereich sind noch viel eiliger und närrischer; sie sind aber eines der mächtigsten Phänomene der heutigen Märkte geworden.

Und in der „Kultur" der Twitter-Süchtigen ist alles, was älter als ein halbe Stunde ist, schon ferne Vergangenheit. Das kann auf die Dauer nicht gut gehen. Wir brauchen, wie in der Biologie selbstverständlich, Verzögerungsfunktionen.

Auch zwischen Staat und Religion soll Balance herrschen. Die herrschsüchtige und teilweise korrupte Kirche vor Luther oder gar die Vision vom Islamischen Staat ist überaus abstoßend, aber auch der total säkulare Staat, der die Religion und Ethik völlig aus dem Staat herausdrängt, kann durch miesen Utilitarismus zerstörerisch wirken.

Komplementarität

Das politische Begehren nach Balance ist wichtig genug. Aber es gibt auch die für die Zivilisation nötige philosophische Seite der neuen Aufklärung. Das Club-of-Rome-Buch spielt sich nicht als politischer Schiedsrichter auf, sondern nähert sich der Aufgabe friedensstiftender Balance eher von der philosophischen Seite. Wir konstatieren, dass es – für die Physik seinerzeit überraschend – in der Quantentheorie selber bereits Phänomene der Balance gibt, oder genauer der Komplementarität. Werner Heisenbergs Unbestimmtheitsrelation hieß, dass man von zwei einander komplementären physikalischen Größen, z. B. Ort und Impuls, niemals beide gleichzeitig mit beliebiger Genauigkeit messen kann. Wo das Produkt der beiden Messwerte in der Größenordnung des Planck'schen Wirkungsquantums ist, bedeutet eine gesteigerte Messgenauigkeit etwa des Ortes automatisch eine verminderte Messbarkeit des Impulses.

Die Komplementarität ist eine philosophische Überraschung gewesen, und es ist nicht allzu verwunderlich, dass Techniker sich lieber in Bereichen aufhalten, wo man weit weg vom Planck'schen Wirkungsquantum ist. Aber das Phänomen der Komplementarität gibt es natürlich auch in allen makroskopischen Phänomenen. So etwa zwischen vitalen Lebenseigenschaften und perfekter Anatomie: Letztere tötet das Leben ab.

Wir vermuten, dass eine neue Aufklärung gut daran tut, sich mit den Erkenntnissen der modernen Naturwissenschaft „auf gleicher Augenhöhe" auseinanderzusetzen. Erst dann, so meinen wir, haben wir ein echte Chance, auf dem Weg über die Philosophie eine gute Grundlage auch für die große zivilisatorische und politische Auseinandersetzung zu schaffen.

Politik

Unser Buch bleibt jedoch nicht bei dieser eher abstrakten philosophischen Erörterung stehen, sondern geht in dem quantitativ umfangreichsten Teil auf die pragmatische Politik der Nachhaltigkeit ein. Da kommen konkrete Vorschläge zu einer Re-regulierung der Finanzmärkte, zum Klimaschutz, zur ökologisch tragfähigen Landwirtschaft, zur Dezentralisierung der Energieerzeugung sowie zur Kreislaufwirtschaft vor. Auch neue

Ansätze zur Wohlstandsmessung, zur Wissenschaftspolitik, zur Stabilisierung der Bevölkerung und zur Koordinierung widerstrebender nationaler Interessen, also zur Weltpolitik, haben ihren Platz. Jedoch bleiben die Verfasser bei der Überzeugung, dass ohne die Anstrengung zu einer neuen Aufklärung für die Volle Welt, all diese praktischen Ansätze letzten Endes zum Scheitern verurteilt sind.

Drei Beispiele mögen genügen:

Die heute dominierende industrielle *Landwirtschaft* braucht viel Kunstdünger und große Mengen Pestizide. Beides verändert die Beschaffenheit der Böden gewaltig. Mikroorganismen, die für die Biodiversität von größter Bedeutung sind, werden weitgehend abgetötet. Pestizide, die die „Schädlinge" töten sollen, vernichten auch Tausende anderer Insekten, Würmer und andere Kleinlebewesen. Im Gefolge verhungern Vögel, Säugetiere oder Amphibien.

Ferner „gebietet" die landwirtschaftliche Betriebslehre, die Betriebe immer größer zu machen und große Pflanzen-Monokulturen anzulegen: wieder eine massive Verschlechterung der biologischen Vielfalt. Schließlich verlieren die Böden ihre natürliche Fähigkeit, in großem Umfang CO_2 aus der Atmosphäre aufzunehmen. So ist die industrialisierte Landwirtschaft zu einem der größten Feinde für Klima und biologische Vielfalt geworden.

Eine Landwirtschaft ohne diese Fehler, im Kern eine kleinräumigere Landwirtschaft ist möglich. Diese setzt sehr wohl modernste Maschinen ein, ist aber auch dann auf mehr menschliche Arbeit pro Hektar und pro Kilogramm Nahrungsmittel angewiesen, ist also „teurer". Dafür werden dann weniger Nahrungsmittel weggeworfen. Auf Weltebene ist der heute schon zehn Jahre alte alternative Agrarbericht von Hans Herren und Judy Wakhungu das richtige Rezept.[14]

Eine völlig andere Idee, ebenfalls schon seit langer Zeit diskutiert, ist die *Finanztransaktionssteuer*, vor 40 Jahren vom amerikanischen Ökonomie-Nobelpreisträger James Tobin vorgeschlagen. Damals war die Idee, eine Lenkung in Richtung stabilerer Finanzströme zu bewirken und zugleich ziemlich viel Geld aus der Finanzwirtschaft abzuschöpfen. Letzteres war bei den Befürwortern der Tobin-Steuer lange Zeit das Hauptmotiv.[15] Hierfür musste aber der fiskalische Ertrag groß sein, und genau das hat die Idee politisch scheitern lassen. „Finanzstandorte" wie New York und London fürchteten, dass sie Geschäft verlieren würden und setzten ihre ganze Macht erfolgreich ein, um die Steuer zu verhindern.

Demgegenüber wäre heute, in einer Zeit, wo die Spekulation in der Hauptsache von den bereits erwähnten automatisch ablaufenden Algorithmen ausgeführt wird, das Hauptmotiv einer Tobin-Steuer die deutliche Verteuerung von genau diesem Unsinn. Unsinnig erscheint es doch wohl, dass das gigantische Finanzvolumen, das in jeder Sekunde, Tag und Nacht um die Welt schwirrt, nur zu 2 Prozent für die Bezahlung von Gütern und Dienstleistungen verwendet wird und zu 98 Prozent rein spekulativ ist.[16] Eine Finanztransaktionssteuer von z. B. einem Hundertstel Prozent würde für normale Geldgeschäfte der Börsianer an den Finanzstandorten kaum spürbar sein. Jedoch für die „Millisekunden-Spekulation“ wäre selbst diese kleine Steuer eine prohibitive Verteuerung. Das liegt darin, dass ein Hundertstel Prozent, das zehnmal pro Sekunde anfällt, auf einmal die gesamten Spekulationsgewinne auffrisst. Also müsste sich die Spekulation wieder auf ihre ursprüngliche Rolle konzentrieren: die Sinnhaftigkeit von Investitionen und Geldverleih zu beurteilen.

Ein dritter Vorschlag ist die *Vorstufe zu einer Weltinnenpolitik*. Die Institution Weltstaat hat auf absehbare Zeit keinerlei Chance der Verwirklichung. In den letzten fünf Jahren, ausgelöst durch die Flüchtlingswellen, hat sich in vielen Ländern eine Mentalität der neuen Verehrung des Nationalstaates ausgebreitet, mit lautem Zorn auf die EU-Kommission und andere internationale Organisationen. Aber zugleich wächst die Notwendigkeit internationaler Koordination.

Hier hat Gerhard Knies als Co-Autor von *Wir sind dran* seine Ideen von nationalen Kohabitationsministerien eingeführt.[17] Deren Aufgabe ist die Erfindung und Entwicklung von Themen, bei denen das eigene Land Vorteile gewinnt, und möglichst viele andere Länder ebenfalls. So sollen Erfahrungen darüber gesammelt werden, wie die Kooperation über die Grenzen hinweg viel mehr Nutzen als Schaden bringt. Die EU hat an sich ausreichend solche Erfahrungen hervorgebracht. Alle beteiligten Länder haben vom Beitritt wirtschaftlich profitiert. Und das Ausbleiben von Kriegen, die den Kontinent seit über 1000 Jahren immer wieder verwüstet hatten, war natürlich der allergrößte Gewinn!

Weitere Kapitel betreffen die Klimapolitik, darin insbesondere den Budgetansatz zur Gewinnung der Entwicklungsländer,[18] die Energiewende, die durch die Dezentralisierung besonders den Entwicklungsländern hilft, die Re-regulierung der Finanzmärkte, die Erreichung des Faktors Fünf bei der Ressourcenproduktivität,[19] die Aktivierung von Nichtregierungsorganisationen, die Nachhaltigkeitsbildung und einiges mehr.

Anmerkungen

1 Meadows, D.; Meadows, D.; Randers, J.; Behrens, W. (1972): The Limits to Growth. New York: Universe Books. Deutsch: Die Grenzen des Wachstums. DVA, Stuttgart.

2 Daly, H. (2005): Economics in a Full World. Scientific American 293, 100 – 107.

3 Weizsäcker, E. U. v.; Wijkman, A. et al. (2018) Wir sind dran. Was wir ändern müssen, wenn wir bleiben wollen. Gütersloher Verlagshaus.

4 Weizsäcker, E. U. v.; Wijkman, A. et al. (2018): Come On! Capitalism, Short-termism, Population and the Destruction of Nature. SpringerNature, Heidelberg and New York.

5 Vereinte Nationen (2015): Transformation unserer Welt: Die Agenda 2030 für nachhaltige Entwicklung. A/69/L.85a. New York.

6 Papst Franziskus (2015): Laudato Si'. Über die Sorge für das Gemeinsame Haus. St. Benno Verlag, Leipzig.

7 Ibid. Absatz 195

8 Darwin, C. (1876): Über die Entstehung der Arten durch natürliche Zuchtwahl oder die Erhaltung der begünstigten Rassen im Kampfe um's Dasein. Stuttgart, E. Schweizerbart'sche Verlagsbuchhandlung.

9 Pinker, S. (2018): Enlightenment Now. The Case for Reason, Science, Humanism, and Progress. Allen Lane (Penguin Random House), London.

10 Vgl. z.B. das aus der frühen G.W.Bush-Zeit stammende Buch von Junker, D. (2003): Power and Mission. Was Amerika antreibt. Herder Verlag, Freiburg.

11 Der Begriff disruptive technologies wurde eingeführt von Joseph L. Bower und Clayton M. Christensen, 1995. Disruptive Technologies: Catching the Wave. Harvard Business Review, January–February 1995.

12 Sein Name: Andrew Bolwell, und seine volle Amtsbezeichnung: Vice President and Chief Disrupter, HP – and Global Head of Technology Vision at HP Tech Ventures.

13 Huntington, S. P. (1996): The Clash of Civilizations and the Remaking of World Order. Simon & Schuster, New York.

14 Agriculture at the Crossroads (2009): Lead authors: Herren, H.; Wakhungu, J. Washington, Island Press. Deutsche Kurzfassung: „Wege aus der Hungerkrise" (2010) Bauernblatt Verlag, Hamm/Westf.

15 Vgl. z. B. Spahn, P. B. (2002): Zur Durchführbarkeit einer Devisentransaktionssteuer, Machbarkeitsstudie für das BMZ. Bonn

16 Lietaer, B.; Arnsperger, C.; Goerner, S.; Brunnhuber, S. (2012): Geld und Nachhaltigkeit. Von einem überholten Finanzsystem zu einem monetären Ökosystem. Ein Bericht des Club of Rome, EU-Kapitel. 42781 Haan, Europa Verlag.

17 Weizsäcker/Wijkman 2018 a.a.O., Kapitel 3.16.3 COHAB - Zusammenlebensmodell der Nationalstaaten. S. 354 – 358.

18 WBGU (Wiss. Beirat Globale Umweltveränderungen) (2009): Kassensturz für den Weltklimavertrag – Der Budgetansatz. Sondergutachten.

19 Weizsäcker, E. U. v. et al. (2010): Faktor Fünf. Die Formel für nachhaltiges Wachstum. Droemer-Knaur, München.

Wir gestalten unsere Welt

Christine Mann

Seit Beginn der Neuzeit, seit dem Anwachsen der wissenschaftlichen Erkundung der Welt und der folgenden technischen Revolution hat sich unsere Umwelt radikal verändert. Diese Veränderung wurde durch die Entdeckungen der Quantenphysik und die damit ermöglichten technischen Errungenschaften noch einmal so stark beschleunigt, dass viele Menschen, auch sehr kompetente Wissenschaftler, beunruhigt sind. Denn es ist die Frage, ob wir Menschen diese Veränderungen in positiver Weise nutzen können, um das Überleben der Spezies Mensch noch für lange Zeit zu sichern. Es könnte aber auch geschehen, dass wir schreckliche Zerstörungen anrichten, weil wir die Ressourcen der Erde aufbrauchen, das Klima so stark verändern, dass die Natur kippt und uns nicht mehr ausreichend ernährt, und wir uns in verheerenden Kriegen fast oder ganz gegenseitig ausrotten. Die Überlebenden, wenn es welche gibt, würden dadurch quasi in ein Leben wie in der Steinzeit zurückgeworfen.

In diesem Beitrag sollen einige Überlegungen aufgezeigt werden, wie es gelingen könnte, uns so zu ändern, dass wir eine positive Weiterentwicklung dieser Welt schaffen. Und da für eine Bewältigung dieser Aufgabe sehr tiefgreifende Veränderungen in unseren Einstellungen und unseren Lebensvollzügen und -gewohnheiten nötig sind, wird sich ein großer Teil dieser Überlegungen darauf beziehen, wie wir bei der heranwachsenden Generation die für diese Aufgabe nötigen Einstellungen und Verhaltensweisen fördern können.

Die Veränderungen in unserer Welt durch die Folgen der quantenphysikalischen Entdeckungen

Durch die Entwicklung der verschiedensten Geräte zur Telekommunikation, bei der die Quantenphysik eine wichtige Rolle spielte, können wir heute über den ganzen Globus hinweg nicht nur über Fernschreiber, sondern in direkten Gesprächen und sogar Bildern und Filmen, die in Jetzt-Zeit aufgenommen werden, miteinander kommunizieren.

Wir erfahren dadurch viel über die Schönheiten der Natur auch in den entlegensten Gegenden unserer Erde. Wir bewundern im Fernsehen das Zusammenspiel unterschiedlichster Tier- und Pflanzenarten in den verschiedenen Biotopen, die wir ohne diese bildgebenden Medien niemals zu Gesicht bekommen hätten. Diese beglückenden Möglichkeiten des Schauens, Miterlebens und Wissens haben allerdings auch ihre Kehrseite. Denn durch diese Kommunikationsmöglichkeiten über den ganzen Globus hinweg werden wir unerbittlich damit konfrontiert, wie wir Menschen mit unserer technischen Entwicklung diese Natur verändern. Schmelzende Gletscher, abbrechende Eisberge und immer häufigere Unwetterkatastrophen führen uns den Klimawandel auf der Erde unübersehbar vor Augen. Und wir sehen nicht nur die Unwetter, sondern wir sehen Tausende von Menschen, die durch solche Naturkatastrophen ihre Existenz verloren und wieder ganz von vorne anfangen müssen, um irgendwie zu überleben und sich einen Lebensunterhalt aufzubauen. Wir sehen, dass der Urwald mit seiner wunderbaren Artenvielfalt immer weiter zerstört wird, um landwirtschaftliche Flächen zu gewinnen, was den Klimawandel verstärkt. In den dadurch neu entstehenden Dürregebieten verendet das Vieh und Menschen verhungern. Vor all dem können wir nicht mehr die Augen verschließen. Solange wir das nicht wussten, konnten wir unsere durch die technischen Errungenschaften neu gewonnenen Bequemlichkeiten genießen und uns der Hoffnung hingeben, dass das Leben auf der Welt immer besser werde. Das ist jetzt nicht mehr möglich. Unser Globus ist durch diese Entwicklung der Kommunikationstechnik auch in unseren Köpfen ein großes Ganzes geworden, und er scheint in Gefahr zu sein, weil die Anpassung der Natur mit der Geschwindigkeit der Veränderungen nicht mehr Schritt halten kann.

Auch über unterschiedliche Kulturen, unterschiedlichste Lebensformen und -möglichkeiten der Menschen in den verschiedenen Regionen unserer Erde erfahren wir viel Neues, was uns zu denken geben, unser Leben bereichern und unsere Augen für den Reichtum unserer Erde öffnen kann. Allerdings ist vieles von dem, was wir in diesem Bereich sehen, historische Rekonstruktion. Denn die Globalisierung, der weltweite Handel von Großkonzernen mit den Errungenschaften unserer Technik hat viel von dem Reichtum der verschiedenen Kulturen verdrängt. In den meisten Ländern lebt inzwischen der überwiegende Teil der Menschen in großen Städten, in rechteckigen, langweiligen Häuserblocks, fährt in Autos oder Bussen umher, bekleidet mit Jeans oder Shorts und T-Shirts.

Denn die Bilder wirken auch in umgekehrter Richtung. Während wir in unserem Wohnzimmer auf dem Sofa sitzend sehnsuchtsvoll die Bilder der alten Kulturen und der naturnahen Lebensformen aus weit entfernten Winkeln unserer Erde im Fernseher betrachten, scharen sich dort in den scheinbar so wunderschönen Gebieten viele Menschen um die auch dort vorhandenen Fernseher. Und sie sehnen sich nach dem aus Europa oder Amerika gezeigten Reichtum in geräumigen Wohnungen, den Bildungsmöglichkeiten für die Menschen, der Rechtssicherheit und der Freiheit, die wir hier haben. So werden Europa und Nordamerika Orte, in die man sich hineinwünscht. Denn durch die Weiterentwicklung der Medizin hat sich auch in jenen früher naturnahen Gebieten die Bevölkerung so stark vermehrt, dass große Teile davon nicht mehr so leben können wie vorher. Und so drängen immer mehr Flüchtlinge und Migranten nach Europa und verändern auch unser in den letzten Jahrzehnten so wohlgeordnetes, relativ friedliches Leben.

Konsequenzen für eine notwendige Veränderung unserer Gesellschaft

An sich sind Veränderungen nicht negativ. Die Entstehung des Lebens und die Weiterentwicklung der ersten Zellen in eine Vielfalt unterschiedlichster Lebewesen bedeutete ständige Veränderung. Diese Entwicklung ermöglichte die Vielfalt der Lebensformen und damit die Schönheit unserer Erde im Vergleich mit den unbelebten Nachbarplaneten, etwa dem Mars oder der Venus. Zum einen änderten sich die geologischen Bedingungen auf der Erde immer wieder, zum anderen schufen die Vermehrung der Lebewesen und die Entstehung neuer Arten immer wieder neue Bedingungen für die Lebewesen. Und nur die Arten, die Möglichkeiten fanden, damit umzugehen, überlebten. Die Lebewesen, die sich diesen neuen Bedingungen nicht anpassen konnten, die keine Möglichkeiten fanden, mit den Veränderungen umzugehen, starben aus.

Uns Menschen liegt sehr viel daran, dass die Menschheit nicht ausstirbt. Und selbst wenn die Veränderungen auf unserer Erde in Katastrophen münden, die nur wenige Menschen überleben, ist das eine grauenhafte Vorstellung, die wir doch unbedingt vermeiden wollen. Wir müssen uns also mit unserer Anpassung an die neuen Bedingungen sehr beeilen.

Eine der Errungenschaften der Quantenphysik ist allerdings auch, dass sie ganz klar zeigt, dass die Entwicklung der Welt offen ist. Es ist nicht alles von Anfang an vorherbestimmt, wie es viele Menschen eine Zeit lang dachten und manche Menschen immer noch glauben, sondern wir haben die Möglichkeit, die Zukunft zu beeinflussen.

Die Anpassung an neue Bedingungen beginnt im Kopf

In der Evolution des Lebens auf der Erde spielt das Geistige und seine Entwicklung eine wesentliche Rolle. Bei den ständigen Veränderungen auf unserem Globus konnten nur diejenigen Spezies überleben, die Möglichkeiten fanden (erfanden), sich den neuen Bedingungen anzupassen. Die Grundlage für diese Anpassung waren neue Konzepte, neue Verhaltensweisen, die sich zu Verhaltensgewohnheiten herausbildeten, die dann entweder die Umwelt beeinflussten oder das eigene Verhalten, meist sogar beides.

An einem Experiment von Biologen kann man sich eine Vorstellung bilden, wie das ablaufen könnte: Die Biologen arbeiteten mit Fruchtfliegen, ein beliebtes Objekt, weil sich diese Tierchen schnell vermehren. Sie stutzten ihnen die Flügel und setzten sie auf eine Metallplatte, die sich langsam erwärmte. Als den Fliegen die Wärme unangenehm wurde, konnten sie ja nicht, wie üblich, wegfliegen. Deshalb fingen sie an, immer hektischer ihre verschiedenen noch vorhandenen Verhaltensmöglichkeiten durchzuprobieren, um dieses Problem zu lösen. Sie bewegten ihre Beine auf die unterschiedlichste Weise, versuchten, sich die nicht vorhandenen Flügel zu putzen und was ihnen noch an Möglichkeiten zur Verfügung stand. Die Platte war so eingerichtet, dass, wenn die Fliege sich nach rechts drehte, die Platte sich wieder abkühlte, und wenn sich die Fliege nach links drehte, die Wärme wieder stieg. Sobald die Fliegen das einmal merkten, hatten sie es so gelernt, dass sie mit diesem Plattenmechanismus umgehen und die Temperatur der Platte in einem angenehmen Bereich halten konnten.

Stellen wir uns vor, das würde sich in der freien Natur abspielen. Die Fliegen lebten in einer Umwelt, in der fremde Tiere ihnen die Flügel abfressen und in der sie die Temperatur durch Rechts- und Linksdrehungen im angenehmen Bereich halten müssen. Die Länge und Kraft der Flügel würde für diesen Stamm keine Rolle mehr spielen, aber die Wendigkeit nach rechts und links würde wichtig. Wendige Fliegen hätten also einen Überlebensvorteil, denn sie würden die Natur so beeinflussen, dass deren Temperatur im für sie angenehmen Bereich bleibt. Die Flügel hingegen könnten allmählich verkümmern. Und da langfristig praktizierte Überlebensstrategien sich auch auf die Aktivierung der Gene auswirken, würden also in den Fliegen zunächst die Gene aktiviert, die mehr Wendigkeit ermöglichen. Dann könnten durchaus auch Mutation und Selektion wirksam werden. Kleinste Veränderungen in Richtung Wendigkeit könnten die Überlebenschancen verbessern, besonders wenig wendige Fliegen würden allmählich aussterben. Das könnte sich dann auch auf den Körperbau auswirken. Eine neue Spezies speziell für diesen Lebensraum wäre geschaffen.

Durch diese Annahme wird Darwins Evolutionstheorie sehr viel überzeugender. Der erste Schritt auf der Metallplatte war, dass die Fliegen alle ihre Verhaltensmöglichkeiten ausprobierten, um das Problem zu lösen. Die Fliegen, die das nicht taten, sondern einfach weitermachten wie bisher (Ich weiß nicht, ob es welche gab.), gingen zugrunde. Die Leistung, die Lösung des Problems herauszubekommen und dann mit den vorhandenen Mitteln zu steuern, ging den Mutationen voraus und half, die zu dieser Strategie am besten geeigneten Fliegen zu selektieren. Die Lösung des Problems zu finden, ist ein Vorgang im Selbst der Fliege, quasi eine Vorstufe dessen, was wir beim Menschen als geistige Leistung empfinden. Das zumindest kann man aus der Beobachtung schließen, dass die Fliegen sehr aktiv ihr Verhaltensrepertoire durchprobierten und das Verhalten, das Erfolg hatte, danach gezielt einsetzten. Das erfolgte vor jeder Mutation in diese Richtung, die ja erst nach längerer Zeit, vielleicht erst bei der nächsten Generation oder sogar in mehreren Schritten bei den nächsten Generationen stattfinden könnte.

Wir Menschen haben ein sehr viel größeres Verhaltensrepertoire als die Fruchtfliege. Aber es wird Zeit, dass wir die Passivität des „Weiter so" durch intensive Suche nach Lösungsmöglichkeiten ersetzen. Dabei können wir uns nicht darauf berufen, dass Forscher schon die Mittel erfinden werden, mit denen alle Probleme gelöst werden. Die Gegenmittel, an denen die Forscher derzeit arbeiten, sind zwar ein erster Baustein, aber mit einem einzigen Baustein baut man kein Haus. Erst wenn sehr viele Menschen die Probleme in ihrer Wichtigkeit erkannt haben und ihr Denken, ihre ganze Grundhaltung und damit ihr Verhalten verändern, können wir die Weiterentwicklung auf unserem Globus in unserem Sinne positiv beeinflussen.

Problemanalyse

Mit der Erfindung des Buchdrucks mit beweglichen Lettern wurden das Wissen und die geistige Betätigung nicht mehr nur einer kleinen, meist kirchlich gebundenen Elite, sondern immer mehr interessierten Menschen zugänglich. Viele Menschen merkten, was für ein spannendes Abenteuer es ist, die Welt immer genauer zu erkunden, zu erforschen und sich so nutzbar zu machen. Dieses Wissen ermöglichte bald die industrielle Revolution. Pfiffige, gewitzte Menschen mit genügend Ressourcen nutzten die ersten Maschinen, um damit Fabriken zu bauen, in denen die Waren viel schneller, billiger und in gleichmäßigerer Qualität hergestellt werden konnten als bisher. Diese Menschen wurden reich, während die Menschen verarmten, die weiterhin versuchten, diese Waren im Handbetrieb herzustellen. Sie verarmten und mussten schließlich als Arbeiter in den Fabriken unter katastrophalen Bedingungen schuften. Aber als die Arbeiter sich gemeinsam dagegen wehrten und den Klassenkampf erfanden, änderten sich die Bedingungen allmählich. Heute leben in Westeuropa weitaus die meisten Menschen in durchaus erträglichen Verhältnissen. Von wirklicher Armut, wie sie in anderen Teilen der Welt herrscht, haben viele Menschen hier keine Ahnung mehr.

Eigentlich ist das ja ein wunderbarer Erfolg. Und viele Länder auf anderen Kontinenten versuchen jetzt, diese Industrialisierung nachzuholen, verständlicherweise. Aber bei uns in Westeuropa zeigt sich inzwischen auch die Kehrseite dieser Entwicklung. Als die Grundversorgung aller Bürger gelungen war, gab es reiche Fabrikbesitzer, deren Lebensweise zeigte, dass sehr viel mehr an Reichtum möglich ist und das Leben noch angenehmer machen kann. Und die Fabrikbesitzer bekamen zu spüren, dass, wenn alle Menschen genug besitzen, der Absatz zurückgeht und die Fabrik sich nicht mehr halten kann. Deshalb begannen sie, mit immer raffinierterer Werbung die Bedürfnisse der Menschen anzustacheln, immer neue Produkte zu erfinden, die man haben müsse, um glücklich zu werden. Und die arbeitenden Menschen ließen sich verführen. Sie kämpften um mehr Lohn, nahmen, ergeben in ihr Schicksal, strenge Zeitlimitierungen in der Arbeit und in ihrer Freizeit in Kauf, um sich die ersehnten Gegenstände, Wohnbedingungen und alles das, was heute so dazu gehört, leisten zu können. Ein pragmatischer Materialismus nahm bei vielen Menschen überhand.

Aber auch die Strategie, ihre Produkte weit ins Ausland zu exportieren, half den Großunternehmern, ihren Reichtum weiter auszubauen. So werden zum Beispiel Produkte aus industrieller Massentierhaltung von Deutschland nach Afrika exportiert, wo sie dazu beitragen, dass dort die Kleinbauern verarmen, weil diese nicht so billig produzieren können.

Die durch Industrialisierung, steigende Mobilität und Massentierhaltung entstehenden Abgase verunreinigen die Luft so stark, dass die Erderwärmung einen Klimawandel mit immer schlimmeren Unwettern und immer stärkerer Zerstörung der Lebensgrundlage von Menschen in anderen Teilen unserer Erde verursacht.

Dieses Streben nach materiellem Reichtum fiel mit einer weiteren Entwicklung im geistigen Bereich zusammen: Seit der Säkularisierung des Wissens durch die Erfindung des Buchdrucks verloren die Kirchen allmählich ihre Glaubwürdigkeit. Zu lange hatten sie ihren Gläubigen Demut, Bescheidenheit und Genügsamkeit gepredigt und sich selbst gleichzeitig bereichert. Mit der Möglichkeit, die Welt zu erforschen und Wissen zu erwerben, durchschauten die Menschen leichter diesen Machtmissbrauch der Kirchen. Es gab Wissenschaftler, die glaubten, die Existenz eines Gottes widerlegen zu können. Und die Evolutionslehre von Darwin betonte die Notwendigkeit zu kämpfen, um sich durchzusetzen. So gerieten Grundhaltungen wie Genügsamkeit und Bescheidenheit zu fast verachtenswerten Eigenschaften. Egoismus wurde salonfähig. Wer sich nicht erkämpfte, was ihm angeblich zustand, wurde weniger anerkannt.

All diese beschriebenen Veränderungen wurden durch die Industrialisierung schon vor der Entdeckung der Quantenphysik verursacht. Durch die Quantenphysik ist Folgendes neu hinzugekommen:

- Durch die weltweite Kommunikationsmöglichkeit mit Bildern wird in immer mehr Staaten den Menschen der wachsende Reichtum der Industrieländer vor Augen geführt und der Bedarf geweckt, die Industrialisierung nachzuholen.
- Durch die Verbesserungen der Medizin wächst die Erdbevölkerung rasant.
- Durch die Entwicklung von Atomwaffen (auch eine Errungenschaft der Quanten- und der auf ihr basierenden Kernphysik) kann jeder Krieg, zum Beispiel um die sich verknappenden Ressourcen, zur Vernichtung des gesamten menschlichen Lebens auf der Erde ausarten.
- Und schließlich bewirkt die durch die Quantenphysik ermöglichte Digitalisierung vieler Arbeits- und Verwaltungsvorgänge so heftige Veränderungen in unserer hiesigen Berufslandschaft, dass auch in diesem Bereich starke Anpassungsvorgänge bevorstehen.

Die Entdeckungen in der Quantenphysik machen andererseits auch Folgendes deutlich: Es ist nicht alles vorherbestimmt, sondern die Entwicklung der Welt ist offen. Der Zufall spielt eine Rolle, aber auch Geistiges kann etwas bewirken und damit die Entwicklung der Welt beeinflussen. Obwohl wir keinen völlig freien Willen haben, können wir aufgrund unserer geistigen Fähigkeiten mit unserem Denken unser Handeln beeinflussen. Unser Handeln wirkt sich auf die Weiterentwicklung unserer Welt aus. Insofern beeinflusst jeder Mensch ein kleines bisschen die Weiterentwicklung unserer Welt, übrigens auch die Menschen, die sich darüber keinerlei Gedanken machen.

Kein einzelner Mensch kann die Welt so stark beeinflussen, dass kein CO_2 mehr in die Atmosphäre gelangt, und so den Klimawandel stoppen. Aber wenn sehr viele Menschen zusammenwirken, dann können sie tatsächlich den Klimawandel verlangsamen oder sogar weitgehend stoppen. Das Bewusstsein, dass jeder Mensch ein kleines bisschen bewirken kann, aber auch nicht mehr, zwingt uns zu weltweiter Kooperation und Verständigung, wenn wir die schlimmsten Katastrophen abwenden wollen.

Kein einzelner Mensch kann verhindern, dass es Krieg gibt. Aber wenn der größte Teil der Menschen verstanden hat, dass man Krieg durch Verhandlungen, gegenseitiges Verständnis, Toleranz und Kompromisse ersetzen kann und muss, um die Anwendung von Atomwaffen zu verhindern, dann können wir vielleicht solche Kriege vermeiden und die Existenz unserer Spezies auf dieser Erde deutlich verlängern.

Kein einzelner Mensch kann die Großkonzerne daran hindern, die Welt massenweise mit Billigwaren zu versorgen und dabei die Vielfalt der Kulturen zu zerstören. Aber wenn sehr viele Menschen sich zusammentun, um Gesetze zu schaffen und durchzusetzen, die allzu gierige Großunternehmer bremsen und kulturelle Vielfalt wieder aufleben lassen oder sogar fördern, schaffen wir es vielleicht, unsere Welt in jeder Hinsicht zu einer blühenden Landschaft zu machen, in der alle Menschen gerne und relativ friedlich miteinander leben.

Aber wie können wir das schaffen?

Konsequenzen für unser Handeln

Dafür brauchen wir zunächst eine viel grundsätzlichere Suche auf allen Gebieten als nur die Erforschung neuer Gegenmittel. Es geht darum, die Gesellschaft allmählich so zu verändern, dass völlig neue Verhaltensweisen möglich und üblich werden. Wie wir am Beispiel der Fruchtfliegen gesehen haben, muss dieser Prozess im Kopf beginnen. Wir müssen zunächst überlegen, welche Verhaltensweisen uns helfen könnten, die Erwärmung unserer Erde zu stoppen, die Artenvielfalt unserer Welt zu erhalten und so ein Kippen des gesamten Biosystems und großes Elend zu vermeiden. Dann müssen wir es ausprobieren, die Wirkungen sorgfältig beobachten und eine dauerhafte Veränderung der Gedanken bewirken, die schließlich auch unser Verhalten so beeinflussen, dass sich wirklich etwas ändert. Allerdings müssen wir dazu erst einmal die Menschen aus ihrer Lethargie herausholen, sie für diese Aufgabe motivieren und ihnen ihre Aktivität und ihren Optimismus, dass ihr Verhalten etwas ändern kann, zurückgeben.

Zurzeit sind sehr viele Menschen durch anstrengende berufliche Eintönigkeit so überfordert, dass sie ihre Freizeit zur Erholung nutzen müssen, um gesund zu bleiben. Dazu gibt es über 100 Fernsehkanäle, die die Menschen mit ihren Programmen aufs Sofa locken, wo sie, ruhiggestellt, sich mit fremder Lebendigkeit trösten. Eingeschoben in diese

Berieselungsprogramme sind Werbespots, die den Menschen suggerieren, der Konsum von irgendwelchen Produkten würde ihnen ähnliches Glück, ähnliche Spannung und Abwechslung verschaffen, wie das im Fernsehen gezeigte Leben. Auf diese Weise sorgen die Konzerne dafür, dass die Wirtschaft boomt und die Ressourcen der Erde immer schneller verbraucht werden. Wer mehr Lebendigkeit bevorzugt, kann mit Computerspielen in virtuelle Welten eintauchen, mit einem Fingerklick die virtuelle Umwelt ständig verändern, virtuelle Menschen töten, ja ganze virtuelle Völker vernichten, ihnen ihr Land rauben und sich wunderbar bereichern. Was für ein schönes virtuelles Leben in Passivität! Um dem zu entrinnen und mehr für ihre Gesundheit zu tun, treiben viele Menschen Sport, üben, hohe Leistungen zu bringen, und stärken so ihr Selbstwertgefühl. Das bringt zwar dem Einzelnen mehr Bewegung und Gesundheit und daher ein besseres, intensiveres Leben, aber an den oben genannten Gefährdungen ändert das nichts. Im Gegenteil, auch im Sport wird den Menschen suggeriert, sie müssten genau die richtige Kleidung für diese Sportart und immer bessere Sportgeräte kaufen. Selbst dieser Versuch, dem Konsumdruck zu entgehen, wird zur Steigerung des Konsums missbraucht.

Wenn wir an all diesen Fehlentwicklungen etwas ändern wollen, müssen wir die Menschen zur bewussten Mitgestaltung unserer Welt motivieren und sie in diese Richtung aktivieren. Dazu müssen wir radikal umdenken. Aber wie erreichen wir das?

Die Weiterentwicklung der Demokratie

Zunächst könnte man überlegen, ob nicht unsere Form der Demokratie diese Art von Lethargie fördert. Es ist eine große Errungenschaft, dass die Bürger nicht mehr einer Obrigkeit untertan sind, sondern mitbestimmen dürfen – indem sie alle vier Jahre einmal zur Wahl gehen und derjenigen Partei ihre Stimme geben, die die besten Werbesprüche und die markantesten Gesichter auf ihren Plakaten zeigen konnte. Aber inzwischen sind die Untertanen etwas mündiger geworden. Sie merken, dass das keine echte Mitbestimmung ist, sondern eine Regelung, die sie letztlich in die Lethargie der gelernten Hilflosigkeit treibt, wenn sie nicht ihren Beruf aufgeben und in die Politik gehen wollen. Und dort müssten sie sich von unten in der Partei emporarbeiten, indem sie Netzwerke bilden, sich in Seilschaften einbinden, ständig mitreden, auch zu Dingen, in denen sie nicht kompetent sind. Das ist nicht jedermanns Sache, auch wenn er/sie an bestimmten Stellen durchaus ein Wörtchen mitzureden wüsste. Und so versinkt man in depressives, lethargisches Verhalten. Oder man sucht sich Ersatzziele, wie zum Beispiel, immer mehr Geld zu verdienen, in einer sportlichen Disziplin zu glänzen oder ähnliches. Gleichzeitig reagieren viele Bürger ihre Frustration dadurch ab, dass sie in sozialen Medien Regierungsmitglieder oder Menschen des öffentlichen Lebens unflätig beschimpfen, ein deutliches Zeichen, wie stark viele Menschen unter dieser Hilflosigkeit und erzwungenen Passivität leiden.

Das heißt, wir brauchen in unserer Demokratie Strukturen, die eine viel stärkere Kommunikation zwischen den Regierenden und den Betroffenen fördert. Dazu brauchen wir allerdings auch, dass die Bürger das Miteinander-aktiv-Werden, Miteinander-Verhandeln und Nach-Lösungen-Suchen gelernt haben und den Diskurs mit den unterschiedlichen Meinungen ertragen, ohne in Intoleranz und Überheblichkeit zu verfallen. Und wir brauchen Experten mit profundem Fachwissen und speziellen Fähigkeiten, die aber auch gelernt haben, die weniger kompetenten Menschen ernst zu nehmen, ihnen zuzuhören und deren Bedürfnisse und Ideen in ihre Planungen mit einzubeziehen. Eine solche Umwandlung der Demokratie kann nicht durch einzelne Gesetze beschlossen werden. Auch die Regierenden sind einfache Menschen mit begrenztem Ideenschatz und Fachwissen, gefangen in ihren hergebrachten Denk- und Verhaltensgewohnheiten. Wir brauchen Fachleute, Politikwissenschaftler, Soziologen und Psychologen, die gemeinsam von Fachkompetenz gestützte Ideen entwickeln und Formen der Bürgerbeteiligung erarbeiten. Diese müssen sie dann ausprobieren und ihre Wirkung genau beobachten, um schließlich die unterschiedlichen positiv wirkenden Möglichkeiten immer häufiger einzusetzen. Dabei kann man dann beobachten, wann welche Möglichkeit bei welchen Problemen am wirksamsten ist, und schließlich gemeinsam mit den Politikern vielfältige Formen zur Mitbestimmung und Mitgestaltung der Bürger in unserer Demokratie installieren.

„Wunschträume!“ werden sich jetzt sicher viele Leser denken. Wie soll man denn die Menschen für diese Aufgaben aktivieren? Schon die Suchaufgaben an die Wissenschaftler sind eine Illusion. Damit kann kein Wissenschaftler Karriere machen, denn exaktes wissenschaftliches Arbeiten verläuft anders. Und überhaupt, wie viel Energie das kosten würde! Und wer zahlt einem die immensen Spesen dafür? Und das alles für Veränderungen unserer Demokratie? Dabei geht es uns doch ganz gut und unsere Demokratie ist ziemlich stabil! Extremismus kann man durch Gesetze verbieten. Zuwanderung kann man durch Gesetze ebenfalls verbieten. Und mit einigen Abstrichen am Humanismus kann man auch das Retten der Flüchtlinge aus dem Mittelmeer verbieten. Die Polizei muss man halt verstärken, damit all diese Verbote auch durchgesetzt werden können, und dann haben wir wieder unsere Ruhe.

Die Fruchtfliegen, die der Hitze der Metallplatte nur durch etwas Höherheben ihrer Füßchen zu entkommen versuchen, werden jämmerlich zugrunde gehen.

Dabei stehen wir an einem riesigen Umbruch. Die durch die Quantenphysik ermöglichte Digitalisierung wird die Hälfte unserer Jobs überflüssig machen. Wenn wir uns die übrigen Jobs teilen würden, hätte jeder Berufstätige 20 Stunden pro Woche mehr Zeit als bisher oder 20 Wochen im Jahr Urlaub. Ob es die Menschen mit Glück erfüllt, diese Zeit ganz für sich, ihre Familie, ihre Hobbys, das Fernsehen und Computerspiele zu verwenden? Viele Menschen wahrscheinlich schon, besonders wenn sie gerade Kinder großziehen müssen. Aber zumindest ebenso viele Menschen wären theoretisch bereit, sich für weitergehende Ziele zu engagieren, besonders nachdem die Kinder flügge wurden.

Konsequenzen für die Pädagogik

An der Zeit für solche Engagements wird es bald nicht mehr fehlen, wohl aber an den Möglichkeiten, an der Kompetenz und der geistigen Kreativität. Denn wie zu Kaisers Zeiten erziehen wir auch heute noch unsere Kinder zu Untertanen, die vom ersten Schultag an lernen, still zu sitzen und abzuwarten, bis die Lehrkraft, die „Arbeitgeberin“ der Kinder, ihnen ihre Aufgaben gibt. Diese müssen sie gehorsam, genau wie vorgegeben, ausführen. Wir geben ihnen eine Schulordnung, die sie befolgen sollen, und lehren sie, ihr Klassenzimmer sauber und ordentlich zu halten.

Wir zwingen ihnen ein klares zeitliches Reglement auf, dem sie sich unterordnen müssen, unabhängig von ihren eigenen Bedürfnissen. Zugegeben, anders als zu Kaisers Zeiten werden sie kaum noch mit Stockschlägen bedroht und in einer Weise heruntergemacht, die ihnen ihre Menschenwürde raubt, sondern sie werden (meist) liebevoll angeleitet und ermahnt, die Regeln zu befolgen. Und Kinder, die ihren Aktivitätsdrang gar nicht zügeln können, werden als krank definiert und bekommen eine Pille, die ihnen den Gehorsam erleichtert. Aber ziehen wir damit Menschen heran, die aktiv ihre Umwelt pflegen und gestalten, die fähig werden, gemeinsam mit anderen Verantwortung zu übernehmen, Ideen zu entwickeln und auf diese Weise unsere Welt positiv zu beeinflussen? Kinder lernen nicht, was die Erwachsenen ihnen predigen, sondern was die Welt, in der sie leben, ihnen an Verhalten abverlangt. Und obwohl wir im Sozialkundeunterricht mit den Kindern über Mitverantwortung, Kreativität und Einsatz für die Allgemeinheit reden, werden all diese positiven Verhaltensweisen vom ersten Schultag an gebremst und den Kindern aberzogen.

Miteinander das Zusammenleben gestalten

Wie wäre es, wenn wir stattdessen von Anfang an das Verständnis der Schulanfänger für Gruppenprozesse und Gemeinschaftsaufgaben fördern würden, indem wir ihnen beispielsweise nicht liebevoll Blumen auf ihre Gruppentische stellen, um das Klassenzimmer schön zu gestalten, sondern ihnen schon am zweiten Schultag bewusst machen, dass wir in diesem Klassenzimmer nun ein Jahr lang miteinander lernen und uns wohlfühlen wollen. Anschließend könnten wir mit ihnen gemeinsam überlegen, wie man sich das Klassenzimmer noch schöner machen kann. Und wenn jemand Blumen auf den Tischen vorschlägt, kann man mit ihnen gemeinsam überlegen, wo man die Blumen herbekommt, und ob es die Kinder denn wohl schaffen, so vorsichtig mit ihren Arbeitsmaterialien auf den Tischen umzugehen, dass die Blumenvasen nicht umfallen und ihr Wasser auf dem Tisch verteilen.

Das ist nur ein winziges Beispiel für einen anderen Umgang miteinander, der aber eine andere Welt für die Kinder schafft. Man bringt ihnen nicht im Gemeinschaftsunterricht der fünften Klasse bei, dass alle miteinander füreinander verantwortlich sind, sondern man verhält sich vom ersten Schultag an so, dass die Kinder ihre Mitverantwortung wahrnehmen und das Miteinander mitgestalten, dass sie lernen, Ideen einzubringen, miteinander zu verhandeln, Lösungen zu suchen und Kompromisse zu schließen.

Wir sollten in dieser Weise einen Lehrplan entwickeln, der von Anfang an die Möglichkeiten der Kinder zur Mitbestimmung und Mitgestaltung in den Blick nimmt und sie bewusst in Gebrauch nimmt, fördert und erweitert. Auch die Schulanfänger haben solche Möglichkeiten. Statt beispielsweise die Schulordnung aufzuhängen und den Kindern immer wieder bei Bedarf vorzulesen, könnte man die Frage stellen, wie wir denn miteinander umgehen wollen, damit alle Kinder in dieser Klasse sich wohlfühlen und gerne in die Schule kommen. Die Ergebnisse dieser Besprechungen könnte man auf ein Poster schreiben und aufhängen. Gewiss, solche Diskussionen brauchen viel Zeit, und den Lernhunger der Kinder dürfen wir nicht vernachlässigen. Aber Kinder, die auf diese Weise von Anfang an aktiv in die Gestaltung ihrer Umwelt und ihrer Klassengemeinschaft einbezogen werden und Verantwortung dafür übernehmen, werden sich vermutlich auch die Kulturtechniken schneller aneignen als Kinder, die in Passivität und Gehorsam gezwungen werden.

Wir brauchen völlig neue Unterrichtsformen

Wir müssen sowieso völlig neue Unterrichtsformen entwickeln. Denn das Fernsehen und die Digitalisierung haben auch die Voraussetzungen für unseren Schulunterricht verändert. Neben all den informativen und wunderbar aufbereiteten Fernsehsendungen und den Möglichkeiten des Internets auch für die Schüler, stehen die Lehrkräfte, die noch in altem Stil Wissen vermitteln möchten, fast auf verlorenem Posten. Einen Unterrichtsstoff so spannend aufzubereiten und darzubieten wie eine Fernsehsendung über dasselbe Thema, das schafft eine Lehrkraft allenfalls ein- bis zweimal im Schuljahr. Und die Sicht der Hinterbänkler in den Schulklassen auf den Ort der Darbietung ist in der Regel so viel schlechter als die Sicht vom Sofa zuhause auf den Fernseher, dass die große Mühe der Lehrkraft nicht belohnt wird. Nein, die Aufgabe der Schule besteht nicht mehr in der Wissensvermittlung. Neben der Vermittlung und dem Training der Kulturtechniken ist es vielmehr die Aufgabe der Schule, die Einstellungen und die Charaktere der Kinder in die Richtung zu formen, wie wir sie in unserer Gesellschaft für die anstehenden Probleme brauchen, und die Verhaltensweisen bei ihnen zu fördern, die für das Zusammenleben der Menschen in einer immer voller werdenden Welt förderlich sind.

Ein Problem unserer heutigen Zeit ist zunächst einmal der übermäßige Luxus, in dem wir hier in Deutschland leben. Ihm jagen wir hinterher, weil wir von überall her mit Werbung beschossen werden, die uns suggeriert, dass unser Leben leichter oder schöner würde, wenn wir auch noch dieses und jenes und noch 20 andere Produkte besäßen. Es ist dringend nötig, dass wir dem etwas anderes entgegensetzen. Die Kinder sollen im Schulunterricht erleben und erfahren, dass nicht der Besitz der neuesten Produkte glücklich macht, sondern das intensive Erleben im Kleinen, in der Beziehung zu anderen Menschen und zu den Dingen.

Ein Beispiel: Irgendwann im zweiten oder dritten Schuljahr haben die Kinder im Sachunterricht den Apfel als Thema. Die Lehrkraft zeigt ihnen einen Apfel und sammelt, was die Kinder dazu schon wissen. Dann bekommen die Kinder vielleicht (bei gutem Unterricht!) Apfelstücke in die Hand, die sie in Partnerarbeit untersuchen dürfen. Und was sie nicht selber sehen, das wird ihnen von der Lehrkraft erzählt. Gut ist dieser Unterricht, weil die Kinder selber etwas in die Hand bekommen und es selbst untersuchen dürfen. Aber heutzutage, in unserer schnelllebigen Welt, in der die Kinder über das Fernsehen sehr vieles wissen, passt diese bisher gute Form des Unterrichts nicht mehr zu dem, was die Kinder brauchen. Gut wäre ein Beginn dieser Unterrichtseinheit, bei dem wir uns eine Stunde Zeit nehmen, in fast meditativer Form einen Apfel zu essen und das zum Erlebnis zu machen. Jedes Kind bekommt einen Apfel und vom ersten Aufheben des Apfels an leiten wir die Kinder an, mit viel Zeit und ohne zu reden, den Apfel mit allen Sinnen wahrzunehmen. So wird der Einstieg in die Unterrichtseinheit ein für die Kinder beglückendes Erlebnis. Und wo bleibt die Wissensvermittlung? Das können die Kinder selbst recherchieren. Jede Kleingruppe bekommt unterschiedliche Fragestellungen. In diesem Alter stellt die Lehrkraft den Kindern noch Bücher zur Verfügung und zeigt ihnen, wie man gezielt nach der Antwort auf die eigene Frage suchen kann. Wenn den Kindern in der Schule schon funktionierendes Internet zur Verfügung steht, erarbeitet die Lehrkraft mit ihnen Suchwörter, unter denen sie Informationen finden können. Die Kinder werden dann angeleitet, in ihrer Arbeitsgruppe zu vergleichen, was sie herausgefunden haben, gemeinsam ein Poster zu erstellen und schließlich den anderen anhand des Posters ihr gesammeltes Wissen über ihre Fragestellung darzustellen.

Man sieht, es ist dasselbe Thema wie bisher, aber die Kinder lernen etwas völlig anderes. Zunächst wird die achtsame Wahrnehmung intensiv gefördert. Denn je stärker und intensiver man die Kleinigkeiten des Alltags wahrnimmt, desto weniger braucht man ein Immer-Mehr an Besitz, an besonderen Erlebnissen von immer Neuem, immer Aufregenderem. Die Intensität in den Alltag zurückzuholen, ermöglicht Ruhe und Genügsamkeit, sodass die Ressourcen dieser Erde nicht sinnlos vergeudet, sondern geschont und für viele Generationen erhalten werden. Eine solche Wahrnehmungsförderung bräuchten wir in der Schule jede Woche mindestens eine Stunde lang, um die Kinder zur Ruhe zu bringen und zu stabilisieren. Das kann in den unterschiedlichsten Bereichen sein. Man kann erarbeiten, wie sich das Bild eines Baumes von einem wirklichen Baum unterscheidet, indem man beim wirklichen Baum die Kinder erleben lässt, was man dort alles hören, riechen, ertasten und an der Haut fühlen kann. Ein Kurrikulum der Wahrnehmungsförderung in der Schule fehlt bisher völlig.

Wissen zu suchen und zu verarbeiten, dazu kann man die Kinder schon ab dem zweiten Schuljahr anleiten. Im Projektunterricht beginnen die Schüler schon im zweiten Schuljahr, sich aus Büchern Informationen zu selbst gestellten Fragen in ihrem Interessengebiet zu suchen und diese auf einem Poster zusammengestellt den anderen zu präsentieren. Nie habe ich Zweitklässler so aktiv und konzentriert arbeiten gesehen, wie in diesen Projektstunden, in denen die Schüler lernten, sich in Büchern zu orientieren, zu lesen, zu exzerpieren, also zu schreiben, und dazu ein Poster zu erstellen, bei dem sie sogar Abbildungen kopieren und aufkleben konnten. Die Rolle der Lehrkraft war, die Kinder zu beraten, ihnen Bücher bereitzustellen, sicherzustellen, dass sie nicht einfach unverstandenes Zeug abschrieben, sondern das Gelesene erst einmal inhaltlich verarbeiteten und dann in eigenen Worten und verkürzt ausdrückten – lauter Tätigkeiten, die den Kindern viel abverlangten, aber sie mit Stolz und Selbstbewusstsein erfüllten und eine gute Basis für ihr weiteres Lernen bildeten. Und die Kinder führten spontan „Fachgespräche" miteinander. Ein besseres sprachliches Training kann man sich kaum vorstellen. Das gezielte Suchen der Information in Büchern ist eine wichtige Fähigkeit, auch das Befragen von anderen Menschen. Denn heute ist die Fragehaltung vieler Kinder durch die Überflutung mit Information weitgehend verschüttet.

Was die Kinder dabei erfahren haben, müssen sie in ihre Kleingruppe einbringen, sich mit den anderen darüber unterhalten, sich auseinandersetzen und schließlich gemeinsam ein Konzept für eine Präsentation vor der Klasse entwickeln. Sie lernen dabei etwas über die Rolle von Bildern und über grafische Aspekte der Postergestaltung, aber auch, wie man im Team gemeinsam auf ein Ziel hinarbeitet. Und schließlich müssen sie Formen lernen, wie man den anderen den eigenen Teil des Wissens präsentiert. All diese Fähigkeiten können nicht einfach von den Kindern erwartet werden, sondern müssen sorgfältig eingeführt, angeleitet und dann immer wieder trainiert werden. Denn das sind Fähigkeiten, die die Kinder später, in unserer heutigen, digitalisierten Arbeitswelt, in der alle größeren Probleme im Team bewältigt werden müssen, brauchen.

Medienerziehung

Eine ganz andere Form der Wahrnehmungsförderung ist die Medienerziehung. Diese ist heutzutage dringend notwendig. Wir müssen früh beginnen, den kritisch prüfenden Blick der Kinder und Jugendlichen auf die Medien zu schärfen, und ihnen dabei helfen, die guten Seiten der Medien zu nutzen und sich gegen die negativen Seiten zu immunisieren. Wir müssen dringend ein Kurrikulum der Medienerziehung in der Schule einführen, bei dem die Kinder nicht nur den Umgang mit den Medien lernen, sondern in dem sie geschult werden, das, was sie sehen, an der Wirklichkeit zu prüfen und zu hinterfragen. Das könnte schon im zweiten Schuljahr beginnen, indem wir zum Beispiel im Unterricht einen Ausschnitt eines Fernsehfilms für Kinder untersuchen, um die Kinder gegen die Verführungen des Fernsehens zu immunisieren. Welch ein Vergnügen wäre es, diesen Ausschnitt zu persiflieren, sich auszumalen, wie diese Szene in der Realität ablaufen würde – mit all der Fehlbarkeit, die jeder normale Mensch hat. Dieses Kurrikulum sollte natürlich immer komplexere Fragen umfassen. Schließlich verbindet man in den oberen Klassen diese Medienerziehung mit dem Politikunterricht und übt in konkreten Projekten die sinnvolle Nutzung all des Gelernten, sodass diese Fähigkeiten den Erwachsenen umfassend für gesellschaftlich relevante Aktivitäten im Rahmen unserer Demokratie zur Verfügung stehen.

Von der Pflege der Lernumgebung zum Lernen politischen Handelns

Auch die Erziehung zum Mitdenken und Mithandeln als Vorstufe für aktives Bürgerbewusstsein kann schon im ersten Schuljahr beginnen und ab dem zweiten Schuljahr bewusst eingeübt werden. Man beginnt zum Beispiel mit der Pflege der Lernumgebung. Man wird diskutieren, ob die Kinder nicht selbst ihren Klassenraum am Wochenausklang so gestalten können, dass sie am Montag gerne dorthin zurückkehren. Das sollte allerdings mit Anleitung geschehen, und mit Kopfeinsatz und gemeinsamem Drüber-Nachdenken, wie denn das Klassenzimmer sein müsste, damit wir uns freuen, wieder dorthin zu kommen.

Man kann auch den Blick der Kinder schulen für das, was ihnen nicht gefällt, erarbeiten, wie man so etwas in der Gruppe anspricht, und dann gemeinsam mit ihnen bessere Lösungen überlegen und verwirklichen. In den höheren Klassen wird man diese Art von Engagement allmählich auf die gesamte Schule ausdehnen, immer in Arbeitsteilung, auch mit allen anderen Klassen. Das kann dann in den weiterführenden Schulen schließlich in einen Unterricht echten politischen Handelns übergehen. Man schaut, was in dem eigenen Wohnviertel, später in der Stadt oder gar in dem eigenen Land nicht gut ist und nicht so bleiben sollte. Man erarbeitet dann mit den Kids oder Jugendlichen, wie man das ändern kann: Wer sind die Ansprechpartner, wie findet man heraus, wohin man solch ein Schreiben schicken muss? Wie ist der Stil, in dem man sie anspricht, und was kann man tun, wenn man mit einer Antwort aus Computerbausteinen abgespeist wird und kein wirkliches Gehör findet? Man erzählt ihnen das nicht einfach, sondern man leitet sie an, das Schreiben auf den Weg zu bringen.

Denn die Kinder und Jugendlichen zu politischem Handeln im Rahmen unserer Demokratie zu befähigen, zum Ausschöpfen aller demokratischen Mitsprache- und Mitgestaltungsmöglichkeiten, das ist sehr viele Unterrichtsstunden wert. Das ist keine vertane Zeit. Denn einerseits werden dabei alle Kulturtechniken in Echtsituationen trainiert, andererseits motiviert so etwas die Schüler mehr und übt das gewünschte Verhalten besser und nachhaltiger ein als alle Belehrungen über unsere Demokratie und ihre Organe oder das Agieren in Als-ob-Situationen. Und Schüler, die auf diese Weise gelernt haben, sich in sinnvoller Weise Gehör zu verschaffen, brauchen keine beleidigenden oder drohenden Hassbotschaften zu verschicken. Und wir brauchen viele Bürger, die bereit sind, mitzugestalten, unsere Welt in die richtige Richtung zu lenken, sodass nach uns noch sehr viele Generationen gut auf dieser Welt leben können.

Bei all diesen Unterrichtsveränderungen bleibt die Leistungsorientierung erhalten. Nur sind die Leistungen vielfältiger. Es geht nicht mehr darum, in Einzelarbeiten zu zeigen, wer die Erwartungen der Lehrkraft in Bezug auf Wissen, schriftliche Darstellung und Fehlerlosigkeit besonders gut erfüllt, vielmehr zeigt das eine Kind im Organisieren des gemeinsamen Kleingruppenprojekts hohe Fähigkeiten, ein anderes kann die Ergebnisse besonders gut zusammenfassen und das gemeinsame Poster schön gestalten, ein drittes Kind kann vielleicht die Einzelberichte sehr gut formulieren und ein viertes stellt vielleicht die interessantesten Fragen. Das sind alles Leistungen, die später gebraucht werden, ebenso wie die Kulturtechniken, die auch nicht vernachlässigt werden. Denn alle diese Projektarbeiten trainieren die Kulturtechniken implizit. Und die bisher bei den Lehrern so beliebten Übungshefte, die alle Kinder durcharbeiten müssen, – ein Graus für viele besonders interessierte und begabte Kinder – sind nur für wenige Kinder nötig.

Die Unterrichtsinhalte

In einer Welt, in der das Wissen über die Welt einerseits uferlos ist, andererseits so leicht zugänglich gespeichert, dass es sich jeder beschaffen kann, wenn er weiß, wie man mit dem Internet umgeht, muss der Unterrichtsstoff völlig neu überdacht werden. Die Schule muss hauptsächlich

Einsichten, Einstellungen und Kulturtechniken vermitteln. Damit sind nicht nur Lesen, Schreiben und Rechnen gemeint, die drei Fähigkeiten, die traditionell als Kulturtechniken bezeichnet werden. Zu unserer Kultur gehören die Musik und die visuelle Gestaltung unbedingt dazu. Und im Zeitalter der Digitalisierung gehört der Umgang mit Computer und Internet ebenfalls dazu.

Darüber hinaus gibt es einen Bereich von Kulturtechniken, den wir alle längst als selbstverständlich nutzen. Dabei ist uns bisher aber noch nicht voll bewusst geworden, dass es sich auch um Kulturtechniken handelt, die man nicht nur ganz nebenbei lernt, sondern an denen man arbeiten, die man verbessern und so noch sehr viel nutzbringender in Gebrauch nehmen kann. Das sind einerseits unsere Denkstrategien, andererseits unsere Kommunikationsstrategien.

Bezüglich der Denkstrategien hat der Philosoph Albrecht von Müller darauf hingewiesen, dass wir in der Schule den Kindern inzwischen zwar das verbal fundierte logische Denken sehr sorgfältig beibringen, dass aber für komplexe Entscheidungen, bei denen man viele unterschiedliche Faktoren berücksichtigen muss, eine andere Denkform wichtiger ist – das konstellative und systemische Denken. Jeder Mensch, jede Gruppe von Menschen, aber auch die Natur, kleinere oder größere Bereiche davon, sind eingebettet in vielfältige Bezüge, die im Grunde ein großes, zusammenhängendes System bilden. Um diese Zusammenhänge zu sehen und bei Entscheidungen mit zu berücksichtigen, braucht man das systemische Denken. Andererseits besteht auch jede Gruppe, sogar jeder einzelne Mensch und jedes Stück Natur in sich aus vielen kleineren Einheiten, die in unterschiedlichen Konstellationen zusammenwirken. Das zu sehen und zu erkennen wird durch das konstellative Denken trainiert. Diese Denkformen sind mehr visuell fundiert und können schnell denkenden Kindern schon ab der Grundschule vermittelt werden. Das an Schulen zu installieren, darum bemüht sich zurzeit die von Albrecht von Müller gegründete Parmenides-Stiftung.

Wenn man allerdings das Denken, diese grundlegende Kulturtechnik, die unser Menschsein begründet, genauer unter die Lupe nimmt, so kann man noch sehr viel mehr unterschiedliche Strategien erkennen, die es sich lohnen würde zu verfeinern, weiter zu entwickeln und didaktisch aufbereitet bewusster an die Schüler zu vermitteln. Da gibt es zum Beispiel das planende Denken, aber auch das kritische Hinterfragen und Erkennen von Problembereichen. Ein anderer sehr wichtiger Bereich ist die Verarbeitung des zu einem Thema gesammelten Wissens zu einer Gesamtsicht. Die intellektuelle Kreativität, die für eine Fragestellung auf Informationen aus entlegenen Gebieten zurückgreifen und diese zur Lösung des vorliegenden Problems einsetzen und modifizieren kann, ist eine weitere Fähigkeit, die wir auch bewusst trainieren können. Je mehr wir uns damit befassen, desto mehr unterschiedliche Strategien werden wir erkennen und weiterentwickeln können. Und je stärker wir in der Schule, im Unterricht die verschiedenen Denkstrategien bewusst vermitteln, mit den Kindern darüber reden und es bewusst trainieren, desto mehr werden die Kinder erfahren, dass das Denken ein großes Abenteuer sein kann, ein beglückendes Erlebnis, für das man auf viele Computerspiele, Fernsehfilme, Autofahrten und ähnliche Abenteuer verzichten kann. Darüber hinaus kann es einem im späteren Berufsleben sehr wichtige Dienste erweisen.

Ein weiterer unglaublich wichtiger Bereich sind die Kommunikationstechniken. Die Sprache hat uns erst zum Menschen gemacht. Seit es Menschen gibt, kommunizieren sie miteinander. Auch Tiere haben eine Form der Kommunikation. Aber die menschliche Kommunikation unterscheidet sich deutlich von der aller anderen Lebewesen. Mit unserer Sprache hat sich unsere Kultur entwickelt. Unser Denken, unsere Verständigung über den Wert unseres Lebens, über die mögliche Existenz von etwas, was wir gemeinhin als Gott bezeichnen, unsere Weisheitslehre, unsere Philosophie, all das wurde erst möglich, als unsere Sprache über das Geben von Signalen und Warnrufen hinausging und zu einem umfassenden Kommunikationsmittel wurde. Deshalb wird in der Schule seit je her die Sprache gepflegt. Der Deutschunterricht beziehungsweise der Unterricht der Muttersprache und die Pflege des Lesens und Schreibens dienen dem Ausbau und der Verfeinerung unserer Sprache als der primären Kulturtechnik.

Aber jetzt, im Zeitalter der vollen Welt, in der die Ressourcen knapp werden und Kriege zu völliger Vernichtung der Menschheit führen können, müssen wir viel bewusster Kommunikation als friedenstiftendes Mittel erkennen, erforschen und lehren, schon in der Schule. Dem sollen vom ersten Schultag an auch die Morgenkreise, das gemeinsame Nachdenken und Reden über die Gestaltung des Klassenzimmers, des Zusammenlebens und ähnliches dienen. Das heißt, friedenstiftende Kommunikation mit Ansprechen von Problemen, mit Anhören der verschiedenen Interessen, mit der Suche nach Kompromissen, das alles kann vom ersten Schultag an geübt und so durch das Schulleben den Kindern implementiert werden. Aber in den höheren Schulklassen muss es dann auch thematisiert und bewusst gemacht, bewertet und gezielt in Gebrauch genommen werden. Schon jetzt versuchen viele Politiker, aber auch viele Nicht-Regierungs-Organisationen auf dem Verhandlungswege gemeinsame Aktivitäten und friedliche Problemlösungen zu erreichen. Das vom ersten Schultag an zu trainieren, aber auch zu erforschen und immer weiter zu verbessern, ist eine wichtige Aufgabe unserer Generation. Das kann dazu führen, dass auch auf internationaler Ebene das kluge, partnerschaftliche Verhandeln und Suchen nach Kompromissen auf gleicher Augenhöhe als Alternative zu Kriegen und Revolutionen gewählt wird.

Daneben gibt es auch lebenswichtigen Wissensstoff, der so rudimentär ist, dass wir ihn allen Kindern in der Schule nahebringen müssen. Was das genau ist, darüber müssen wir uns ebenfalls neu Gedanken machen. Denn natürlich wäre es schön, wenn ein bestimmter Wissensstand als allgemeine Bildungsgrundlage vorhanden wäre. Aber wir brauchen auch genug Zeit, um die veränderten, jetzt wichtigen Erziehungsziele annähernd zu erreichen.

Wie kann man solche umfassenden Veränderungen in den Schulen einführen?

Die hier dargestellten Überlegungen zur Umgestaltung der Schule, um die Kinder nicht zu hilflos depressiven Untertanen, sondern zu aktiv die Welt mitgestaltenden Mitmachbürgern heranzubilden, sind von der bisherigen Schulwirklichkeit noch so meilenweit entfernt, dass es erhebliche Anstrengungen braucht, um die Schulen in diese Richtung zu verändern.

Das Beharrungsvermögen alter Unterrichtsformen

Einfach neue Lehrpläne für die verschiedenen Klassenstufen und Schulformen zu schreiben, in denen diese Form des Unterrichts gefordert wird, genügt offensichtlich nicht. In vielen Lehrplänen ist Projektunterricht beispielsweise vorgeschrieben. Aber sehr häufig genügen die Lehrkräfte diesen Anforderungen, indem sie in der letzten Woche vor Schuljahrsende sogenannten Projektunterricht erteilen, bei dem die Kinder wählen dürfen, ob sie lieber beim Zirkusprojekt oder beim Schulchor mitmachen oder etwas über die Bundesliga erfahren wollen. Das Beharrungsvermögen der althergebrachten Schulpädagogik ist enorm. Denn auch für die Lehrer gilt, dass das durch das Leben Gelernte den Menschen viel grundlegender prägt, als das über Belehrungen und Regelungen Erfahrene. Und die stärkste Prägung auch für die Lehrer sind eine 13-jährige Schulzeit mit Stillsitzen, Zuhören, Warten auf die Aufgabenzuteilung und Lernen in genau vorgeschriebenen Bahnen. Das üben auch sie in einem Alter, in dem der Mensch am empfänglichsten für solche Erziehungsmaßnahmen ist. Wer zu schnell lernt, wartet mit Zusatzaufgaben auf die anderen, wer zu langsam lernt, bekommt Förderunterricht. Die jungen Lehrer kommen mit großen Ideen von der Universität und finden oft ein modernes Schulgebäude vor, allerdings mit weitgehend traditionellen Unterrichtsformen. Ihre modernen Ideen werden mit Interesse und Anerkennung quittiert. Aber sehr bald stoßen die Junglehrer auf Widerstand, weil sie mit ihren Projekten die Ordnung, die Ruhe und den Gleichschritt nicht verwirklichen, der doch nun einmal, nach den Lebenserfahrungen der Lehrer, in der Schule herrschen muss. Da schlägt auch bei fast allen mit Idealismus in die Schule gegangenen Junglehrern die Prägung durch 12 Jahre Schülerdasein durch, zumal ja auch die Schüler, die sie bekommen, in der Regel durch die anderen Lehrkräfte und den Schulstil schon so geprägt sind, dass sie all ihren Frust in dieser freieren Unterrichtsform austoben.

Lehrerberater als neuer Beruf

Da hilft nur eine viel höhere Anstrengung durch die oberste Schulbehörde, um die Veränderungen in immer mehr Schulen zu implementieren.

Dafür muss ein neuer Beruf geschaffen werden, nämlich die Lehrerberaterin oder der Lehrerberater, der den Schulen hilft, die nach den neuen Ideen unterrichten wollen. Er könnte veränderungswillige Lehrerkollegien zunächst beraten, mit welchen Veränderungen sie beginnen könnten. Er könnte dann einmal wöchentlich jede Lehrkraft der Schule besuchen, dem Unterricht zuschauen und sehr genau beobachten, wo Veränderungen schon gut gelungen sind, wo Ansätze gewesen wären, bei denen man in die gewünschte Richtung hätte gehen können, und wo die Lehrkraft, wahrscheinlich völlig unbewusst, wieder in den Unterrichtsstil fast wie zu Kaisers Zeiten zurückgefallen ist. So wie die Lehrkräfte die Aufgabe haben, die Schüler zu ermutigen, sich den Lernstoff anzueignen, so hätten solche Lehrerberater die Aufgabe, die Lehrkräfte zu ermutigen, Neues auszuprobieren und dann bis zur Verhaltensgewohnheit zu üben. Sie müssten den Lehrkräften die Ziele solcher Unterrichtsveränderungen bewusst und schmackhaft machen und dann mit den Lehrkräften erarbeiten, wie man das Neue so gestalten kann, dass wirklich diese Ziele gefördert werden. Denn was nützt beispielsweise ein Morgenkreis, wenn die Kinder sich nur über die neuen Stiefel, ihre Marke und alle Besonderheiten unterhalten. Oder was nützt es beispielsweise, in der letzten Schulstunde am Freitag das Klassenzimmer zu säubern, wenn die Lehrkraft in Arbeitgebermanier bestimmt, wie das Zimmer zu sein hat? Das wäre, wie Projektunterricht an den letzten drei Schultagen, sinnlose Zeitverschwendung.

Diese Lehrerberatung müsste aber auch gekoppelt sein mit Unterrichtsforschung. Das heißt, die Lehrerberater müssten sorgfältig dokumentieren, welche Veränderungsvorschläge praktikabel waren und in die richtige Richtung führten. Diese Erfahrungen müssten im Team von Kollegen ausgetauscht, durchdacht und mit Theorie unterfüttert werden, um auf diese Weise immer mehr Kompetenz zur Beratung von Lehrern zu sammeln.

Intensive Elternberatung als begleitende Maßnahme

Aber auch die Eltern erschweren eine Veränderung der Schulen. Auch sie sind durch ihre Schulzeit geprägt und wollen für ihre Kinder die besten Chancen, die beste Vorbereitung auf das Leben. Das heißt, eine deutliche

Veränderung des Unterrichts erfordert auch viel Elternarbeit. Die Eltern müssen in ihren Sorgen ernst genommen und verstanden werden. Und es braucht eine echte Kooperation zwischen Lehrern und Eltern. Damit ist nicht gemeint, dass die Eltern als Hilfslehrer dafür sorgen, dass die Kinder die Vorgaben der Lehrer erfüllen und brav lernen. Vielmehr sollen die Lehrer den Eltern helfen zu verstehen, was die Kinder in solch einem veränderten Unterricht lernen und wofür das wichtig ist. Erst so können viele Eltern die Veränderungen der Schule akzeptieren und als Chance für ihre Kinder verstehen. Und wenn die Eltern mit den Lehrern am selben Strang ziehen, können die Kinder sich sehr viel leichter in die gewünschte Richtung entwickeln.

Hoffnungsvoller Ausblick

Wenn wir auf diese Weise eine Generation herangezogen haben, die die Verantwortung für die Umweltgestaltung lebt, die gemeinschaftliches Handeln in Verantwortung geübt hat und zu organisieren weiß und die darüber hinaus global und nicht mehr national denkt, dann erleben unsere Nachfahren vielleicht, wie nicht nur ihre Umgebung zu vielfältigen, attraktiven Lebensbereichen gestaltet wird, sondern wie wir in Europa Werte wie Genügsamkeit und Bescheidenheit wieder verwirklichen. Gleichzeitig könnten wir Gastfreundschaft und Weltoffenheit praktizieren, indem wir vielen jungen Menschen aus den ärmsten Ländern Stipendien für eine Berufsausbildung in unserem Land geben. Damit verbunden wäre allerdings die Verpflichtung, anschließend in ihr eigenes Land zurückzukehren, dort ihren gelernten Beruf auszuüben und so zu besseren Lebensbedingungen beizutragen. Umgekehrt könnten viele Menschen von hier ihren Erlebnishunger dadurch stillen, dass sie in Projekten in armen Ländern mitarbeiten, die helfen, den Klimawandel zu stoppen und die Lebensbedingungen der Menschen dort zu verbessern, ohne die Fehler, die wir in Europa gemacht haben, zu wiederholen. Die Digitalisierung sollte eigentlich so viel Arbeitskapazität freisetzen, dass wir viel Know-how und aktive Hilfe exportieren könnten. Wenn das nicht im Stil einer Kolonialmacht geschieht, sondern im Stil einer echten Freundschaft, dann könnten daraus auch Beziehungen zwischen den Ländern entstehen, von denen beide Länder in gleicher Weise und auf gleicher Augenhöhe profitieren. Man könnte sich zum Beispiel vorstellen, dass Reiseunternehmer Projekte entwickeln, in denen Wälder in der Sahelzone gepflanzt werden, im Einvernehmen mit der Regierung des jeweiligen Landes und in engem Kontakt mit der Bevölkerung. Die „Arbeitstouristen" würden beispielsweise drei Wochen lang in einer dortigen Familie wohnen, deren Lebensgewohnheiten kennenlernen und in dieser Zeit neue Bäume pflanzen, die von Vorgängern gepflanzten Bäume gießen und Zäune drum herum bauen, damit die jungen Triebe nicht von Wildtieren gefressen werden. Das alles täten sie, ohne dass damit Besitzansprüche verbunden wären. Das Ganze würde unter Anleitung kompetenter Biologen geschehen, die wissen, welche Bäume dort bei entsprechender Pflege gedeihen und wie man sie fachmännisch pflanzen muss. Gleichzeitig müsste die dortige Bevölkerung darüber aufgeklärt werden, wie sie, wenn sie zehn Jahre Geduld aufbringt, den Wald wachsen zu lassen, ihn anschließend als Schattenspender nutzen kann, um darunter vielfältige Gemüse, Obst und Blumen anzubauen.

Inzwischen gibt es viel Wissen, wie man sogar in der Wüste grüne Oasen schaffen oder wie man vergiftete oder verschüttete Flüsse wieder zum Leben erwecken kann. Es ist möglich, viele Projekte zu gegenseitigem Nutzen zu schaffen. Und je mehr Menschen ihre in der Schule nicht verschüttete, sondern geförderte intellektuelle Kreativität in diese Richtung einsetzen, desto mehr „blühende Landschaften" entstehen weltweit, die den zu schnellen Klimawandel stoppen können.

Die quantenphysikalische Erkenntnis, dass die Zukunft der Welt nicht völlig festgelegt ist, sondern dass wir sie mit unserem Handeln ein kleines bisschen beeinflussen können, eröffnet uns die Möglichkeit, nicht angstvoll schicksalsergeben in die Zukunft zu schauen, sondern für eine positive Entwicklung unserer Welt aktiv zu werden, mit der Hoffnung auf Erfolg. Dabei spielen das Geistige, die geistige Aktivität, Kreativität und die Bereitschaft, neue Strategien für unsere Lebensgestaltung zu entwickeln, eine herausragende Rolle. Und da jeder Einzelne die Welt nur ein winziges Bisschen verändern kann, ist die Fähigkeit zu Kooperation das Fundament für all diese Aktivitäten.

Warum hat der Feuerwehrmann keine Angst vor Feuer? Weil er die Strategien kennt und beherrscht, mit denen er das Feuer löschen kann.

Wir kennen zwar noch nicht wirklich die Strategien, um die Erderwärmung zu stoppen, aber wir sind immerhin in der Erprobungsphase. Wir haben Ideen, wie das gelingen könnte. Und es ist anzunehmen, dass das nicht die einzig möglichen Strategien sind. Außerdem gibt es nicht nur die Erderwärmung als Problem. Genauso bedenklich ist die immer zahlreicher werdende Menschheit, die die Ressourcen der Erde ausbeutet. Aber auch da haben wir Ideen, wie das geändert werden könnte. Denn die Erfahrung zeigt, je höher der Bildungsstandard in einem Volk ist, je besser eine staatliche Altersversorgung ist und je mehr Rechte die Frauen haben, auch am Berufsleben teilzunehmen, desto niedriger wird die Geburtenrate, sodass auch das Bevölkerungswachstum auf der Erde kein unabänderliches Schicksal ist.

Hinzu kommt zu all dem die Gefahr eines Atomkrieges, mit dem die Menschheit sich selbst auslöscht. Auch da sind Kommunikation, Kooperation und Verhandlungsstrategien wichtig, die auf gegenseitiger Achtung und Fairness basieren und Lösungen suchen, die auf gleicher Augenhöhe gerechte Vorteile für alle Verhandlungspartner bieten.

Es ist zwar dringend nötig, aber es reicht nicht, den CO_2-Ausstoß zu verringern, um die Erderwärmung zu stoppen. Genauso wichtig ist eine Abkehr von nationalstaatlichen Machtgelüsten und Zuwendung zu friedenstiftender Kommunikation und Kooperation der verschiedenen Länder auf unserer Erde. Ebenso wichtig ist ein achtsamer Umgang mit den Reichtümern unserer Erde, die nicht achtlos von einigen verprasst, sondern von allen möglichst nachhaltig bewirtschaftet werden müssen. Damit sind nicht nur die materiellen Lebensgrundlagen gemeint, sondern auch die geistigen Errungenschaften der verschiedenen Kulturen, die die Vielfalt und Schönheit unserer Welt verstärken.

Für so viele dringende Zukunftsaufgaben brauchen wir die Mithilfe aller Menschen, die das irgendwie ermöglichen können. Was sind das für infantile Einstellungen, die darauf abzielen, für sich Reichtum anzuhäufen, mehr als man braucht, nur um Pseudosicherheit für sich selbst zu gewinnen, während die ganze Welt dadurch zerstört wird und die meisten Menschen drum herum im Elend versinken! Dem wollen wir etwas anderes entgegensetzen. Das wäre mein dringlichster Wunsch.

Über die Autoren

Christine Mann, Tochter von Werner Heisenberg, studierte Pädagogik, Psychologie und (etwas) Theologie, erarbeitete lange Zeit im Klett-Verlag Sprachbücher. Seit 2001 beschäftigte sie sich intensiv mit Quantenphysik und veröffentlichte (u. a.) zusammen mit Frido Mann das Buch „Es werde Licht“, S. Fischer Verlag 2017.

Thomas Görnitz, Professor für Physik, Mathematiker und Philosoph, arbeitete nach seiner Ausreise aus der DDR 1979 fast zwei Jahrzehnte mit Carl Friedrich v. Weizsäcker an dessen Idee der Ure, den quantisierten binären Alternativen, als Grundlage unserer Welt. Die weitere mathematische und physikalische Ausarbeitung zur Theorie der Protyposis zeigt, wie sowohl Materie und Energie als auch das Geistige aus einer gemeinsamen Grundlage, den AQIs der Protyposis, entstehen.

Brigitte Görnitz, Dr. med. vet., hat als Medizinerin, Diplom-Psychologin und Psychotherapeutin in mehreren umfangreichen Monographien (zuletzt „Von der Quantenphysik zum Bewusstsein“, Springer 2016) mit Thomas Görnitz unter anderem aufgezeigt, wie man sich auf der Basis der Protyposis die Entwicklung des Lebens bis zur Ausbildung des Bewusstseins naturwissenschaftlich vorstellen kann.

Ralf Krüger, Dr. med., Facharzt für Psychiatrie, Psychosomatische Medizin und Psychotherapie, ist Autor des Buches „Quanten und die Wirklichkeit des Geistes“.

Claudia Nemat ist Physikerin und Vorstandsmitglied Technologie & Innovation der Deutschen Telekom AG. Im Unternehmen verantwortet sie die Digitalisierung, Netzwerke, IT, Produkte, sowie Informations- und Cyber-Sicherheit. Vor ihrer Zeit bei der Deutschen Telekom, arbeitete sie 17 Jahre bei der Unternehmensberatung McKinsey & Company. Dort war sie unter anderem Co-Leiterin des weltweiten Technologiesektors. Zu ihren Schwerpunkten zählen digitale Transformation, die Auswirkung neuer Technologien wie künstliche Intelligenz auf Geschäftsmodelle, unsere Arbeit und unser Leben, Technologie- und Produktinnovation, sowie IT-Transformation, Sicherheits- und Krisenmanagement.

Frido Mann, Enkel von Thomas Mann, Dr. theol. und Professor für Psychologie, arbeitet seit 2006 als freier Schriftsteller, veröffentlichte (teils wissenschaftliche) Essays, Romane und 2017 zusammen mit Christine Mann das Buch „Es werde Licht".

Till Keil, ehemaliger Jesuit, promovierter Biologe, Medizinjournalist und Buddhist berichtet über seinen Zugang zu Meditation und Spiritualität.

Ernst Ulrich von Weizsäcker, Co-Präsident des Club of Rome, zeigt auf, dass die durch die Quantenphysik mögliche Weiterentwicklung der Technik ein so starkes Bevölkerungswachstum ermöglicht hat, dass wir heute, im Gegensatz zu der Zeit der Aufklärung vor 300 Jahren, in einer übervollen Welt leben, was eine neue Form von Aufklärung nötig macht.